TCHÉDRINE

LA MATIÈRE RÉAGISSANTE

OU

THÉORIE PHYSIQUE MÉCANIQUE ET CHIMIQUE DE LA VIE

PARIS
J. LEBÈGUE & Cie, ÉDITEURS
30, RUE DE LILLE

LA MATIÈRE RÉAGISSANTE

OU

THÉORIE PHYSIQUE, MÉCANIQUE & CHIMIQUE DE LA VIE

TCHÉDRINE

LA MATIÈRE RÉAGISSANTE

OU

THÉORIE PHYSIQUE MÉCANIQUE ET CHIMIQUE DE LA VIE

PARIS
J. LEBÈGUE & Cie, ÉDITEURS
30, RUE DE LILLE

ERRATA

Page		ligne			
Page	1	ligne	11	au lieu de	dans l'Univers. C'est la planète Terre, lisez: dans l'Univers, c'est la planète Terre.
»	3	»	18	»	s'excerce, lisez: s'exerce.
»	8	»	14	»	indépendant, lisez: indépendants.
»	8	»	19	»	livrees, lisez: livrée.
»	9	»	18	»	l'une élève, lisez: l'un élève.
»	10	»	30	»	des parties, lisez: les parties.
»	11	»	6	»	d'immobilisme, les rivières, lisez: d'immobilisme; les rivières.
»	11	»	7	»	l'atmosphère ; ses vapeurs, lisez: l'atmosphère, ses vapeurs.
»	11	»	16	»	ses forces, lisez: ces forces.
»	11	»	20	»	grandissant, lisez. grandissent.
»	12	»	14 et 16	»	forme, lisez: force.
»	14	»	17	»	ces constituants, lisez: ses constituants.
»	14	»	37	»	dégageant, lisez: dégagent.
»	16	»	10	»	l'hydradynomique, lisez: l'hydrodynamique.
»	16	»	19	»	apparaissaient un jour extrêmement vagues, lisez: apparaissaient sous un jour extrêmement vague.
»	18	»	24	»	remplissait, lisez: remplirait.
»	20	»	6	»	l'eau, la vapeur (c'est toujours le même élément, lisez: l'eau, la vapeur sont au fond le même élément.
»	20	»	10	»	à elles-mêmes), de même, lisez: à elles-mêmes, ainsi.
»	20	»	19	»	très exactes, lisez: très courtes.
»	21	»	12	»	des corps et qui se transmet, lisez: des corps, qui se transmet.
»	22	»	9	»	passion, lisez: pression.
»	23	»	26	»	qu'elle finit, par. lisez: qu'elle finit par.
»	24	»	5	»	au mouvement, lisez: en mouvement.
»	26	»	6	»	perte du travail, lisez: perte de travail.
»	26	»	30	»	source du travail, lisez: source de travail.
»	27	»	7	»	Le nombre de 425, lisez: Le nombre 425.
»	28	»	1	»	kilogramme, lisez: kilogramme.
»	29	»	18	»	les masses, lisez: des masses.
»	30	»	19	»	100,000.000,000 en calories, lisez: 100,000,000.000 calories.
»	33	»	21	»	sa force répulsive, lisez: la force répulsive.
»	36	»	5	»	cops, lisez: corps.
»	36	»	16	»	et à laquelle, lisez: et auquel.
»	38	»	26	»	désignée sans le nom, lisez: désignée sous le nom.
»	47	»	21 et 22	»	en enlevant la chaleur, lisez: lorsqu'on a enlevé la chaleur.
»	49	»	13	»	Nous disons qu'un corps est chaud, lisez: Nous disons d'un corps qu'il est chaud.
»	59	»	34	»	à un simple échange ou communication de mouvement, lisez: à de simples échanges ou communications de mouvement.

LA MATIÈRE RÉAGISSANTE

OU

THÉORIE PHYSIQUE, MÉCANIQUE & CHIMIQUE DE LA VIE

CHAPITRE PREMIER

L'attraction universelle et la vie terrestre.

I. — Parmi l'infinité des mondes qui sillonnent l'espace immense, il en est un qui est si près de nous qu'il nous apparaît dans toute son énormité, dans le vaste déploiement de son incommensurable grandeur. Il s'étend loin, bien loin dans l'espace et plus loin encore. Il semble remplir à lui seul la presque totalité des cieux. Il nous cache de son épouvantable masse la majeure partie de l'Univers, ne nous laissant plus sur l'Infini qu'une petite échappée : celle qui s'ouvre sur nos têtes.

Ce monde dont nous sommes si près, c'est le 3me en rang dans l'ordre des planètes solaires; ce monde si démesurément grand que nous ne voyons pour ainsi dire plus que lui dans l'Univers. C'est la planète Terre; et les eaux, les nuages, les plantes, les bêtes et nous-mêmes, sommes les phénomènes qui se manifestent à sa surface.

Lorsque l'esprit se détache de cette vaste Terre et s'isole dans l'Univers, il ne reste plus devant la pensée qu'un globe tourbillonnant avec d'autres globes. Sous l'empire d'une seule force, la gravitation universelle, ces masses énormes sillonnent en tous sens l'espace infini.

La gravitation ou attraction universelle est la loi de la nature en vertu de laquelle tous les corps de l'Univers tendent les uns vers les autres en raison directe de leurs masses et en raison inverse du carré de leurs distances, et tous les mouvements que nous voyons dans l'immensité des cieux sont des manifestations de cette grande loi.

Devant l'esprit solitaire, une seule force reste en présence. Une puissance unique, à laquelle obéit l'universelle substance, remplit l'espace infini. Cette puissance universelle apparaît à l'esprit, ainsi isolé au sein de l'espace, comme la seule cause de tous les mouvements des corps, comme le seul mobile de l'Univers. Cependant, si nous nous rapprochons de l'un des globes tourbillonnants, si nous revenons à la Terre, nous nous trouvons en présence d'une infinité de masses de toutes formes et de toutes grandeurs se mouvant à la surface en dépit des lois qui régissent la matière universelle ; nous ne tardons pas à nous convaincre que, sur les planètes, se produisent des mouvements autres que ceux qui sont dus uniquement à l'attraction universelle ; nous reconnaissons bientôt une classe de nombreux phénomènes qui semble soustraite aux lois générales de l'Univers : en un mot, nous sommes amenés à constater que les phénomènes de la vie font exception à la loi générale qui regit tous les autres phénomènes et, qu'abstraction faite de la vie, il ne reste dans l'espace et le temps que la gravitation universelle.

L'esprit, en méditant sur cette loi qui domine tout l'Univers, s'étonne que cette loi, générale à tous les grands corps célestes ne s'étende pas aux parties mêmes de ces grands corps ; que cette force, qui rend raison de la formation des mondes et de leurs mouvements, ne rende pas raison de la formation des êtres et des mouvements de ces êtres ; enfin, il s'étonne que les lois qui régissent le tout, ne régissent pas la partie.

Comment se peut-il que cette force, à laquelle n'échappe aucun globe céleste, soit sans action sur des parties mêmes de ces globes ; que des « graves » appartenant à ces énormes masses ne soient pas soumis à cette loi suprême qui règle tous les mouvements de tous les corps célestes ?

Comment se peut-il que les mouvements de ces « graves organisés » ne participent pas du mouvement du grand globe avec lequel ils font corps ? Comment se peut-il que tous les mouvements des astres relèvent de l'attraction universelle et qu'à la surface même de ces astres se produisent des mouvements qui ne relèvent pas de cette force générale ?

Par suite de quelles circonstances des mouvements divergents et indépendants des mouvements généraux de l'Univers ont-ils pu se produire à la surface des mondes, alors que la domination de l'attraction était entière et sans partage lorsque ces mondes ne formaient qu'une nébuleuse?

Pourquoi, avec l'apparition de la vie, cette force de gravitation a-t-elle cessé d'être universelle? Pourquoi un même mouvement emporte-t-il tous les astres et qu'à la surface de ces astres se produisent des mouvements distincts et même contraires au mouvement général?

Les mouvements de chaque astre sont si intimement liés aux mouvements de tous les autres astres, que la moindre perturbation dans les mouvements de l'un occasionne un trouble correspondant dans les mouvements de tous les autres, et cependant, chose étrange, les mouvements des êtres vivants n'offrent aucun rapport avec le mouvement du globe qui les porte.

II. — Cette puissance, qui régit tous les mouvements célestes, ne s'exerce pas seulement sur les masses énormes qui constituent les planètes, mais aussi sur les moindres particules de la matière; car cette force universelle que nous appelons « gravitation » lorsqu'elle s'excerce entre les astres, est appelée « pesanteur ou attraction terrestre » lorsqu'elle s'exerce entre la Terre et les corps terrestres, et « cohésion ou attraction moléculaire » lorsqu'elle s'exerce entre les plus petites parties de la matière.

Si l'on considère que les eaux se précipitent des hauteurs terrestres vers les lieux les plus bas de la terre; que les glaciers glissent sur les flancs des montagnes; que les neiges et les rochers roulent en avalanches dans les vallées; que le grain de sable aussi bien que la plus grosse pierre est comme rivé au sol, attiré par une force invisible; en un mot, que tous les corps terrestres ont une tendance à se porter vers le centre de la Terre, on pourra s'étonner que d'autres corps ne suivent pas cette puissante impulsion, ne cèdent pas à cette force irrésistible et paraissent faire exception à la loi générale de l'attraction appelée ici « pesanteur »; tels sont la fumée, les vapeurs, les gaz qui s'élèvent dans les airs et, par conséquent, se dirigent dans une direction contraire à celle de tous les autres corps; tels sont les arbres et tous les végétaux qui s'élancent dans le ciel; tels sont ces êtres animés qui peuvent remonter de l'Océan à la source des fleuves et de la base des montagnes à leur sommet.

Les livres de physique nous apprennent que la fumée, les vapeurs et les gaz s'élèvent dans l'atmosphère par le même principe qui fait monter un bouchon de liége du fond de l'eau à la surface; c'est-à-dire que tous les fluides exercent une poussée de bas en haut sur les corps de moindre densité qui y sont plongés. Cette poussée de bas en haut qui fait s'élever les vapeurs et les gaz n'est, en définitive, qu'un simple effet de l'attraction, car elle résulte des pressions que fait naître la pesanteur dans les couches atmosphériques; dans le vide produit par une machine pneumatique la fumée ne s'élève pas, elle tombe comme toute masse pesante.

Mais quels livres nous expliqueront ces faits autrement surprenants, ces phénomènes de la vie qui font exception à la tendance universelle? Où sont les principes en vertu desquels les plantes peuvent s'élever et les animaux se mouvoir par des mouvements contraires à la direction générale des corps?

Sur toute la surface du globe, aussi bien que dans l'immensité des espaces, je reconnais l'universalité d'une même loi et tout s'explique par cette loi; mais pourquoi les corps animés à la surface de ce même globe se meuvent-ils en dépit des lois de l'attraction universelle? Pourquoi échappent-ils à la force générale qui embrasse tous les corps de l'Univers, et par quelles causes mystérieuses s'y dérobent-ils? Par quel concours de circonstances ces petites masses douées d'un mouvement propre ont-elles pu se soustraire à l'action universelle?

Je vois des corps en liberté, indépendants de la force qui sollicite tous les autres corps pesants vers le centre de la terre, se mouvoir par les impulsions d'une force antagoniste de la force universelle; cette force contraire pousse les plantes dans une direction contraire à celle de la pesanteur et donne aux êtres mieux organisés le pouvoir de remonter la force de pesanteur comme un fleuve qui remonterait son cours.

Le fleuve se meut, la pierre tombe parce qu'ils obéissent à l'attraction terrestre, mais pourquoi se meuvent les êtres? Pourquoi les mouvements de la matière organique ne tombent-ils pas sous la loi de la pesanteur?

Voici une bille d'ivoire et voici une grenouille. La bille et le petit animal ont tous les deux tiré leurs éléments constitutifs de la planète; tous les deux sont composés de matière terrestre; tous les deux sont pesants. Si je place la bille d'ivoire sur un plan incliné, par les lois de la pesanteur elle dévalera; mais si j'y mets la grenouille, non seulement elle pourra se maintenir à la même place en résistant à l'action de la pesanteur, mais encore elle aura le pouvoir de surmonter cette force de pesanteur en remontant le plan incliné.

De ces deux corps pesants, l'un obéit à une loi qui s'exerce d'une manière absolue sur toute matière inorganique; l'autre, par la puissance de lois mécaniques et chimiques, se soustrait aux lois de l'attraction.

Voici deux autres corps terrestres, une balle de plomb et un oiseau. Abandonnés à eux-mêmes à une certaine distance au-dessus du sol, l'un, en vertu de son inertie, obéit à la force de pesanteur qui l'attire vers le centre de la terre; l'autre triomphe de son inertie et résiste à la force attractive planétaire par des moyens chimiques et mécaniques.

Dépouillez les corps animés des attributs de la vie, ils ne se distinguent plus des corps inanimés; comme eux ils obéissent à la force de pesanteur; ils retournent sous les lois qui régissent la matière universelle; leurs mouvements sont ceux des corps inertes; ils ne sont plus que pesants, c'est-à dire soumis aux lois de l'attraction.

CHAPITRE II

La chaleur solaire et la vie terrestre.

I. — C'est un axiome de la science qu'il n'y a pas d'effets sans cause, que toutes les manifestations qui ont lieu sont des manifestations causées et que la cause cessant, tous les effets cessent à la fois.

On appelle *effet* un phénomène qui suit toujours un autre phénomène qui est appelé *cause*. L'idée qu'implique le mot *cause* est celle d'un rapport constant de succession entre deux faits.

La vie est un phénomène qui suit toujours les phénomènes de chaleur et de lumière. La vie se retire avec le soleil et reparaît avec lui. Entre la chaleur solaire et la vie terrestre il y a donc un rapport constant de succession. Le soleil est la *cause;* la vie est l'*effet* et si la cause cessait, tous les effets cesseraient à la fois; si le soleil s'éteignait, tous les êtres périraient.

Remonter aux sources de la vie, c'est remonter au soleil. La chaleur solaire est le principe de la vie. La nature vivante est une création du soleil. C'est le soleil qui vivifie toute la terre et qui est la source féconde où tous les êtres puisent directement ou indirectement les forces qui les animent.

La vie des plantes et de la majorité des êtres est suspendue aux rayons solaires; l'hiver c'est la mort, l'été c'est la vie d'êtres innombrables. Les fluctuations de la vie suivent les fluctuations des radiations solaires; les variations de l'un déterminent les variations de l'autre; addition ou soustraction de chaleur solaire, addition ou soustraction de vie; la vie marche avec le soleil et se retire avec lui; selon que le soleil s'approche ou s'éloigne, la vie sur la terre s'élève ou baisse.

Les faits démontrent à l'évidence que la chaleur solaire et les phénomènes de la vie ont entre eux la liaison intime de la cause à l'effet et qu'il existe un rapport unique et constant entre la quantité de chaleur reçue par la terre et l'intensité de la vie à la surface. En hiver, lorsque la lumière et la chaleur solaires diminuent, les plantes et la plupart des êtres périssent ou tombent dans un engourdissement qui ressemble à la mort; tandis qu'au printemps, lorsque cette lumière et cette chaleur augmentent, les semences germent, les arbres se raniment et recommencent leur ascension, les êtres naissent innombrables ou sortent de la torpeur dans laquelle ils se trouvaient plongés; toute la terre se couvre de plantes; les océans et les airs se remplissent de légions d'animalcules et d'insectes; tout pousse, tout grandit, tout se développe et se multiplie sous l'influence des rayons solaires.

A l'équateur, où la température est constamment élevée, la vie végétale et animale est exubérante; la flore et la faune sont puissantes et variées ; les végétaux sont gigantesques et les animaux sont légions.

Aux pôles, où la température est peu élevée, la vie est misérable et restreinte; les plantes sont rares, chétives, rabougries : des mousses, des lichens, des fougères, des champignons, pas d'arbres proprement dits, mais des arbustes, quelques saules, quelques bouleaux sont les seules plantes qui composent la végétation de ces contrées désolées par un hiver perpétuel; le nombre des espèces animales y est excessivement borné et l'on n'y voit guère d'insectes.

La chaleur solaire diminue en allant des tropiques aux pôles et la vie décroît avec la chaleur et finit même par disparaître complètement; au-dessous de zéro, la végétation s'arrête et où il n'y a plus de végétation, il n'y a plus de vie animale possible, puisque celle-là sustente celle-ci.

A mesure qu'on s'élève sur les hautes montagnes la vie diminue, car plus on monte, plus le froid augmente. Si au pied de la montagne se déploie la vie exubérante des tropiques, au sommet on n'y trouve plus que les rares et maigres plantes des pays polaires ou que les glaces et les neiges des zones glaciales.

Si donc l'on considère que la vie est une fonction de la température, qu'elle décroit ou augmente avec la température, que dans la période hivernale elle se ralentit, que dans la période estivale elle s'accélère; si l'on considère qu'elle suit la température et va en se rétrécissant de l'équateur aux pôles, de la base des montagnes à leur sommet, on devra se convaincre qu'entre la chaleur solaire et la vie terrestre, il y a d'étroits rapports de dépendance; on sera amené forcément à rapporter tous les phénomènes de la vie à une seule cause, le soleil.

II. — La chaleur solaire comme unique cause de la vie n'apparaît pas aussi évidente pour les êtres supérieurs que pour les êtres inférieurs, car ces êtres supérieurs jouissent d'une température propre qui les rend plus indépendant de la chaleur extérieure et leur permet de vivre dans des froids rigoureux auxquels ne peuvent résister les plantes et les insectes. Cependant il ne faut pas beaucoup réfléchir pour reconnaître que cette chaleur animale c'est encore la chaleur solaire, non une chaleur directe, mais une chaleur indirecte, emmagasinée par les plantes et livrées à ces animaux à l'état latent.

Les animaux ne peuvent subsister que par les végétaux. Les plantes tirent leur vie du soleil, les animaux tirent leur vie des plantes. Le végétal est seul apte à fabriquer de la matière organique sous l'influence des rayons solaires, et c'est dans cette matière organique végétale produite par l'action solaire que l'animal puise ses forces.

Sans soleil pas de végétaux; sans végétaux pas d'animaux; les herbivores vivent des plantes, les carnivores vivent des herbivores. La vie des plantes émane directement du soleil; la vie des animaux, indirectement.

On peut donc établir en principe que le soleil est la force génératrice de tout ce qui vit sur la terre et sur les autres planètes. Cette vérité éclate aux yeux; elle s'impose par son évidence. Sans soleil, il n'y aurait pas un brin d'herbe, pas un insecte, pas un homme; la cause cessant, tous les effets cesseraient de même.

La chaleur solaire est donc le principe qui anime les êtres et de ce principe découlent les lois qui les font vivre et qui les soutiennent encore.

CHAPITRE III

Antagonisme de la chaleur et de l'attraction ou les forces répulsives et les forces attractives.

I. — Tous les mouvements de la matière terrestre qui ne sont pas dus à la pesanteur ou attraction planétaire sont dus au soleil, parfois aussi à la chaleur intérieure du globe. Les corps terrestres, dominés par la force d'attraction, resteraient éternellement fixés dans un état d'immobilité, de repos absolu et ils seraient dans l'impossibilité de modifier eux-mêmes cet état d'inertie, si une cause étrangère, la force solaire, ne venait les en tirer. C'est cette puissance lointaine qui communique le mouvement à l'océan, aux fleuves, aux nuages, aux vents, aux plantes et à tous les êtres; mais la force d'attraction agit à son tour sur les éléments et les corps terrestres en mouvement pour détruire leur expansion et les ramener à l'inertie d'où ils sont sortis.

La matière terrestre est donc dominée par deux forces opposées dans leurs résultats; l'une attractive qui contracte; l'autre répulsive qui dilate, et les particules matérielles, sollicitées à la fois par ces deux forces contraires, se rapprochent ou s'éloignent selon que c'est la force attractive ou répulsive qui prédomine.

De l'action combinée de ces deux principes opposés, résultent tous les phénomènes terrestres ; l'une élève les eaux en vapeur et forme les nuages, c'est la chaleur ou force répulsive; l'autre condense les nuages et les fait retomber en pluie, en neige, en grêle, c'est la pesanteur ou force attractive. Quand la force d'attraction domine la force de répulsion, l'eau est solide; quand ces deux forces se balancent, cet élément est liquide; si la force répulsive l'emporte sur la force attractive, il est gazeux. Un peu moins de chaleur, les eaux deviennent glace et neige; un peu plus de chaleur, elles deviennent vapeurs et nuages; soustraction et addition alternatives de chaleur font tout le jeu des eaux sur la terre.

La force attractive agit dans un sens opposé à la force répulsive; celle-ci fait monter les corps comme la fumée, les vapeurs, les montgolfières et les éloigne de la terre, tandis que l'autre fait descendre ces corps lorsqu'ils ne sont plus soutenus par le mouvement répulsif.

Les forces d'inertie, de contraction, de condensation, forces destructives de tout mouvement, de toute vie, c'est l'attraction; les forces de dilatation, d'expansion, de fermentation, forces génératrices du mouvement et de la vie, c'est la répulsion.

C'est cette puissante activité des forces répulsives solaires qui trouble le repos des éléments, qui dérange leur équilibre, qui force les atomes à se disjoindre, à se distendre, et à se mouvoir pour entrer dans de nouvelles combinaisons; c'est cette agitation répulsive qui tire la matière de son immobilité et met toute la terre en effervescence. Voyez l'activité des molécules du glacier lorsqu'elles ont absorbé les rayons solaires; elles sortent de leur inertie, quittent leur état rigide, se mettent en mouvement et deviennent des rivières, des fleuves, des océans perpétuellement mobiles.

Ce sont les rayons solaires qui, en échauffant la terre, produisent à sa surface la lutte gigantesque de tous les éléments, qui établissent un mouvement de translation dans les eaux et les airs et provoquent les orages, les trombes, les tempêtes, les ouragans.

Cette lutte, entre les forces contraires, présente les plus grandes fluctuations par suite des mouvements de la terre; le globe terrestre, dans son mouvement de translation, présente successivement toutes ses faces au soleil et, à peine les forces répulsives solaires ont-elles pu dominer les forces attractives et travailler la matière terrestre, que des parties influencées se dérobent à l'action des rayons solaires, par le mouvement de la Terre, et retombent aussitôt sous la domination des forces d'attraction. L'hiver nous présente le tableau de la domination des forces attractives; l'été, celui de la domination des forces répulsives; et ainsi, tout ce qui est à la surface de la planète oscille sans cesse entre les deux forces antagonistes: quand l'une monte, l'autre descend, et quand l'une descend, l'autre monte. Ce dualisme a pour résultat les saisons et les phénomènes qui les accompagnent; perpétuellement sollicités par ces deux forces contradictoires, les éléments se dilatent, ou se contractent, circulent ou s'immobilisent, montent ou descendent; la vie suit également ces variations, elle s'élève ou s'abaisse, s'étend ou se rétrécit.

Les forces répulsives solaires tirent la matière du repos; les forces attractives terrestres l'y font rentrer. Que les rayons solaires cessent d'arriver à la terre et tout sera frappé d'arrêt, d'immobilisme, les rivières, les fleuves, les océans se solidifieront; l'atmosphère; ses vapeurs, ses nuages se précipiteront; les gaz perdront leur puissance expansive, se liquéfieront ou se figeront; toute vie, tout mouvement sera aboli et, sur le grand corps planétaire sombre, froid et silencieux, plus rien ne bougera; les forces attractives y domineront sans partage.

L'observation rigoureuse des faits démontre suffisamment que les forces de l'océan, des fleuves, des nuages, des vents, des plantes et de tous les êtres sont uniquement des forces solaires, et que la disparition ou même la diminution de ses forces répulsives non seulement arrêterait toute expansion de la matière, mais tarirait toutes les sources de l'énergie des êtres vivants.

Les mêmes observations nous montrent également que les forces répulsives s'accumulent sur la terre, grandissant d'année en année et dominent de plus en plus les forces attractives. Plus la vie prend d'extension sur la planète, plus l'action des forces attractives décroît.

La quantité de chaleur reçue annuellement par la terre suffirait pour liquéfier une couche de glace de 30 mètres d'épaisseur et enveloppant tout le globe; presque toute cette chaleur se transforme en mouvement de molécules, en mouvement des eaux, en mouvement de l'air, en mouvement de plantes et d'animaux. Toute cette chaleur est employée à maintenir les océans à l'état liquide, l'atmosphère à l'état de gaz et à entretenir la vie des êtres.

L'immense force de l'océan dans la tempête n'est autre que la force répulsive solaire qui y est accumulée; supprimez le soleil, l'océan ne bougera plus; ce ne sera plus qu'un immense bloc de glace. L'énorme force d'expansion des gaz, c'est la force répulsive; l'atmosphère est un immense réservoir de forces répulsives. Les plantes sont tissées de lumière et de chaleur et les animaux sont des foyers qui rayonnent le calorique et produisent de la vapeur; leur vie est une véritable combustion.

L'océan et toutes les eaux terrestres en perdant l'état liquide, l'atmosphère et tous les gaz en perdant l'état aériforme, les plantes et tous les êtres en se dissociant, dégageraient les énormes quantités de chaleur qu'ils ont absorbées pour se constituer.

II. — La force répulsive se montre peu dans les métaux, dans les granits et, en général, dans tous les corps solides qui sont très éloignés de leur point de liquéfaction ; cette force répulsive est très grande dans les gaz, dans les éléments aériformes qui sont également très éloignés, mais en sens opposé, de leur point de liquéfaction ; les corps intermédiaires, les eaux, les liquides en général, les corps gras et mous, dominés tour à tour par les forces attractives et les forces répulsives, sont extrêmement instables et passent avec la plus grande facilité par les trois états : solide, liquide et gazeux.

D'un côté, des solides très éloignés de leur point de liquéfaction, c'est-à-dire où la forme de cohésion est énorme ; d'un autre côté des gaz également très éloignés de leur point de liquéfaction, c'est-à-dire où la forme de répulsion est aussi énorme. Le mercure ou vif argent est un métal liquide à la température ordinaire, il fond à 40 degrés sous zéro ; un autre métal, le platine, ne fond qu'à une température de 2000 degrés au-dessus de zéro, c'est-à-dire qu'il faut — 40° au mercure et + 2000° au platine pour que la force répulsive fasse équilibre à la force attractive.

Un gaz n'est que la vapeur d'un liquide volatil à une température considérablement élevée au-dessus du point d'ébullition du liquide. Des 34 gaz que l'on connaît, presque tous avaient pu être liquéfiés ou même solidifiés ; 6 seulement avaient résisté jusque maintenant à tous les efforts faits pour les amener de l'état aériforme à l'état liquide, d'où ils ont été appelés *gaz permanents ;* ce sont : l'oxygène, l'hydrogène, l'azote, le bioxyde d'azote, l'oxyde de carbone produit par une combustion imparfaite, et l'hydrogène protocarboné ou gaz des marais.

Il n'a pas fallu moins de 650 atmosphères de pression et un refroidissement de 140° sous zéro pour liquéfier l'hydrogène. La liquéfaction de l'oxygène a nécessité une pression de 525 atmosphères et un refroidissement de 140° sous zéro (1).

Cette expansibilité excessive, cette force répulsive immense, les gaz

(1) Une atmosphère est une pression de 1 kilo 033 sur chaque centimètre carré de surface ; ainsi, à la pression d'une atmosphère, le corps humain supporte 15,000 kilos environ.

le doivent à l'énorme quantité de chaleur qu'ils ont dû absorber pour se constituer. Les gaz liquéfiés ne peuvent reprendre l'état gazeux qu'en enlevant aux corps voisins et à leur propre substance une quantité énorme de chaleur; si l'on verse de l'acide sulfureux liquide dans de l'eau, celle-ci est presque instantanément congelée; l'anhydride, communément appelé « acide carbonique » liquéfié à une pression de 50 atmosphères seulement, produit dans le reste du liquide, en s'évaporant, un froid qui peut aller jusque 80° au-dessous de zéro et, la chaleur qui disparaît est si considérable, qu'une partie du liquide est solidifiée par le refroidissement; cet énorme abaissement de température retarde le passage de la totalité du liquide à l'état gazeux.

Tout liquide qui s'évapore absorbe à l'état latent une quantité considérable de chaleur; c'est cette chaleur latente qui reparaît lorsque le gaz est liquéfié. L'immense chaleur qui se dégagerait des océans solidifiés, de l'atmosphère liquéfiée, est employée à contrebalancer les forces attractives sur la terre, à surmonter l'attraction des molécules entre elles, à entretenir la mobilité des liquides et le pouvoir expansif des gaz.

Le mouvement vital étant imprimé à la matière organique terrestre par les forces répulsives et combattu par les forces attractives, on saisit immédiatement le rôle immense que doivent jouer les éléments gazeux dans ce mouvement vital; on devine aisément que ce mouvement ne peut prendre naissance qu'au sein de la matière répulsive, où il reçoit tout son développement; on conçoit que les corps organisés vivants ne peuvent tirer leurs éléments constitutifs que des gaz et des substances d'une grande énergie répulsive.

La formation des éléments aériformes et liquides est, en quelque sorte, une préparation à la vie. L'anhydride ou acide carbonique (carbone et oxygène), l'ammoniaque (azote et hydrogène) et l'eau ou protoxyde d'hydrogène (oxygène et hydrogène) voilà les 3 éléments qui exercent une action prépondérante dans l'activité organique terrestre. L'eau formée d'un gaz inflammable, l'hydrogène, et d'un gaz nécessaire à la combustion, l'oxygène, est l'élément prédominant de la sève des plantes et du sang des animaux; elle constitue les 5/6e du poids du corps humain. Chaque centimètre cube d'eau donne un litre 24 de ce gaz hydrogène appelé « air inflammable » par l'ancienne chimie; l'oxygène, qui forme les 9/10e de l'eau, entretient la respiration qui est une véritable combustion; dans l'oxygène pur tout brûle avec une vivacité extrême; les métaux s'y enflamment comme du bois et les êtres y vivent plus vite et se consument rapidement.

La plante est presque uniquement composée de carbone, corps combustible, d'hydrogène, gaz inflammable, et d'oxygène, gaz comburant par excellence et le plus magnétique de tous les gaz; les animaux, qui tirent exclusivement des plantes leurs éléments constitutifs, présentent également l'azote.

L'albumen ou dissolution aqueuse d'albumine, qui entre pour 66 parties sur 100 dans la composition de l'œuf de poule et qui sert de matériaux à l'embryon, est ainsi composé : carbone, 54.3 ; hydrogène, 7.1; azote, 15.8; oxygène, 21.0; soufre, 1.8. Tous ces éléments sont chargés au plus haut point de forces répulsives ; ce sont des substances possédant à un haut degré la faculté de recevoir et d'emmagasiner le mouvement et aussi de le communiquer.

Le corps d'un homme de poids ordinaire se décompose comme suit dans ces constituants : oxygène, 44 kilos; carbone, 22 kilos; hydrogène, 7 kilos; calcium, 1,759 grammes; azote, 1,730 grammes; phosphore, 800 grammes; chlore, 600 grammes; soufre, 100 grammes; fluor, 100 grammes; potassium, 80 grammes; sodium, 60 grammes; fer, 50 grammes. Poids total : 78 kilos.

L'oxygène, le carbone, l'hydrogène et l'azote se rencontrent dans toutes les parties du corps; le calcium, le chlore, le fluor, le potassium, le sodium, spécialement dans les os et les dents; le phosphore, dans les os, les tissus nerveux et le cerveau; le soufre, surtout dans les poils, l'albumine et la matière cérébrale; et enfin le fer, principalement dans le sang, le pigment noir et le cristallin.

Les éléments solides, comme nous le montre cette analyse, n'entrent dans la formation du corps humain que dans des proportions minimes, et encore ces éléments ne se montrent-ils pas dans tous les êtres vivants, et là où ils apparaissent, ils ne jouent qu'un rôle secondaire.

Les corps organiques, tant animaux que végétaux, sont principalement formés de combustibles; c'est surtout dans ces substances que la puissance répulsive se manifeste énorme et s'accumule avec une intensité extraordinaire; comme le soleil, source même de la puissance répulsive, ces substances dégageant chaleur et lumière. La formation des substances combustibles est une condition indispensable à la vie; c'est une introduction à la formation de la matière organique; sans les substances combustibles, la vie n'aurait pu apparaître.

Le mouvement organique vital ayant pour base principale la formation d'éléments comburants et combustibles; de plus, tous les êtres végétaux et animaux étant eux-mêmes composés de substances combustibles, nous en arrivons, par conséquent, à considérer la vie comme le plus haut degré de la puissance répulsive sur la terre. En effet, la respiration est une oxydation des tissus, c'est-à-dire une combustion des éléments constituants; plus la vie est élevée, plus la respiration est grande et plus le corps brûle; les êtres supérieurs dégagent, en quantité considérable, de la chaleur et même de la vapeur.

Si la chaleur pouvait se voir comme la lumière, on verrait la puissance répulsive rayonner de ces corps organisés, et ces corps rayonneraient d'autant plus de chaleur qu'ils seraient plus élevés dans l'échelle de la vie, et leur rayonnement serait d'autant plus grand que la température ambiante serait plus basse, de même que la lumière est d'autant plus éclatante que les ténèbres sont plus grandes; dans les régions arctiques, par exemple, où le thermomètre marque 35 ou 36° au-dessous de zéro, l'homme accuse 37° au-dessus de zéro, de sorte que le corps humain, offrant l'extraordinaire température de 72 et 73° au-dessus de la température ambiante, rayonnerait la force répulsive au sein des forces attractives comme un phare rayonne une éclatante lumière au sein d'immenses et profondes ténèbres.

CHAPITRE IV

Qu'est-ce que la chaleur ou force répulsive?

I. — Les premiers corps sur lesquels s'exerça la sagacité humaine furent les corps solides, parce que la matière solide est celle qui tombe le plus directement sous les sens, parce que ses qualités sont les mieux perçues, ses mouvements les mieux déterminés; conséquemment les lois s'appliquant aux corps solides furent les premières que les hommes découvrirent.

De la matière solide leurs connaissances s'étendirent à la matière liquide qui est moins tangible et sur laquelle nos sens ont moins de prise, parce que ses qualités sont plus vagues, ses mouvements plus insaisissables; l'hydradynomique et l'hydrostatique sont des sciences qui n'ont reçu tout leur développement que dans des temps relativement récents.

Pendant longtemps les formes solides et liquides furent seules l'objet des investigations humaines; jusqu'au XVIIe siècle l'homme se borna à l'étude de ces deux aspects de la matière. Vers cette époque son attention fut attirée sur une classe de corps nouveaux, celle des fluides aériformes, qui, auparavant, était complètement fermée à l'intelligence humaine; les phénomènes particuliers à ces fluides lui apparaissaient un jour extrêmement vagues et mystérieux, aussi le premier qui les étudia, Van Helmont, leur donna-t-il le nom de *gaz* qui signifie littéralement esprit, fantôme (*geist*, esprit; *ghost*, fantôme). L'homme ne pouvait se figurer qu'il pût y avoir des corps invisibles et impalpables et cependant matériels; le caractère pondérable de l'air n'a été reconnu que vers 1640.

L'esprit humain est actuellement aux prises avec une quatrième classe de corps, appelés *fluides impondérables*, plus mystérieux, plus insaisissables encore et qui ne sont peut-être qu'un quatrième état de la matière.

C'est par analogie que la science humaine remonta des solides aux liquides, des liquides aux gaz et, enfin, des gaz aux fluides impondérables. L'homme procède du connu à l'inconnu; aller à l'inconnu par le connu, c'est aller du tangible à l'intangible, du visible à l'invisible, de la substance pondérable à la substance impondérable. Ce qu'il connaît le mieux l'aida à déchiffrer ce qu'il connaît le moins, il s'appuya sur la connaissance des lois du mouvement des solides pour reconnaître les lois du mouvement des liquides, ensuite la connaissance des phénomènes de la matière liquide lui servit à reconnaître ceux de la matière aériforme et enfin, par ces derniers, il remonte maintenant aux lois qui régissent les fluides impondérables.

Prenons, par exemple, la loi de la réflexion des corps élastiques. Si nous laissons tomber sur le marbre une balle élastique, elle reprend après le choc, par son élasticité même, une vitesse égale mais en sens contraire à celle qu'elle avait en tombant, et revient à la main qui l'a laissée tomber. Mais si le choc est oblique, en A B, la bille élastique ne reprend plus sa direction première, mais elle se meut suivant une direction oblique, en B C, et l'obliquité de ce mouvement de retour est égale ou forme un angle égal à celui de son premier mouvement. On appelle *angle d'incidence* l'angle fait par la direction oblique de la bille avec la surface qu'elle frappe et la perpendiculaire à cette surface; et *angle de réflexion*, l'angle fait par le mouvement oblique que suit la bille qui rebondit, et l'on dit que l'angle de réflexion est égal à l'angle d'incidence, c'est-à-dire que l'obliquité des deux mouvements, avant et après le choc, est égale, quoique en sens contraire, comme les deux jambages d'un V.

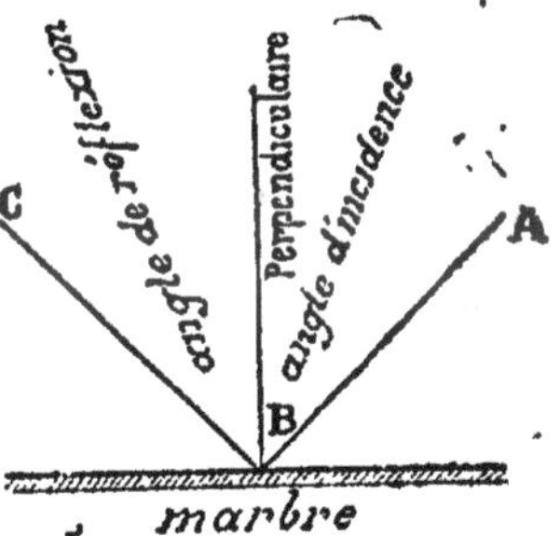

Cette loi de la réflexion des corps élastiques, une fois bien reconnue et bien établie dans les corps solides, fut ensuite appliquée successivement aux liquides, au son, à la lumière, à la chaleur et enfin, tout récemment, à l'électricité.

Quand on projette une pierre dans un bassin plein d'eau tranquille il se forme, autour du point ébranlé, des ondulations circulaires qui s'étendent au loin ; si ces ondulations vont heurter les bords, elles sont repoussées, à la manière d'une bille élastique, vers le point de formation.

Il en est de même des ondulations de l'air qui produisent le son ; si elles sont arrêtées dans leur mouvement ondulatoire par un obstacle, soit un édifice, un rocher ou une montagne, elles sont comme refoulées par cet obstacle, ce qu'on exprime en disant qu'elles sont réfléchies ; l'écho est le résultat de cette réflexion, mais pour l'entendre il faut que l'oreille soit sur la *ligne de réflexion*. C'est par analogie avec les mouvements se produisant dans les liquides qu'on a pu établir que le son n'est pas un fluide, mais une ondulation qui s'étale en tous sens, à la ronde, à la façon des vagues et vaguelettes concentriques développées à la surface de l'eau par la chute d'une pierre ; en un mot, le son est un mouvement vibratoire des molécules de l'air qui leur est communiqué par les vibrations rapides des molécules d'un corps sonore.

La découverte des lois de la propagation et de la réflexion du son amena de nombreux rapprochements entre le mouvement sonore et le mouvement lumineux ; on en vint bientôt à penser que les ténèbres, en optique, correspondent au silence, en acoustique et que la lumière est produite par les ondulations d'une substance prodigieusement subtile et élastique, qui remplissait l'Univers, comme le son est produit par les ondulations du milieu aériforme. Les particules de l'éther, comme celles de l'air, oscilleraient autour de certaines positions d'équilibre, et la propagation de la lumière, comme celle du son, consisterait en ce que les particules, qui entourent les centres d'ébranlement, entrent en vibration dans toutes les directions et communiquent leur mouvement, de proche en proche, aux particules voisines.

Les sons diffèrent les uns des autres suivant le nombre de vibrations que les particules de l'air exécutent dans un temps déterminé, une seconde par exemple ; plus le nombre de vibrations est grand, plus le son est haut, mais la vitesse de la propagation est indépendante de la durée d'une vibration. D'une manière analogue, la variété des couleurs s'explique par l'inégalité du nombre des vibrations de l'éther qui sont effectuées dans un temps déterminé ; ici encore la vitesse avec laquelle les ondes lumineuses des différentes couleurs se propagent, est la même pour tous les rayons. Ces ondes, très courtes, se mesurent par millièmes de millimètre et se propagent avec une vitesse extrême; l'impression du rouge correspond à 497 billions de vibrations par seconde et ce nombre va en augmentant dans toute l'échelle du spectre solaire jusqu'au violet dont les vibrations s'élèvent à 728 billions de vibrations par seconde.

De même que les ondes sonores, les ondulations lumineuses s'annulent si elles se croisent dans certaines circonstances; deux rayons lumineux, se rencontrant, produisent des ténèbres, c'est-à-dire s'éteignent, comme la rencontre de deux ondulations sonores peut produire du silence. Ce phénomène, on peut l'observer à la surface de l'eau, car deux ondulations, en se rencontrant, se détruisent dans certains points.

La chaleur, qui est toujours si intimement unie à la lumière et qui émane de la même source, ne devait pas tarder à se ranger sous les mêmes lois. En effet, des expériences nombreuses, en montrant que les mêmes lois qui régissent la réflexion, la polarisation, la réfraction et l'absorption de la lumière régissent également la réflexion, la polarisation, la réfraction et l'absorption de la chaleur, ont identifié ces deux ordres de phénomènes. La lumière échauffe les corps qui l'absorbent et les corps échauffés rayonnent de la lumière. La chaleur rayonnante ne diffère de la lumière que comme une note grave diffère d'une note aiguë; les rayons invisibles de la chaleur sont moins déviés, mais présentent des longueurs d'onde plus considérables et des durées de vibration plus grandes que les rayons visibles de la lumière.

Après avoir identifié la chaleur et la lumière, les savants, en poursuivant leurs recherches, ont mis hors de doute la relation existant entre la lumière et l'électricité; en montrant que l'onde électrique peut être réfléchie à distance par une surface métallique et qu'elle est déviée de sa route quand on la dirige à travers un prisme de résine comme le rayon lumineux quand il traverse un prisme de verre, ils ont fourni la preuve que l'électricité n'est, comme la lumière, qu'un mouvement vibratoire de l'éther.

D'autre part, les électriciens en prouvant l'identité d'origine des forces électriques et magnétiques, en montrant que les propriétés, en apparence si différentes, d'un aimant qui attire le fer et d'une machine électrique qui donne les étincelles se confondent dans une description commune, ces savants électriciens ont réuni ces deux ordres de manifestations dans une même cause.

Par cet admirable mouvement de concentration et d'unification, la lumière et la chaleur d'un côté, l'électricité et le magnétisme de l'autre, opéraient leur jonction et, dès lors, se trouvèrent réunis par des liens étroits. De même que la glace, l'eau, la vapeur (c'est toujours le même élément, mais à des périodes de vibrations différentes dans leurs particules, de même que leurs molécules ne changent pas de nature, mais ne font que s'éloigner ou se rapprocher les unes des autres en restant toujours identiques à elles-mêmes), de même la lumière, la chaleur, l'électricité, le magnétisme diffèrent simplement entre eux par la rapidité, le nombre et l'amplitude des ondulations. Les ondulations électriques sont caractérisées par de larges amplitudes, tandis que les ondulations lumineuses sont très rapides. Entre la chaleur et la lumière il n'y a également qu'une différence de période : les ondes lumineuses sont courtes et se répètent rapidement, tandis que les ondes calorifiques sont longues et se succèdent lentement.

Si les ondes sont très longues, de 5 centimètres à plusieurs mètres, c'est de l'électricité; si les ondes sont très exactes, de 0,0020 à 0,0008 de longueur, c'est de la chaleur; si les ondes sont plus courtes encore, de 0,0004 seulement de longueur, c'est de la lumière; au-dessous de cette longueur les ondes ne sont plus perçues par l'œil, ce sont des radiations chimiques ; ces ondes qui n'influencent plus l'organe visuel, influencent encore une plaque photographique.

En montrant que la chaleur, la lumière, l'électricité et le magnétisme sont mutuellement convertibles, qu'ils peuvent être transformés les uns dans les autres, d'admirables penseurs ont pu proclamer, au nom de la science, la grande loi de la corrélation des forces et de la conservation de l'énergie.

Par cette belle loi de la transformation et de l'équivalence des forces, la lumière; la chaleur, l'électricité et le magnétisme, jadis attribués à des agents de natures toutes différentes, sont considérés aujourd'hui comme autant de modes variés d'un seul et même mouvement, et capables de se substituer l'un à l'autre.

Cette loi de la conservation de l'énergie proclame que rien ne se crée, que rien ne se perd et que la force, comme la matière, est indestructible. Il peut y avoir déplacement, transformation, métamorphose, interversion de facteurs ; chacun d'eux peut produire tous les autres ou se convertir en eux ; la chaleur peut se transformer en lumière ou en électricité ou en magnétisme mais, au total, on doit infailliblement retrouver la même somme d'énergie, de même qu'on retrouve toujours la même somme de matière.

II. — Après avoir été amené à considérer la chaleur comme un mouvement vibratoire de l'éther qui remplit l'espace, on ne tarda pas à penser que la chaleur contenue dans les corps doit aussi provenir de vibrations. De nombreuses et concluantes expériences ont, en effet, démontré que la chaleur ou calorique n'est pas, ainsi qu'on l'enseignait anciennement, une substance ou un fluide contenu dans les corps, mais un simple mouvement vibratoire des dernières particules des corps et qui se transmet à distance, par l'intermédiaire de l'éther, comme le son, mouvement vibratoire des corps sonores, se propage au moyen de l'air Un corps chaud est un corps vibrant dans toutes ses molécules ; un boulet rouge qui rayonne de la chaleur est comme une cloche qui vibre. Lorsque les molécules d'un corps entrent en vibration sous l'influence des agents extérieurs, mécaniques ou chimiques, la chaleur apparaît ; par la combinaison chimique, appelée « combustion », les molécules du bois ou de certains gaz entrent dans un état de violente agitation qui, de proche en proche ou par rayonnement, se communique aux molécules des corps avoisinants ; de même, une barre de fer devient brûlante si on la frappe à coups redoublés sur l'enclume.

Lorsqu'on projette une balle de fusil contre une surface métallique résistante, le mouvement de la balle n'est pas anéanti, mais simplement transformé ; il reparaît sous forme de chaleur, c'est-à-dire que le mouvement de la masse qui constitue la balle se change en vibrations moléculaires. Un boulet lancé par un canon, contre la surface blindée d'un cuirassé, rougit ; le mouvement total externe s'est transformé en mouvement interne ; le mouvement visible du boulet est devenu mouvement invisible de molécules.

C'est cette agitation des particules invisibles de la matière, c'est ce mouvement des molécules qui s'entre-choquent, qui nous donne la sensation de chaleur. Ce qui pour nous est de la chaleur, n'est dans l'objet que du mouvement ; la température des corps est un phénomène dépendant de l'intensité du choc des molécules ; plus la collision des molécules est violente, plus le corps est chaud. Ce mouvement des molécules des corps qui nous environnent se transmet à nos molécules constituantes qui, à leur tour, entrent en vibration, d'où résulte un état de conscience que nous appelons « chaleur ». La chaleur est un sentiment de dilatation ; c'est l'état vibratoire de nos propres molécules ; un corps chaud est celui qui produit en nous cette dilatation. Lorsque les liquides de notre corps, par suite de cette dilatation, circulent plus aisément, nous éprouvons une sensation agréable, mais si la dilatation augmente, un sentiment de malaise succède bientôt à ce sentiment de bien-être, par suite de l'expansion et de la passion trop grande des fluides dans les conduits du corps. Un corps froid, au contraire, nous ôte de ce mouvement vibratoire des molécules ; le sentiment qu'il produit en nous est le résultat de cette contraction des molécules.

Lorsqu'on dit d'un corps qu'il perd ou gagne de la chaleur, cela équivaut à dire que ses molécules perdent ou gagnent du mouvement. Si le volume des corps augmente avec la température, c'est par suite d'une amplitude de vibration de plus en plus grande entre leurs molécules. La température se mesure d'après l'augmentation du volume des corps, c'est-à-dire d'après les variations dans les distances intermoléculaires ; le thermomètre, tube gradué, est l'instrument qui mesure ce mouvement de dilatation ou cet écartement plus ou moins grand entre les molécules. Lorsqu'au contraire, l'amplitude des excursions moléculaires diminue, nous disons que le corps se refroidit.

Un corps est dit *liquide* lorsque ses molécules décrivent des oscillations très étendues et lorsque, par la violence des collisions, des ruptures se produisent entre elles. Si ce mouvement intérieur augmente encore et amène, entre les molécules, un redoublement de chocs assez puissant pour les écarter violemment les unes des autres et les projeter dans l'espace, le corps est dit *gazeux*.

Par une addition progressive de chaleur ou mouvement, tout corps solide se résout en liquide, puis en gaz ; toute élévation de température amène un renforcement correspondant du mouvement intérieur ; l'augmentation de ce mouvement produit l'écartement des molécules, car l'impulsion étant plus grande, l'amplitude de la vibration moléculaire s'accroît et, alors, la molécule ne tarde pas à sortir de la sphère d'activité de ses voisines ; la distance entre les molécules sera telle que celles-ci céderont à la plus légère impulsion et posséderont cette mobilité qui caractérise les liquides. En continuant à ajouter du mouvement ou chaleur à un corps liquide, on continuera à augmenter la vitesse des molécules; la distance d'une molécule à sa voisine croîtra nécessairement; la somme des molécules qui s'entre-choqueront, la violence de leurs collisions amèneront des excursions de plus en plus étendues et les molécules seront animées d'un mouvement de projection; le corps, alors, se dilate indéfiniment et possède cette expansion qui caractérise les gaz.

Dans un corps solide les molécules sont si rapprochées et si dépendantes les unes des autres que les pressions que la pesanteur fait naître en elles ne s'exercent que de haut en bas. Dans un liquide, les distances entre les molécules sont plus grandes; celles-ci oscillent plus librement; elles sont plus indépendantes les unes des autres et leur pression s'exerce aussi bien sur les côtés que de haut en bas; elles ne peuvent être maintenues ensemble que par des parois assez compactes et assez résistantes pour supporter leur pression; cette pression ayant lieu dans tous les sens, sauf de bas en haut, les molécules prennent une surface de niveau (1). Dans les gaz il n'y a plus de surface de niveau; les molécules exercent des chocs ou des pressions égales dans tous les sens, aussi bien de bas en haut que de haut en bas ou latéralement. Un solide se maintient de lui-même et conserve la forme qu'il a reçue; un liquide ne se maintient qu'entre des parois solides ouvertes seulement par le haut et il prend la forme du vase qui le contient; un gaz ne peut être maintenu que dans des vases clos de toutes parts, sans quoi, généralement, il se disperse.

Cette pression des gaz peut devenir si grande qu'elle finit, par faire éclater les récipients, si forts qu'ils soient, dans lesquels ces gaz sont renfermés. Cette force colossale de particules invisibles, impalpables, est celle qui lance sur les rails les pesantes locomotives; cette puissante impulsion est due aux chocs innombrables des molécules gazeuses contre les parois et le piston de la locomotive. Dans ces gaz, où nous ne voyons aucun mouvement apparent, se produisent des vitesses moléculaires de 600 à 2,300 mètres et 8 millions de

(1) Si l'eau exerçait une pression de bas en haut, elle ne pourrait conserver une surface de niveau et s'échapperait du vase à la façon de l'eau qui bout ou des gaz; mais il n'est évidemment pas question de contredire le principe d'égalité de pression ou principe de Pascal par lequel les liquides exercent une poussée de bas en haut sur les corps qui y sont plongés.

collisions par seconde; la vitesse des molécules de l'hydrogène a été évaluée à 1,800 mètres par seconde.

De même que le mouvement d'une balle, d'un boulet, d'un marteau qui tombe, est indestructible — le mouvement de masse se transformant au mouvement vibratoire des molécules ou chaleur — de même le mouvement des molécules ou chaleur ne peut être annihilé mais se change en mouvement de translation de masse (1). Dans le cylindre d'une machine à vapeur, les molécules gazeuses, lancées comme des projectiles, vont frapper le piston et, sous la poussée des molécules innombrables, le piston entre en mouvement et fait tourner les roues; mais, par suite de ces chocs incessants, le mouvement des molécules est ralenti ou détruit et l'on dit alors qu'il y a refroidissement, liquéfaction de la vapeur et que de la chaleur est consommée. Ainsi, entrée par exemple à 5 atmosphères dans le cylindre, la vapeur n'en sort qu'a une atmosphère; en possession de 653 calories à l'entrée, elle n'en a plus que 637 à la sortie, d'où une perte de 16 calories, c'est-à-dire 1/40e.

Ce que les molécules perdent en mouvement, la locomotive le gagne; le mouvement invisible des molécules gazeuses se change en mouvement visible de toute la masse, de même que dans le choc ou le frottement, le mouvement de toute la masse se transforme en mouvement des molécules ou chaleur. Lorsque les freins serrent les roues pour arrêter le train, les roues s'échauffent et cet échauffement est parfois assez élevé pour incendier le train; le mouvement visible du train n'est pas anéanti par l'action des freins mais se transforme en mouvement invisible des molécules ou chaleur; cette chaleur équivaut au travail dépensé pour donner au train sa vitesse; la chaleur qui avait disparu du foyer pour produire le mouvement du train, reparaît dans le frottement des roues, lorsque le train s'arrête. Aussi longtemps que le mouvement du train existe, la chaleur qui l'a produit cesse d'exister, mais aussitôt que ce mouvement s'arrête, la chaleur réapparaît.

Si, dans le train en marche, le frottement est intense entre les roues et les essieux, le mouvement du train ou mouvement de masse

(1) Une masse de plomb, dans sa chute, s'échauffe par le choc, parce que le mouvement de masse anéanti se transforme en mouvement vibratoire des molécules; au contraire, une bille de billard ne s'échauffe pas par le choc, parce que dans ce corps très élastique le mouvement de masse reste acquis.

se transforme en chaleur des surfaces frottantes; la chaleur du foyer est employée à créer la chaleur qui accompagne le frottement et, par suite, il faut brûler plus de charbon; en graissant les essieux on diminue le frottement et, conséquemment, la chaleur ou mouvement moléculaire produit au dépens du mouvement de masse, et l'on économise du combustible.

Cet exemple met en pleine lumière la loi de la conservation de l'énergie et affirme pleinement l'indestructibilité de la Force qui jamais ne se crée, jamais ne se perd. La chaleur qui disparaît du foyer se transforme en travail mécanique et dans le travail mécanique arrêté reparaît la chaleur du foyer.

Pour mettre mieux en évidence cette transformation du mouvement moléculaire en mouvement de masse et, inversement, celle du mouvement de masse en mouvement moléculaire ou chaleur, prenons un autre exemple, celui que nous offre le mouvement de translation produit par les bouches à feu.

La poudre fait explosion lorsqu'on y met le feu, c'est-à-dire se change en gaz. Dans l'âme d'un canon, les gaz, subitement formés, choquent violemment les parois qui font obstacle à leur force d'expansion et chassent le boulet qui est le seul corps mobile, le seul libre de céder à leur pression; le boulet est violemment projeté au dehors par les chocs innombrables des molécules de la poudre; la vitesse de projection de particules infinitésimales devient ainsi vitesse de translation d'une masse de grandeur sensible. Pendant que les molécules du gaz formé perdent de leur mouvement, c'est-à-dire pendant que la température s'abaisse dans ce gaz, le boulet chemine de plus en plus vite dans le corps de la pièce et la consommation de chaleur qui s'y opère est rigoureusement égale au travail que représente la vitesse du boulet à chaque instant. En frappant la cible, le boulet s'échauffe et la chaleur produite par le mouvement visible détruit est rigoureusement proportionnelle à celle qui a disparu dans le gaz explosible pour produire ce mouvement. Le mouvement invisible disparu devient mouvement visible et le mouvement visible détruit redevient mouvement moléculaire ou chaleur.

Cette transformation de la chaleur en mouvement de masse explique pourquoi les armes à feu s'échauffent beaucoup plus rapidement lorsqu'on tire à blanc que lorsqu'on tire à balle; les pièces chargées consomment beaucoup plus de chaleur que celles qui ne le sont pas.

III. — Lorsque le mouvement moléculaire s'est changé en mouvement de masse, nous disons que la chaleur a créé de la force motrice, qu'elle a produit du travail ; or, nous savons que la chaleur et la puissance mécanique sont des forces mutuellement convertibles; lorsqu'il y a consommation de chaleur il y a production de travail et la perte du travail engendre une production de chaleur. Le frottement de deux métaux l'un contre l'autre ralentit le mouvement de ces deux masses, le détruit en partie et l'on voit apparaître de la chaleur à mesure qu'il y a du travail qui disparaît : le mouvement visible des masses, détruit par le frottement, se transforme en mouvement invisible de leurs molécules. Un marteau tombant d'une certaine hauteur sur une masse de plomb, l'échauffe ; le mouvement d'ensemble ou de la masse des molécules du marteau est remplacé par le mouvement individuel de ses molécules et de celles de la masse de plomb ; le mouvement visible détruit s'est changé en chaleur et cette chaleur étant recueillie, pourrait élever de nouveau le marteau à la hauteur d'où il est tombé. Un kilogramme de charbon donne en brûlant assez de chaleur pour élever un poids de un kilogramme à une hauteur de 3,000 kilomètres, et ce poids, en retombant sur la terre, produirait une chaleur égale à celle que donne la combustion de un kilogramme de houille.

Toutes les fois qu'une machine thermique produit un travail, il disparaît une quantité de chaleur rigoureusement proportionnelle au travail produit ; réciproquement, toutes les fois qu'un certain travail mécanique est consommé, il se développe une quantité de chaleur parfaitement équivalente au travail dépensé. Entre la quantité de travail apparu ou disparu et la quantité correspondante de chaleur consommée ou produite, il y a un rapport constant qui est appelé l'*équivalent mécanique de la chaleur*.

La chaleur étant une source du travail, chaque kilogrammètre de travail produit remplace une certaine quantité de chaleur qui disparaît. On entend par *kilogrammètre*, l'*unité de travail*, c'est-à-dire la force nécessaire pour élever un kilo à un mètre de hauteur en une seconde. L'*unité de chaleur* s'appelle *calorie;* c'est la chaleur nécessaire pour élever de un degré centigrade la température de un kilogramme d'eau pure.

Développer une calorie et soulever un poids de 425 kilogrammes à un mètre de hauteur en une seconde c'est produire, au point de vue mécanique, deux effets équivalents, c'est-à-dire qu'un poids de 425 kilos, en tombant de la hauteur d'un mètre, développerait assez de chaleur pour élever de un degré centigrade un kilogramme d'eau; de même, la quantité de chaleur dégagée de un kilogramme d'eau, qui se refroidit de un degré à zéro, peut développer un travail de 425 kilogrammètres, c'est-à-dire peut élever 425 kilos à un mètre de haut en une seconde. Le nombre de 425 est donc l'équivalent mécanique de la chaleur; une calorie disparaît chaque fois que 425 kilogrammètres sont produits; réciproquement une calorie apparaît chaque fois que 425 kilogrammètres sont dépensés.

La chaleur accomplit deux espèces de travail : un travail externe qui consiste à surmonter les résistances extérieures comme, par exemple, le soulèvement d'un poids par la vapeur, et un travail interne qui consiste à surmonter les résistances intérieures, à rompre les liens moléculaires, comme dans le passage de la glace à l'état liquide.

Le travail interne consomme de la chaleur comme celui produit par un moteur et il y a un rapport constant entre la chaleur et le travail interne, comme entre la chaleur et le travail externe. Pour rompre un morceau de sucre, il faut surmonter une résistance qui est la force de cohésion ou attraction des molécules entre elles, il faut produire un travail mécanique; de même si l'on jette du sucre dans le café ou du sel dans la soupe, le liquide se refroidit; de la chaleur est employée à dissoudre le sucre ou le sel, c'est-à-dire à produire une infinité de ruptures contre les molécules. Par l'écartement de toutes les molécules du sucre ou du sel, la chaleur du liquide opère donc un travail; une partie de cette chaleur est consommée pour surmonter les forces internes, et plus la température du liquide est élevée, plus rapidement se fait la dissolution. 50 grammes de sel marin dissous dans 200 centimètres cubes d'eau abaissent la température de 1°9; et 50 grammes de chlorure de potassium dissous dans la même quantité d'eau produisent un abaissement de température de 11°4.

Dans les corps où l'énergie des forces moléculaires est infiniment plus considérable, où les atomes exercent des attractions mutuelles énormes, il faut nécessairement une grande puissance mécanique pour élargir les intervalles qui séparent les atomes de manière à augmenter le volume du corps dans des proportions sensibles. Une barre de fer ne peut être rompue que par un puissant effort; de même il faut une chaleur énorme pour la liquéfier, c'est-à-dire pour la briser en parties innombrables; un kilogramme de fer chauffé de 0 à 100° ne se dilate que de 1,800^{me}; l'énergie nécessaire pour produire cette augmentation de volume imperceptible suffirait pour élever 5,000 kilos à la hauteur d'un mètre. De même, il faudrait soumettre le corps chauffé à une pression extérieure énorme pour lui faire éprouver une variation de volume en sens contraire; si, après avoir placé dans la glace une règle de fer de un centimètre et demi d'épaisseur et de 30 centimètres de longueur, on la plonge dans l'eau bouillante, elle s'allonge de 1/2 millimètre environ; pour empêcher cet allongement il faudrait placer un poids de 7,500 kilos sur la règle.

Lorsqu'on mêle un kilogramme de glace à 0° avec un kilogramme d'eau à 79°, la glace baignée dans l'eau chaude fond et le mélange se trouve être à 0°. Que sont devenus les 79 degrés de chaleur? ils se sont entièrement transformés en travail moléculaire. Ces 79° disparus ont été employés à détruire les liens qui tenaient réunies les molécules de la glace, à faire passer l'eau de l'état solide à l'état liquide, et l'on dit alors que ce calorique, qui ne produit plus aucun effet sensible sur le thermomètre, est *latent;* l'ancienne physique qui considérait la chaleur comme un fluide, ne pouvait s'expliquer sa disparition et lui appliquait ce mot «latent» qui veut dire «caché».

Si l'on considère qu'une calorie équivaut à 425 kilogrammètres, on jugera de l'immense énergie qui est employée dans le travail moléculaire; en effet, il faut 79 calories pour opérer la fusion de la glace, 79 × 425 représentent 26,575 kilogrammètres, c'est-à-dire qu'avec la chaleur nécessaire pour liquéfier un kilogramme de glace, on pourrait élever un poids de 26,575 kilos à un mètre de haut.

Pour amener l'eau de 0° à l'état d'ébullition il faut 101 calories; arrivée à son point d'ébullition, l'eau ne change plus de température quelles que soient les quantités de chaleur fournies; toute la chaleur affluente est employée en travail interne, c'est-à-dire à vaincre les attractions moléculaires, et en travail externe, c'est-à-dire à surmonter la pression de l'atmosphère. L'eau reste toujours à 100 degrés et la vapeur accuse également 100°; il n'y a pas plus de chaleur dans un poids de vapeur d'eau que dans le même poids de liquide à la même pression et à la même température, bien qu'il ait fallu la chaleur énorme de 536 calories pour évaporer cette eau, c'est-à-dire que pour évaporer un kilogramme d'eau à 100° il a fallu une quantité de chaleur égale à celle qui est nécessaire pour échauffer 536 kilogrammes d'eau de 0° à 1°.

Le travail nécessaire pour amener un kilogramme de glace à l'état de vapeur exige donc 79 calories pour la fusion, 101 calories pour l'ébullition et 536 calories pour la vaporisation; et ce travail est double, à la fois interne et externe, car, outre la chaleur nécessaire pour élever la température de l'eau, c'est-à-dire pour produire un mouvement de dilatation, il en faut une partie pour vaincre les résistances intérieures; celle-ci ne modifie nullement la température de l'eau. Dans l'eau en ébullition, 496 calories sont employées en travail interne et 40 seulement en travail externe, c'est-à-dire que 40 calories seulement sont employées à surmonter la pression de l'atmosphère en donnant à l'eau un volume 1,700 fois plus grand ; les 496 calories restantes sont employées à écarter les molécules de la vapeur d'eau en produisant un travail capable d'élever 210,800 kilogrammes à un mètre de haut.

Ces chiffres montrent combien sont insignifiantes les résistances à vaincre les masses visibles en comparaison de la résistance qu'opposent les molécules invisibles; la majeure partie de l'énergie de l'Univers est employée en travaux moléculaires; les forces employées dans les mouvements des grands corps célestes ne sont pas à comparer à celles qui sont consommées dans les mouvements des atomes; les mouvements visibles de l'Univers comptent peu en regard des mouvements invisibles.

Toute cette chaleur qui disparaît dans les transformations de l'eau est consommée en travail, et si l'on considère qu'un kilogramme d'eau à la température ordinaire renferme assez de chaleur pour élever le même poids à près de 120 kilomètres de hauteur, on pourra se faire quelque idée de l'immense énergie répandue dans les océans et de la somme d'énergie encore plus fabuleuse contenue dans l'atmosphère; le nombre de calories produit par la solidification de l'océan ou la liquéfaction de l'atmosphère serait en effet incalculable.

Les mouvements visibles n'étant qu'une transformation des mouvements invisibles, on concevra que le mouvement des vents et des rivières nécessite une dépense équivalente de chaleur. La chaleur solaire qui cesse d'exister comme chaleur devient l'énergie des cours d'eaux et des courants aériens et cette énergie, employée comme force motrice, produit des déplacements de masses, des travaux mécaniques tels que pousser les vaisseaux à voiles, mouvoir les ailes des moulins à vents, actionner les roues hydrauliques, les turbines, tourner les meules, soulever les marteaux-pilons, mettre en mouvement les moteurs les plus variés; ces eaux entraînent également les terres dans les bas-fonds terrestres, usent ou émiettent les rochers et, par suite, opèrent un travail et consomment de la chaleur.

Les rivières, les fleuves, tous ces poids qui descendent, toutes ces masses qui tombent, ont été élevés du sein de la mer dans les hauteurs de l'atmosphère. Chaque été les eaux de la mer montent en vapeur sous l'influence des rayons solaires pour se condenser en pluie et retourner ensuite à la mer sous forme de fleuves et de rivières. Le débit annuel de tous les fleuves de la terre est évalué à 23,000 kilomètres cubes; un mètre cube pèse 1,000 kilos; 23,000 kilomètres cubes pèsent donc 23,000,000,000 kilogrammes. Cette énorme masse d'eau tombe des hauteurs supérieures de l'atmosphère après y avoir été élevée; en admettant que la hauteur de chute soit de 2,000 mètres nous avons un travail de 46,000,000,000,000 kilogrammètres. Il faudrait plus de 100,000,000,000 en calories pour élever ce poids à la hauteur d'où il est tombé.

Quelles énormes quantités de combustibles et que d'engins, d'appareils, de machines il faudrait pour élever cette masse d'eau à la hauteur de 2,000 mètres! Cet immense travail, la chaleur solaire l'accomplit chaque année.

Les eaux qui, dans leur chute, ne produise pas du travail, restituent la chaleur. Le Niagara tombe d'une hauteur de 50 mètres; chaque kilogramme d'eau représente donc un travail de 50 kilogrammètres. Ce travail consommé est converti en chaleur, soit une calorie pour chaque masse d'eau de 8 kilogrammètres et demi; et cette calorie étant recueillie pourrait de nouveau élever ce poids de 8 1/2 kilos à 50 mètres de hauteur ou un poids 50 fois plus grand à un mètre, soit 8 1/2 × 50 ou 425 kilos à un mètre de haut.

Le mouvement détruit se transforme en chaleur; les marins savent que la mer agitée est plus chaude que la mer calme; l'on sait également que les eaux en mouvement gèlent moins facilement que les eaux stagnantes. Toute la chaleur qui avait été empruntée au soleil pour produire le mouvement de la rivière, reparaît lorsque ce mouvement est détruit par les chutes dans les cataractes, par les frottements contre les rives, par les chocs contre les rochers et les aspérités du fond, et, lorsque les eaux arrivent à l'océan, elles ont restitué toute la puissance qu'elles avaient reçue du soleil pour s'élever dans l'atmosphère. Ainsi s'affirme une fois de plus la loi de la conservation de l'énergie : rien ne se crée, rien ne se perd, mais tout se transforme.

L'océan, avec le soleil pour foyer, nous présente en grand ce qu'une de nos machines nous offre en petit; tout le mouvement des eaux, de même que le mouvement de nos machines, s'opère par une addition et une soustraction alternatives de chaleur; l'océan, l'atmosphère et le soleil fonctionnent comme une hydraulique gigantesque. La chaleur solaire élève les eaux de la mer dans les réservoirs supérieurs de l'espace et ces eaux retombent ensuite de tout leur poids. Le soleil remonte le poids des eaux dans les hauteurs de l'atmosphère et, comme dans une horloge, ce poids en redescendant, met une grande quantité de rouages en mouvement en produisant toutes sortes de travaux mécaniques et, aussi rigoureusement que dans une locomotive, la chaleur dépensée se retrouve dans le travail produit, réciproquement dans le travail détruit reparaît la chaleur consommée; toute la chaleur solaire employée à élever les eaux se retrouve dans la force des cours d'eaux et des vents, dans l'activité des moulins, des scieries, des usines et des innombrables moteurs qui soulèvent des poids, transportent des masses, coupent, écrasent ou laminent les durs métaux.

Les forces se transforment sans se perdre; une quantité énorme de chaleur disparaît, mais un poids énorme monte et la chaleur, en apparence disparue, est représentée par ce poids suspendu dans les airs; lorsque cette masse d'eau retombe de tout son poids, la chaleur reparaît comme dans le poids soulevé par une poulie, lequel épuise de la force pendant qu'on le soulève mais, une fois soulevé, restitue ou rend libre la force qu'il avait absorbée et que l'on peut employer à produire un travail.

CHAPITRE V

Qu'est-ce que la pesanteur ou force attractive?

I. — Leibnitz reprochait à Newton d'avoir ramené dans la physique les propriétés occultes de la matière en formulant sa célèbre loi de l'attraction universelle. Newton s'efforçait de prévenir ces objections, disant qu'il ne suppose nullement l'existence réelle d'une force attractive siégeant au centre vers lequel tendent les corps, car ce centre n'est lui-même qu'un point mathématique. S'il emploie le mot d'*attraction*, c'est pour désigner un fait et non une cause; il ne s'en sert que pour éviter les systèmes et les explications.

Cette tendance, dit-il, peut avoir sa cause dans quelque matière subtile qui émanerait des corps; elle peut être aussi l'effet d'une impulsion réelle; mais, quelle que soit sa cause, ce fait est évidemment un phénomène primordial susceptible de servir de point de départ pour expliquer d'autres faits qui en dépendent.

Dans l'esprit du grand Newton, l'attraction des corps n'est qu'une simple hypothèse; il ne dit pas que les corps s'attirent mais se comportent *comme s'ils s'attiraient*. Dans des lettres à des amis, il va même jusqu'à déclarer que la gravité pourrait bien être la conséquence de quelque milieu interposé et non une qualité innée, essentielle, inhérente à la matière qui conduirait à admettre de la part des corps une action à distance; « chose tellement absurde, écrit-il à Bentley, qu'on ne peut s'y arrêter un seul instant ».

Il est de fait qu'on pourrait se dispenser de supposer dans la matière des forces attractives, de même qu'on se dispense déjà d'y supposer des forces répulsives; on peut même prévoir le jour où la science abandonnera les tendances abstraites, les qualités occultes des corps et les forces elles-mêmes pour ramener tous les phénomènes de l'Univers à de simples mouvements de la matière.

En dehors de la Terre, les phénomènes s'expliquent par la seule attraction, mais à la surface terrestre la force attractive ne suffit plus pour expliquer tous les phénomènes, malgré les efforts réitérés des physiciens pour généraliser les lois formulées par Newton. Ils se sont efforcés de rattacher l'attraction moléculaire à l'attraction universelle, dont elle ne paraît être qu'une modification, et d'étendre les lois qui s'exercent entre les corps placés à des distances commensurables aux phénomènes qui ne se produisent qu'à des distances insensibles ou inappréciables, mais ils ont complètement échoué dans ces tentatives pour identifier l'attraction moléculaire avec la pesanteur ou attraction terrestre et avec la gravitation ou attraction de planète à planète. Ils n'ont pu réussir à expliquer par l'attraction moléculaire seule la constitution de la matière et les différentes formes sous lesquelles elle se présente à nous, car les parties de la matière ne sont pas seulement susceptibles de se rapprocher, de s'attirer, mais aussi de se dilater, de se repousser. Pour rendre compte de ces phénomènes, ils ont dû avoir recours à un principe antagoniste, à une force répulsive; les particules matérielles se rapprochant ou s'éloignant selon que c'est la force attractive ou sa force répulsive qui prédomine.

Dans l'espace ils n'admettent qu'une seule force en action et cette force leur suffit pour expliquer tous les mouvements de l'Univers; dans la matière terrestre ils se voient obligés d'admettre deux forces en action, l'attraction et la répulsion. D'une part, nous voyons les lois de l'attraction s'arrêter là où commence le monde terrestre; d'autre part nous voyons l'action de la force répulsive prendre fin là où finit le monde terrestre. L'attraction nous apparaît comme une action à distance; la répulsion, au contraire, comme une action par contact, se propageant de proche en proche dans la matière, or nous savons que la répulsion ou chaleur n'est ni un fluide, ni une force occulte, mais un mouvement par chocs de corpuscules matériels.

Comment pourrions-nous abandonner l'idée de force répulsive sans devoir en même temps abandonner l'idée de force attractive? Et pourquoi faut-il deux forces pour expliquer les phénomènes à la surface de la terre et n'en faut-il qu'une pour l'explication des phénomènes célestes?

Ah, disait le savant roi, Alphonse de Castille, en présence de l'inextricable système des sphères de Ptolémée, si j'avais été présent à la création du monde, j'aurais pu donner de bons conseils à Dieu. Copernic vint et montra que cette complication de l'Univers n'existait que dans l'imagination des hommes de son temps.

Puisqu'il est prouvé que tout mouvement engendre de la chaleur et que la chaleur engendre le mouvement, comment attribuer encore au principe antagoniste de la chaleur, à la force d'attraction, les mouvements des corps célestes?

Puisque le mouvement atomique ou chaleur et le mouvement de masse sont deux mouvements mutuellement convertibles, ou plutôt puisque ce n'est qu'un même mouvement, invisible dans l'un, visible dans l'autre, pourquoi faire intervenir un second principe, mystérieux et insaisissable, dans le mouvement des astres?

Et comment deux principes contraires pourraient-ils produire des effets identiques? Il semble que cette prétendue force attractive, force diamétralement opposée à la chaleur, cause des mouvements, devrait produire des effets tout opposés et être cause de l'inertie des corps, et être destructive de tout mouvement.

Si le mouvement des corps cessant comme déplacement total de la masse, se continue comme vibration moléculaire ou chaleur; réciproquement si le mouvement atomique se transforme en mouvement de masse, ne serait-il pas infiniment plus rationnel d'expliquer les mouvements de l'Univers, non plus par une attraction universelle, mais par une répulsion universelle; ce qui revient à dire que tous les mouvements de masse sortent du mouvement atomique de l'Univers.

Les lois qui s'appliquent à l'infiniment grand doivent aussi pouvoir s'appliquer à l'infiniment petit. L'attraction universelle qui rend admirablement compte de la mécanique céleste, ne peut rendre compte de la mécanique moléculaire; le principe de la répulsion universelle ou de la transformation du mouvement atomique en mouvement de masse peut, au contraire, par sa grandeur et sa généralité, expliquer tous les phénomènes terrestres comme tous les phénomènes célestes.

Il est à remarquer que le principe de la conservation de l'énergie et de la transformation du mouvement de masse en mouvement atomique est applicable aux corps célestes comme aux corps terrestres; la Terre, soudain arrêtée, se changerait instantanément en vapeur, de même qu'un train prend feu quand son mouvement, anéanti par le frottement, se change en chaleur; le mouvement visible de la Terre se transformerait en mouvement invisible; le mouvement total se résoudrait en chaleur et cette chaleur serait assez grande pour élever un globe de plomb, de même dimension que la Terre, à la température de 384,000 degrés.

Si l'on considère, en outre, que l'arrêt du système solaire tout entier ramènerait le soleil et toutes les planètes à l'état de nébuleuse et qu'ainsi le mouvement total du soleil et des planètes se transformerait en mouvement atomique, on doit aussi admettre que le mouvement atomique de l'Univers peut produire le mouvement des astres.

En appliquant aux corps célestes le principe de l'équivalence de la chaleur et du mouvement, on arrive forcément à devoir admettre comme cause du mouvement des astres, non la force attractive, mais la force répulsive, c'est-à-dire le mouvement atomique. On ne peut sensément expliquer le mouvement des masses par une force attractive et le mouvement des atomes par une force répulsive, puisque ce n'est qu'un même mouvement, visible dans les uns, invisible dans les autres; on ne peut raisonnablement invoquer l'attraction pour expliquer le mouvement des astres puisque ce mouvement n'est qu'une transformation du mouvement atomique appelé « force répulsive ».

L'intervention d'une force attractive pour expliquer les mouvements des corps célestes est absolument superflue; le mouvement atomique ou chaleur suffit pour expliquer les mouvements de tous les corps célestes comme ceux de tous les corps terrestres et l'on ramène ainsi tous les mouvements de l'Univers à une seule cause. On peut poser en principe que les atomes meuvent tout l'Univers.

En montrant que le milieu éthéré, cause de la chaleur, de la lumière, de l'électricité, du magnétisme est aussi la cause de la pesanteur, nous arrivons à reconnaître qu'il n'y a ni force de répulsion, ni force d'attraction, mais de simples échanges ou communications de mouvement dans la matière universelle; nous arrivons à nous convaincre qu'il n'y a dans l'Univers que de la matière en mouvement ou en repos, que tous les phénomènes de l'Univers résultent des contacts immédiats de la matière avec la matière, que toutes les prétendues forces physiques ne sont que des modes de mouvement identiques ou analogues au mode de mouvement qui constitue la chaleur; en sorte que l'Univers se montre à nous comme un perpétuel échange de mouvements par chocs.

Lorsqu'un corps en mouvement détermine par son choc un mouvement analogue dans un autre corps qu'il rencontre, nous voyons la cause qui fait que le cops immobile se meut ; ce mouvement nous paraît tout naturel et ne nous donne aucun sujet d'étonnement; la cause qui a produit ce mouvement n'a rien qui offre prise au merveilleux. Mais si le mouvement est imprimé au corps immobile par les chocs de particules imperceptibles, si une impulsion invisible détermine le mouvement visible, notre imagination se met en travail; ce mouvement nous apparaît entouré de mystère; ce corps qui se meut sans cause apparente nous frappe d'étonnement et nous concevons bientôt cette cause de mouvement, qui échappe à nos sens, comme une puissance merveilleuse, comme un principe supérieur, spirituel ou immatériel qui agit à distance, sans corps intérmédiaire, sans milieu interposé et à laquelle nous donnons le nom de *force*. C'est ainsi que le vent, qui déracine les arbres et renverse les maisons, était anciennement considéré comme une puissance immatérielle et même surnaturelle (1). C'est ainsi que la chaleur, avant d'être reconnue comme un mouvement de particules qui, par leurs chocs, déterminent le mouvement de masses, était considérée comme une puissance mystérieuse, objet de l'adoration des hommes ou comme un fluide insaisissable appelé *force répulsive*; en effet, quel agent physique mérite mieux le nom de « force » que la chaleur, que cette cause invisible de manifestations nombreuses? Mais puisque la chaleur peut se convertir en lumière, en électricité et en magnétisme, on est donc également amené à considérer toutes ces prétendues forces comme des mouvements invisibles de la matière, comme des modes particuliers de mouvement qui, à leur tour, peuvent se transformer en chaleur, c'est-à-dire en vibrations moléculaires.

Nous devons donc envisager les forces, non plus comme des qualités occultes de la matière, mais simplement comme des mouvements atomiques de la matière. Nos sens ne voient pas les chocs

(1) Tout ce qui sert aux dieux, disait Socrate à Euthydeme, est invisible. La foudre se lance d'en haut; elle brise tout ce qu'elle rencontre : mais on ne la voit point tomber, on ne la voit point frapper, on ne la voit point retourner. Les vents sont invisibles, quoique nous voyions fort bien les ravages qu'ils font tous les jours, et que nous sentions aisément quand ils se lèvent. (*Des choses memorables de Socrate*, liv. IV., XENOPHON.)

invisibles qui mettent les corps en mouvement et que nous appelons « forces », mais notre raison les voit. Longtemps on a cru que les corps électrisés s'influençaient à distance, mais il est dès maintenant prouvé que leur action s'exerce simplement de proche en proche au moyen d'un milieu interposé, comme le son doit sa propagation au milieu aériforme, comme la lumière doit sa transmission au milieu cosmique, l'éther.

Ainsi peu à peu les savants en arrivent à bannir de la science les actions à distance et à en éliminer les propriétés occultes de la matière. La seule action à distance encore universellement admise est celle de l'attraction universelle; or, il résulte de calculs faits par de savants astronomes que cette force d'attraction, si elle était réelle, devrait avoir une vitesse 50 millions de fois plus grande que celle de la lumière, c'est-à-dire qu'elle serait pour ainsi dire infinie puisque la lumière possède déjà l'inconcevable vitesse de 300,000 kilomètres par seconde. Il semble absurde d'attribuer une action instantanée à la force d'attraction aux distances les plus énormes, alors que la lumière elle-même met un temps appréciable pour nous arriver du soleil dont la distance est relativement petite comparée à celle des étoiles. Une autre conséquence tout aussi absurde de l'attraction universelle c'est qu'elle implique le mouvement perpétuel; les mouvements des astres, qui sont produits de rien d'après cette célèbre théorie, sont en complète contradiction avec la loi de la conservation de l'énergie qui nous dit que rien ne se crée, que rien ne se perd et que tout mouvement entraîne une dépense équivalente d'énergie sous l'une ou l'autre forme.

II. — L'histoire de la science est là pour nous apprendre à nous défier de nos sens, à nous mettre en garde contre les apparences.

Les erreurs dont nos pères ont eu tant de peine à se défaire, doivent nous servir d'exemples; nous devons tirer de leur expérience d'utiles enseignements et nous efforcer d'éviter les mêmes errements.

Il est prudent de se réserver au sujet de l'attraction universelle et de ne pas l'accepter comme un fait accompli; il est sage de s'abstenir jusqu'à ce que les savants aient fait la lumière complète sur les phénomènes astronomiques, car il paraît très probable que la science renversera un jour cette théorie, sans toutefois toucher aux lois énoncées par Newton, comme elle a déjà abandonné la théorie non moins célèbre de l'émission de la lumière à la défense de laquelle Newton avait consacré son puissant génie (1)

L'homme presque toujours a pris le contrepied de la vérité, les apparences pour la réalité et il n'y aurait rien d'étonnant que dans cette prétendue attraction des corps nous ne soyons encore dupes de nos sens. Ne soyons pas plus affirmatifs que le grand Newton lui-même qui a dit, non pas que les corps s'attirent, mais se comportent comme s'ils s'attiraient; et c'est un des plus admirables traits de son clairvoyant génie que cette prudente réserve, car si son hypothèse sur l'attraction mutuelle des corps vient à être renversée, ses lois, c'est-à-dire les rapports qu'il a établis entre les phénomènes, n'en resteront pas moins éternellement vrais.

Nos pères croyaient fermement que l'Univers tout entier tournait autour de la terre; aucune vérité ne semblait plus évidente que celle-là et, lorsque des astronomes eurent démontré la fausseté de cette conception, nos pères refusaient encore de reconnaître cette colossale erreur; ils admettaient que le soleil, masse plus considérable à elle seule que toutes les planètes réunies, accomplissait en un seul jour l'énorme trajet que la terre met 365 jours à accomplir !

Lorsque nous portons un verre à nos lèvres et que nous aspirons, le verre se soutient de lui-même à notre bouche et nous croyons que ce verre est *aspiré*; nous avons ce sentiment irraisonné que le verre est *attiré* par nos lèvres; mais, une observation plus attentive nous convainc que cette *attraction* n'est qu'une apparence, que le verre

(1) Des deux hypothèses rivales imaginées pour expliquer la nature de la lumière et les phénomènes de l'optique, l'une était désignée sous le nom de *système de l'émission* ou *théorie corpusculaire*, l'autre sous le nom de *système des ondulations* ou *théorie ondulatoire*.

La 1re, formulée par le grand Newton, admettait que la lumière consistait en particules d'une ténuité extrême, émises par les corps lumineux et lancées dans toutes les directions avec une prodigieuse rapidité et susceptibles de rebondir comme des balles élastiques ou d'être réfléchies par des surfaces. Pendant longtemps elle fut universellement acceptée et parut avoir relégué dans l'oubli la théorie adverse. Celle-ci adoptée par Hooke, Huygens, Young, admettait comme cause de la lumière les vibrations de l'éther de même que le son a pour cause les vibrations de l'air.

Ces deux hypothèses si différentes expliquaient également bien les phénomènes de l'optique, mais la 1re plus facile à comprendre, appuyée par la grande autorité de Newton et par les brillantes découvertes que ce puissant génie fit en optique, — découvertes auxquelles il appliqua avec le plus grand succès le système de l'émission, — triompha pendant plus d'un siecle. Cependant cette théorie newtonienne n'ayant pu expliquer les phénomènes de diffraction et d interférence, dont la théorie ondulatoire rend admirablement compte, fut abandonnée peu à peu. La théorie ondulatoire, si longtemps dédaignée, est seule aujourd'hui enseignée.

n'est pas attiré mais pressé par une matière invisible et très élastique, l'air, par suite du vide produit dans le verre par l'aspiration des lèvres. Or, de tout temps, les hommes voyant les corps pesants tomber, c'est-à-dire les voyant tous venir à la terre, se sont imaginés que la terre *attirait* ces corps, les *aspirait* en quelque sorte.

N'y a-t-il pas encore là une illusion de nos sens? N'admettons-nous pas encore comme une évidence ce qui, en réalité, n'est qu'une apparence?

Pour bien comprendre comment cette conception de l'attraction universelle est venue à l'esprit humain, nous devons nous rappeler que l'homme va toujours du connu à l'inconnu, qu'il explique ce qu'il connaît le moins par ce qu'il connaît le mieux; or, l'homme étant la chose que l'homme croit le mieux connaître, il juge de toutes choses d'après lui-même; il se fait le centre de l'univers. Il commença par prêter à tous les phénomènes de la nature ses sentiments, ses passions et même ses habitudes; le grondement du tonnerre était un signe de la colère céleste, l'arc-en-ciel, au contraire, était un signe d'apaisement; le soleil, comme l'homme se levait au matin et se couchait le soir. L'homme ne s'expliquait ces phénomènes qu'en les rapprochant de ceux qui se passent en lui et il leur prêtait des mobiles tout humains; tous ces phénomènes étaient les effets de passions et de sentiments semblables aux siens. Le sauvage personnifie toutes les causes de phénomènes, et les hommes primitifs rapportaient tout à eux et voyaient dans toutes les manifestations de la nature des « âmes » ou des « esprits », car ne connaissant rien mieux qu'eux-mêmes et se voyant animés par une force appelée « âme » ou « esprit », il est naturel de les voir rapporter à une « âme » ou « esprit » toute espèce de mouvement. Le philosophe grec, Thalès, prêtait une « âme » à l'aimant et Van Helmont donna aux fluides aériformes le nom de *gaz*, qui signifie « esprit ». De nos jours encore les savants, pour expliquer les phénomènes chimiques, parlent d'affinité, de répulsion, de sympathie et d'antipathie entre les molécules comme si la matière était susceptible d'éprouver des sentiments humains.

Les anciens physiciens, pour expliquer le phénomène de l'ascension de l'eau dans les corps de pompe, en dépit des lois de la pesanteur, disaient que *la nature a horreur du vide.* Mais, chose étrange, l'eau ne s'élevait dans le vide que jusqu'à 32 pieds et jamais plus haut; la nature n'avait donc le vide en horreur que jusqu'à une hauteur déterminée. Que de tâtonnements et de contresens pour arriver à constater les vérités les plus simples! Alors l'homme ne connaissait guère encore que deux classes de corps, les solides et les liquides ; il n'entrevoyait pas encore qu'il pût y avoir un troisième état de la matière, qu'il pût y avoir des corps impalpables, invisibles et cependant matériels. Les anciens physiciens n'admettaient pas la matérialité de l'air; Galilée, le premier, avança que l'ascension de l'eau dans les corps de pompe vides d'air était due au poids de l'air qui, pressant sur la surface du liquide, le forçait à s'élever dans le corps de pompe jusqu'à ce que le poids de l'eau fît équilibre au poids de l'air qui est de 1 kilog 033 par centimètre carré de surface; or, une colonne d'eau de 32 pieds pèse également 1 kilog. 033 par centimètre carré, ce qui explique qu'elle cesse de s'élever lorsqu'elle atteint 32 pieds ou 10 mètres de hauteur ; par le même fait, le mercure qui est 13 1/2 fois plus dense que l'eau, ne s'élève dans le vide qu'à une hauteur 13 1/2 fois moindre, soit 76 centimètres.

L'eau s'élève donc dans les corps de pompe vides d'air, non parce que la nature a horreur du vide, ni parce que le jeu de la pompe aspire l'eau ou l'attire, mais parce qu'elle est refoulée de bas en haut par la pression de l'atmosphère.

Le mot *attraction* vient du latin *attractio* (de *ad*, vers soi ; *trahere*, tirer). La matière qui *attire*, qui *repousse*, sa *répulsion*, son *attraction* respirent, comme l'*horreur de la nature pour le vide*, un langage et des sentiments tout humains et apparaissent tout aussi faux de conception. Les progrès de la science permettent aujourd'hui d'envisager cette prétendue attraction ou aspiration des corps par la Terre, comme une pression due à une matière infiniment plus raréfiée et plus subtile que l'air, appelée *éther*.

Les poissons ne voient pas l'eau dans laquelle ils vivent, de même que nous ne voyons pas l'air dans lequel nous vivons; ils n'en sentent pas non plus le poids, de même que l'air n'a pas de poids sensible pour nous. Si l'homme, au lieu d'un être aérien, était un être aquatique, l'eau serait pour lui un fluide invisible, impondérable, l'eau serait une force comme l'air, comme la chaleur, comme l'électricité; quant à cette autre force, le vent, l'air en mouvement qui ride, creuse, fouille, remue et soulève les énormes amas d'eau dans lesquels nous le supposons vivre, cette force serait pour lui ce que l'éther est pour nous ; il serait aussi impuissant à saisir cette force, à l'isoler, à l'enfermer, à reconnaître son caractère pondérable que nous sommes impuissants, nous, êtres aériens, à nous emparer de l'éther, appelé « fluide incoercible » et à nous rendre compte de sa nature; l'homme vivant sous l'eau n'aurait même jamais pu soupçonner que l'air est de la matière ; tout au plus serait-il parvenu à reconnaître la matérialité de l'eau, dans laquelle il vivrait, et sa composition, de même que nous sommes arrivés, après beaucoup de tâtonnements et d'erreurs, à reconnaître la pondérabilité et la composition de l'air qui nous baigne. Ce fluide aériforme aurait échappé à tout jamais à sa puissance d'investigation, car quels moyens de contrôle aurait-il pu trouver au fond de l'eau, quels procédés aurait-il pu employer, quels appareils aurait-il pu inventer pour l'isoler, le peser, l'analyser?

Or, tout fait supposer que l'éther est infiniment plus éloigné de l'état gazeux que les gaz de l'état liquide. Si nos sens sont si bornés, si impuissants à l'égard des fluides aériformes, qu'y a-t-il d'extraordinaire à ce qu'ils soient dans une ignorance profonde du quatrième état de la matière ? Combien plus ils doivent être limités à l'égard de cette matière infiniment subtile que nous ne connaissons que par ses manifestations : chaleur, lumière, électricité, magnétisme, de même que pendant longtemps nous n'avons connu l'air que par les effets qu'il produisait : vagues, tourbillons de poussière, mouvements des nuages et des girouettes.

L'homme a pu reconnaître le caractère de matière à l'air, au vent, parce qu'il est arrivé à pouvoir peser cet élément ; mais comment peser l'éther, comment peser ce qui est cause de la pesanteur ? Comment saisir et comprimer en vase clos un fluide tellement subtil qu'il traverse tous les corps, même les plus compacts?

Nous savons que le parfum est constitué par des particules matérielles extrêmement ténues qui se dégagent des corps odorants ; une faible parcelle de musc peut remplir tout un appartement de ses émanations, pendant des années entières, sans perdre sensiblement de son poids ; on est parvenu à peser l'air, mais pourra-t-on jamais parvenir à peser le parfum du musc? Et cependant les corpuscules qui constituent le parfum du musc ne sont qu'une matière extrêmement grossière comparés aux atomes de l'éther.

Si la science humaine a pu ignorer si longtemps une matière aussi grossière et aussi sensible que celle qui constitue les gaz, si elle est restée, pendant tant de siècles, sans soupçonner le 3me état de la matière qu'elle considérait comme un principe immatériel, un « esprit », combien plus impuissante et désarmée ne se trouve-t-elle pas à l'égard d'une matière infiniment plus raréfiée et insaisissable?

III. — Si l'on considère que la matière de solide devient liquide, de liquide devient gaz et qu'à mesure que ces transformations ont lieu et que cette raréfaction augmente, cette matière échappe de plus en plus à l'action de la pesanteur, de sorte qu'un bloc de glace devenu vapeur semble soustrait à l'influence de la gravité, on peut supposer un degré de raréfaction encore plus grand dans la matière en même temps qu'une pondérabilité extraordinairement réduite. Dans cette matière que nos moyens d'action actuels ne nous permettent pas encore d'atteindre, il n'y aurait pour ainsi dire plus d'*attraction* entre les molécules, selon le langage courant, il n'y aurait plus que *répulsion*. Dans une matière ainsi conçue, où la force de cohésion serait reculée à ses dernières limites, il n'y aurait plus par conséquent de pesanteur; cette matière serait en quelque sorte impondérable.

Si l'on considère que l'attraction moléculaire ou cohésion est si effacée entre les molécules des gaz, que l'élément gazeux est une matière extrêmement élastique et expansible, pressant en tous sens les parois des vases qui les renferment, on peut supposer une matière infiniment plus subtile et plus élastique remplissant l'univers et pressant dans tous les sens; c'est cette pression universelle d'une matière prodigieusement élastique qui serait la cause même de la pesanteur; cette matière cosmique serait cause, par son expansion, de l'attraction universelle en même temps que des phénomènes lumineux, calorifiques, électriques et magnétiques. L'éther pèserait sur tous les corps de l'univers comme un gaz pèse sur les parois du vase qui le contient et cette matière impondérable, c'est-à-dire qu'on ne peut peser, ferait mouvoir les mondes, dans son expansion immense, comme la vapeur, dans sa dilatation, fait mouvoir nos pesantes locomotives; le mouvement atomique de la matière universelle se changerait en mouvement de corps célestes, comme le mouvement moléculaire des substances explosibles se transforme en mouvement de projectiles. Ces particules prodigieusement ténues de l'éther, en mouvement dans tout l'univers, exerceraient sur tous les corps célestes un effort constant, comme les particules d'un gaz en mouvement dans un cylindre exercent un effort constant sur les parois.

Si l'on conçoit une masse solitaire, unique dans l'espace, recevant les chocs d'atomes innombrables également sur toutes ses faces, cette masse restera sans mouvement; mais si l'on conçoit deux masses plus ou moins éloignées dans l'espace, les chocs seront moins nombreux sur les parties en regard; ces deux corps se serviront réciproquement d'écran; la pression étant d'autant plus grande sur les faces opposées, ces deux corps seront poussés l'un vers l'autre; ils sembleront s'attirer. Ces deux masses seront d'autant moins poussées l'une vers l'autre que la distance sera plus grande et elles seront d'autant plus poussées l'une vers l'autre qu'elles recevront plus de chocs, c'est-à-dire que leurs masses seront plus grandes. En d'autres termes, ces corps s'attireront en raison directe des masses et en raison inverse du carré des distances, selon les rapports ou lois formulés par Newton.

Si, par exemple, nous versons de l'eau dans une sphère de métal et qu'après l'avoir fermée hermétiquement avec un bouchon, nous la soumettons à l'action de la chaleur sur le couvercle d'un poêle, de façon que le bouchon ait une direction horizontale, la vapeur, développée par la chaleur, pressera également sur toutes les parois intérieures et la sphère restera immobile, parce que toutes les pressions s'équilibreront; les chocs de certaines molécules poussant la boule dans un sens, et les chocs de toutes les autres molécules produisant un effort semblable dans tous les autres sens, tous ces chocs des molécules sur les parois intérieures s'annuleront, leurs actions s'entre-détruiront et la sphère restera en place. Mais si l'une des parties intérieures cesse de recevoir ces chocs incessants des molécules, si, par exemple, nous ôtons le bouchon, l'équilibre sera rompu parce que la pression que le bouchon supportait aura cessé de contrebalancer les pressions opposées et la sphère se mettra en mouvement du côté où elle reçoit le plus de chocs, elle reculera du côté opposé au bouchon; c'est par un effet semblable que les armes à feu reculent au moment de l'explosion.

La science, on peut déjà le prévoir, démontrera sans doute un jour que le mouvement des astres est produit par un effet mécanique semblable et que ces grands corps se meuvent parce qu'ils ne supportent pas une pression égale sur toutes leurs faces extérieures.

Eu égard à la loi de la conservation de l'énergie, il est permis de croire que le mouvement de ces astres ne pourrait se produire sans une dépense équivalente de chaleur et de lumière et de même que dans l'instrument de physique appelée « radiomètre » nous voyons des palettes mobiles se mouvoir dans le vide par le seul effet de la lumière, de même il se pourrait que la lumière solaire fût seule cause du mouvement des corps célestes.

L'observation du mouvement des planètes semblerait justifier cette hypothèse, car leur mouvement se ralentit à mesure qu'elles reçoivent moins de lumière. La planète Mercure, qui reçoit 7 fois plus de lumière que la Terre, parcourt 47 kilomètres par seconde; la planète Vénus, qui reçoit 2 fois plus de lumière que la Terre, parcourt 34 kilomètres par seconde; la 3me planète à partir du soleil, la Terre, parcourt un peu plus de 24 kilomètres par seconde; la 4me planète, Mars, parcourt 23 kilomètres par seconde et la quantité de lumière qu'elle reçoit n'est que les 43/100e de celle reçue par la Terre; Jupiter, la 5me planète, reçoit 29 fois moins de lumière que la Terre et parcourt 12 kilomètres 900 mètres par seconde; la 6me planète, Saturne, parcourt 9 kilomètres par seconde et reçoit 98 fois moins de lumière que notre globe terrestre; la 7me planète, Uranus, parcourt 7 kilomètres par seconde et reçoit 370 fois moins de lumière que la Terre; la 8me planète, Neptune, reçoit 1300 fois moins de lumière que la Terre et sa vitesse n'est que de 5 kilomètres 4 par seconde.

Le mouvement des comètes se ralentit à mesure qu'elles s'éloignent du soleil et ces astres errants tournent toujours leur queue du côté opposé au soleil; la queue est en arrière lorsque la comète se dirige vers le soleil, elle est en avant lorsque la comète s'en éloigne; or on démontre qu'un corps chaud repousse les autres corps dans le vide le plus parfait produit par nos machines pneumatiques.

On pourrait s'étonner qu'une matière aussi ténue que l'éther puisse mettre en mouvement des masses aussi énormes que celles des corps célestes, mais considérons la matière gazéiforme, l'air, invisible et impalpable, qui renverse les maisons et déracine les arbres; la plus grande vitesse du vent, dans l'ouragan, n'atteint pas 50 mètres par seconde, tandis que les mouvements de l'éther atteignent la vitesse inconcevable de 300,000 kilomètres par seconde qui est celle de la lumière et de l'électricité; or, on démontre en mécanique, que le travail produit correspond nécessairement au poids de la masse multiplié par le carré de la vitesse, que l'on traduit par la formule $F{-}mv^2$; c'est-à-dire que si la masse est nulle mais la vitesse énorme, ou si la masse est énorme et la vitesse nulle, le travail produit sera le même; il y a autant de puissance mécanique dans les molécules de la vapeur d'eau, invisibles et impalpables, mais animées d'une grande vitesse, que dans l'énorme marteau-pilon animé d'une faible vitesse. Une particule très ténue, de un 5/100e de gramme seulement, se mouvant à raison de 300,000 kilomètres par seconde produirait le même effet qu'un boulet de canon de 68 kilos animé d'une vitesse de 304 mètres par seconde. Ce que le mobile perd en masse il le gagne en vitesse.

Une autre objection, non moins sérieuse, c'est que si tous les phénomènes de gravitation, de pesanteur et de cohésion sont dus à une pression et non à une attraction, comment expliquer la dureté et la ténacité des corps solides; comment comprendre qu'entre les molécules du fer, par exemple, existent des vides, que toutes ces molécules ne se touchent pas entre elles et que cependant la barre de fer supporte les plus fortes charges sans se rompre?

Si l'on prend une sphère creuse, divisée en deux moitiés égales, et si l'on retire l'air des deux hémisphères appliquées l'une contre l'autre et hermétiquement fermées de façon à empêcher la rentrée de l'air, la seule pression de l'air extérieur suffira pour leur donner une adhérence telle qu'une force mécanique très grande sera nécessaire pour les séparer. Ces deux hémisphères sembleront posséder une très grande force d'attraction, mais leur puissante ténacité n'est due qu'au poids de l'atmosphère qui presse sur elles, car si l'on permet à l'air de rentrer au dedans, les deux hémisphères perdent toute adhérence et se détachent sans effort et se séparent d'elles-mêmes.

Ce phénomène d'adhérence n'a rien d'extraordinaire si l'on réfléchit que la pression de l'atmosphère est de un kilogramme 033 par centimètre carré de surface; le premier de ces appareils inventé par le bourgmestre de Magdebourg, d'où leur nom d' « hémisphères de Magdebourg », avait 65 centimètres de diamètre ce qui, pour le cercle entier, donne une surface de 3317 centimètres carrés; la pression que l'atmosphère exerçait sur ces deux hémisphères était donc de 3317 × 1 kilo 033 ou de 3426 kilogrammes, c'est-à-dire, que pour les disjoindre, il fallait un effort égal à 3426 kilos; il paraît même que six chevaux attelés aux deux hémisphères ne purent les séparer.

Qui saurait démontrer que la cohésion des corps n'est pas due à cette matière répandue dans tout l'Univers et qui pèse de tout son poids sur les corps solides? De même qu'il faut une grande énergie pour séparer les deux hémisphères vides d'air et vaincre la pression atmosphérique qui agit sur elles, en les tenant fortement adhérentes, de même il sera sans doute prouvé un jour que la prétendue attraction moléculaire ou cohésion est simplement due à la pression de la matière qui remplit l'Univers.

Par ce fait que la matière stellaire remplit l'espace infini et pèse dans tous les sens, on peut en inférer que c'est elle qui s'oppose à l'expansibilité indéfinie des gaz atmosphériques, de même que ceux-ci, en pesant sur les eaux terrestres, s'opposent à leur dispersion dans l'espace.

Les gaz se dilatent indéfiniment; leur caractère distinctif c'est leur parfaite élasticité, c'est-à-dire leur tendance à prendre un volume toujours plus grand. Pour le prouver on prend une vessie bien flexible que l'on presse pour en faire sortir l'air qu'elle contient, de façon à ce qu'il en reste le moins possible; après l'avoir fermée hermétiquement, on la place sous la cloche de la machine pneumatique; à mesure qu'on fait le vide, c'est-à-dire qu'on diminue la pression de l'atmosphère, la vessie se gonfle parce que le peu d'air qu'elle contient cède à son pouvoir expansif et se dilate. L'atmosphère gazeuse qui entoure la terre devrait se disperser dans les espaces si rien ne s'opposait à son expansion; de même si l'on ôtait de la surface des eaux la pression atmosphérique, toutes les eaux terrestres se volatiliseraient instantanément, car c'est le poids de l'atmosphère qui maintient cet élément à l'état liquide. En effet, l'eau chauffée à 100° s'évapore parce que la pression mécanique de la vapeur d'eau soulève le poids de l'atmosphère, mais si l'on fait le vide sur l'eau, c'est-à-dire si l'on ôte, au moyen de la machine pneumatique, l'air qui pèse sur elle, l'eau bout à 0°. En ôtant le poids de l'atmosphère, l'eau cessant d'être comprimée par ce poids, se détend brusquement d'elle-même à la façon d'un ressort; le liquide, c'est le ressort comprimé, la vapeur, c'est le ressort detendu et libre. Sur les hautes montagnes l'eau entre en ébullition à 80° seulement parce que le poids de l'atmosphère est moins grand qu'au niveau de la mer; dans les mines, par la raison contraire, il faut plus de 100° pour amener l'eau à l'ébullition. L'eau se replie sur elle-même ou se détend selon la masse d'air qui pèse sur elle, mais si l'on supprime complètement le poids de l'air, l'eau entre en ébullition sans avoir besoin d'être chauffée.

Tous les corps que nous voyons ayant été amenés de l'état liquide à l'état solide, on peut tous les considérer comme des ressorts comprimés qui se détendraient si l'on ôtait la pression qui pèse sur eux. Tous les corps ont une tendance à surmonter une pression, c'est-à-dire à se volatiliser; tous les corps odorants se volatilisent, et le fer lui-même a une odeur et par conséquent se volatilise. Dans le vide du thermomètre, le mercure, métal liquide, se volatilise et l'on ne parviendra peut-être jamais à produire un vide parfait dans la machine pneumatique parce que le mastic employé à fermer herméti-quement l'appareil se volatilise.

Tous les corps solides peuvent passer à l'état liquide, puis à l'état de vapeur au moyen d'une quantité de chaleur suffisante, c'est-à-dire que lorsqu'on augmente la force élastique du ressort comprimé, il peut vaincre la pression qui le maintient à l'état solide ou liquide. Dans cette hypothèse, la chaleur qui écarte les molécules des corps ne détruit pas leur attraction, mais surmonte une pression, de même que l'air, que l'on introduit à l'intérieur des deux hémisphères de Magdebourg, ne détruit pas leur apparente cohésion, mais fait équilibre à la pression de l'air extérieur. De même qu'en raréfiant l'air intérieur des sphères de Magdebourg on rompt l'équilibre entre les pressions internes et les pressions externes, de même en enlevant la chaleur à un corps, les pressions extérieures n'étant plus équilibrées par les pressions intérieures deviennent prépondérantes et produisent un rapprochement moléculaire; par une soustraction progressive de chaleur tout corps gazeux se convertit en liquide, puis en solide; on peut arriver à un résultat tout à fait identique, non plus en affaiblissant les tensions intérieures par une soustraction de chaleur, mais en comprimant ces corps, c'est-à-dire en surmontant leurs tensions intérieures par des pressions supérieures.

L'Univers pèse de tout son poids sur les corps et un corps est à l'état solide, liquide ou gazeux selon le degré de réaction qu'il oppose à cette pression mécanique du milieu universel; lorsque la tension intérieure est énorme, le corps est à l'état gazeux; lorsque la tension intérieure est nulle, le corps est à l'état solide. Tous les solides sont des liquides condensés, tous les liquides sont des gaz comprimés et il est probable que le gaz n'est lui-même que de l'éther épaissi.

L'eau bout à 100°, c'est-à-dire qu'à 100° elle fait équilibre à la pression de l'atmosphère, et une colonne d'eau pesant 1 k. .033 par centimètre carré fait également équilibre au poids de l'atmosphère. D'un côté l'eau monte en vapeur lorsqu'elle surmonte une pression de 1 k. 033 par c. c.; d'un autre côté l'eau monte dans le vide jusqu'à ce qu'elle pèse 1 k. 033 par c. c. Là elle monte parce qu'elle pèse sur l'atmosphère; ici elle monte parce que l'atmosphère pèse sur elle. Nous disons « le poids de l'atmosphère » parce que l'atmosphère presse de haut en bas, mais nous ne disons pas « le poids de la vapeur d'eau » parce que la vapeur d'eau presse de bas en haut; ce qui fait le poids des corps ce n'est donc pas une « attraction » mais une « pression ». Le poids d'un corps c'est la pression qu'il supporte; lorsqu'on le soustrait à cette pression, il perd son poids. Par une pression suffisante on ramène tous les gaz à l'état liquide et même solide, c'est-à-dire on leur donne un poids sensible; lorsque cette pression cesse, ils reprennent l'état gazeux.

De même qu'on peut volatiliser l'eau de deux manières, 1° en surmontant le poids de l'atmosphère au moyen de la chaleur, 2° en ôtant la pression atmosphérique par le moyen de la machine pneumatique; de même on peut liquéfier un gaz de deux façons, 1° par la pression, 2° par le refroidissement.

La pression consiste à rapprocher violemment les molécules par des moyens mécaniques puissants en chassant la chaleur, c'est-à-dire le mouvement intérieur, mais en quoi consiste le froid, à quel principe est-il dû, quelle est sa nature, quelle en est la cause?

IV. Envisagés superficiellement, les phénomènes semblent indiquer qu'il existe un principe contraire à la chaleur : le froid. Dans les anciens livres de physique on semblait croire que le froid était un fluide comme la chaleur. Mais cette dualité de conception, sans laquelle nous ne pouvons envisager les phénomènes, donne lieu à une fausse interprétation de ces phénomènes, car elle donne corps à ce qui n'a aucune realité.

On n'ajoute pas du froid à un corps, on lui ôte de la chaleur, c'est-à-dire du mouvement. Un corps qui semble rayonner du froid c'est un corps qui absorbe la chaleur des corps environnants pour se mettre en équilibre de température avec eux. Tous les corps émettent de la chaleur; de la glace à 0° transportée dans une pièce ayant une température de 10° sous zéro, rayonne de la chaleur comme un boulet rouge; cette glace est chaude relativement à ce qui l'entoure. Un corps indique un excès ou un défaut de chaleur selon la température du milieu où il est transporté.

La loi des échanges entre corps de températures différentes présente trois cas ; 1° un corps rayonne plus de chaleur qu'il n'en reçoit, alors ce corps se refroidit, c'est-à-dire perd de sa chaleur; 2°, un corps rayonne moins de chaleur qu'il n'en absorbe, il s'échauffe; 3°, un corps rayonne une quantité de chaleur égale à celle qu'il absorbe, ce corps ne change pas de température. Si l'on place un thermomètre près de la glace, il se refroidit et le mercure baisse parce qu'il donne plus de chaleur à la glace que la glace ne lui en donne; la glace ne lui donne pas du froid, mais lui soustrait de la chaleur. Les corps appelés « froids », ne rayonnent pas un fluide frigorifique, mais absorbent plus de chaleur qu'ils n'en rayonnent.

Nous disons qu'un corps est chaud lorsqu'il nous donne plus de chaleur que nous ne lui en donnons et, au contraire, qu'il est froid lorsqu'il nous enlève notre chaleur. Lorsque nous touchons le marbre, nous disons qu'il est froid; ce n'est pas le froid du marbre qui nous gagne, mais, au contraire, notre chaleur qui s'écoule dans le marbre et cette perte de chaleur nous donne une sensation que nous nommons « froid ». Le marbre qui est froid par rapport à nous, est chaud par rapport à la glace; de même nous sommes froids par rapport à un corps brûlant parce que nous lui enlevons plus de chaleur que nous ne lui en donnons, cependant nous ne disons pas que nous donnons du froid à ce corps d'une température élevée, mais qu'il nous donne de la chaleur.

Si nous plongeons notre main gauche dans l'eau glacée et notre main droite dans l'eau chaude et qu'ensuite nous reportons les deux mains à la fois dans l'eau à la température ordinaire, notre main gauche nous dit que l'eau est chaude, notre main droite, au contraire, qu'elle est froide. Les deux mains se contredisent parce que l'une reçoit plus de chaleur qu'elle n'en rayonne, l'autre, au contraire, émet plus de chaleur qu'elle n'en reçoit.

Les souterrains conservent une température à peu près uniforme dans toutes les saisons, cependant si nous pénétrons dans une cave, en hiver, nous ressentons une impression de chaleur tandis que c'est une impression de fraîcheur ou de froid que nous en recevons en été; en hiver, notre corps extérieurement plus froid, reçoit plus de chaleur qu'il n'en donne; en été, au contraire, il perd plus de chaleur qu'il n'en gagne.

Le marbre, corps bon conducteur du calorique, nous semble froid parce qu'il nous enlève notre chaleur; la laine, les plumes, corps mauvais conducteurs du calorique, nous semblent chaudes parce qu'elles ne nous enlèvent rien de notre chaleur, mais, au contraire, nous la conservent ; la température de la laine ou des plumes n'est pas plus élevée que celle du marbre car, en été, on emploie même d'épaisses couvertures de laine pour en envelopper la glace afin de l'empêcher de se fondre.

Lorsqu'on dit que le froid contracte la matière, on se fait donc une idée très fausse de ce phénomène, car le froid n'a aucune réalité. Refroidir un corps ce n'est pas ajouter du froid, c'est lui ôter de la chaleur, c'est-à-dire du mouvement. Un corps qui s'échauffe ou se refroidit c'est un corps qui gagne ou perd du mouvement.

D'une manière analogue, on oppose l'attraction à la répulsion ; on fait de la force attractive un principe antagoniste de la force répulsive. Nous savons que la répulsion consiste dans un mouvement des dernières particules de la matière, l'attraction doit donc consister dans la cessation ou le ralentissement de ce mouvement. Lorsque la vapeur perd de sa chaleur ou mouvement, elle se condense et devient liquide; ses molécules retombent les unes sur les autres. De même une pierre qui tombe, un fleuve qui coule tendent au repos ; ils perdent le mouvement qui les avait élevés; les corps qui tombent se rapprochent de la terre, se condensent entre eux, en quelque sorte comme les molécules de la vapeur d'eau refroidie.

Quand nous parlons des molécules des corps, nous disons que c'est le froid qui les contracte ; quand nous parlons des corps eux-mêmes, en tant que masses, nous disons que c'est l'attraction qui les fait tomber ; nous employons deux termes différents pour un même phénomène, de même que nous appelons « chaleur » le mouvement invisible des molécules et que nous appelons « déplacement de masses » le mouvement visible. Le froid et la pesanteur sont deux aspects différents du même phénomène; l'un consiste dans le mouvement invisible de la matière, l'autre dans son mouvement visible. Le froid et la pesanteur ne font qu'un seul et même fait, car ce que nous appelons « pesanteur « dans le mouvement visible de la pierre qui tombe, nous l'appelons » froid » dans le mouvement invisible de l'eau qui gèle. En un mot, la répulsion ou chaleur consiste dans un mouvement de la matière, l'attraction ou le froid dans une diminution de ce mouvement. On ne donne pas de l'attraction ou du froid à un corps, on lui ôte de la répulsion ou chaleur, c'est-à-dire du mouvement.

Par le refroidissement, c'est-à-dire par une soustraction progressive de chaleur, on réduit tout corps gazeux en liquide et même en solide ; tout abaissement de température produit un rapprochement des molécules, parce que les pressions extérieures, n'étant plus contre-balancées, entrent en action. On arrive à un résultat identiquement le même en renforçant ces pressions extérieures ; par une compression énergique des gaz, à 150 atmosphères par exemple, on arrive à les liquéfier sans avoir recours à un abaissement de température, parce que le rapprochement forcé des molécules diminue le mouvement intérieur.

Refroidir un corps, c'est ralentir le mouvement de ses molécules ; le soumettre à une pression, c'est exactement la même chose. En mettant de l'eau sous le récipient de la machine pneumatique, il se forme des vapeurs à mesure qu'on fait le vide, c'est-à-dire qu'on diminue la pression atmosphérique; mais lorsque l'air est ramené, il comprime de nouveau les vapeurs qui se sont formées et qui redeviennent liquides. De même, l'eau soumise à la chaleur surmonte la pression de l'atmosphère et prend un volume 1,700 fois plus grand ; mais si la température descend, la pression de l'atmosphère entre en action et la vapeur revient à l'état liquide. Les eaux de l'océan prennent donc une surface de niveau, non sous l'influence de l'attraction terrestre ou pesanteur, mais bien réellement sous l'influence de l'atmosphère dont le poids est égal à celui d'une sphère de fer fondu de 216 kilomètres de diamètre.

On peut chauffer du fer sans le soumettre à une source de chaleur, il suffit de le frapper à coups redoublés sur l'enclume, car les coups de marteau ébranlent les molécules et les mettent en vibration et nous appelons « chaleur » ce mouvement des molécules du fer ; de même deux morceaux de glace frottés l'un contre l'autre se liquéfient ; donc liquéfier un corps solide soit par des moyens chimiques, soit par des moyens mécaniques, c'est ajouter du mouvement ; liquéfier un corps gazeux soit par le refroidissement, soit par une pression, c'est lui soustraire du mouvement..

De tout ceci nous pouvons conclure que tous les corps de l'Univers ont été amenés à l'état solide, liquide ou gazeux, non par une force attractive ou par un refroidissement, mais par une soustraction de chaleur, c'est-à-dire de mouvement, ou par la pression du milieu.

La chaleur de l'Univers s'est convertie en mouvement de masses ; le mouvement atomique universel s'est transformé en mouvement de planètes; le mouvement invisible s'est changé en mouvement visible. Que la Terre s'arrête soudain, le mouvement de masse redeviendra mouvement atomique ou chaleur. Ainsi, lorsqu'un train roule, de la vapeur se refroidit et se liquéfie; les molécules en mouvement qui frappent le piston de la machine et le poussent en avant, perdent en vitesse toute la quantité de travail qu'elles communiquent à ce piston et la chaleur, qui n'est autre que cette vitesse même, disparaît; d'un côté, le mouvement moléculaire s'affaiblit et décroît; d'un autre côté, le mouvement de masse s'accroît; mais si l'on arrête le train, les surfaces frottantes s'échauffent par l'action des freins et le mouvement de masse se convertit de nouveau en mouvement moléculaire.

On ne peut douter que l'Univers ne soit soumis aux mêmes lois et qu'il ne s'y opère une consommation de chaleur et de lumière rigoureusement proportionnelle au travail que représente la vitesse des mondes en mouvement.

V. — Après avoir mis dans tout leur jour les conséquences qui découlent de la loi de la conservation de l'énergie et de l'équivalence des forces, après avoir montré que la science tend de plus en plus à abandonner les forces abstraites, les qualités occultes des corps et les fluides hypothétiques pour les résoudre définitivement en mouvements de la matière, nous croyons nécessaire de répéter que les lois établies par Galilée et Newton n'en resteront pas moins debout et qu'il n'a jamais été question de mettre en doute leurs immortelles découvertes.

Galilée et Newton n'ont pas cherché comme Descartes ce que c'est que la pesanteur, par cette raison fausse que la cause doit expliquer les effets. Ils ne se sont point demandés si la gravité est une propriété inhérente aux corps ou si elle résulte de l'action d'un milieu interposé; ils ne se sont point interrogés pour connaître si elle produit le mouvement ou est produite par le mouvement ; ils n'ont pas posé la question de savoir si elle est une cause ou un effet, mais ils ont cherché des rapports entre les faits qu'elle produit et les ont saisis.

Galilée établit le principe de l'isochronisme, les lois de la chute des corps et la pesanteur de l'air. Newton rattache les travaux de Galilée sur la chute des corps vers la terre aux travaux de Képler sur le mouvement orbitaire des astres autour de leurs centres respectifs; par une admirable et hardie généralisation, il étend à la lune et à toutes les planètes les lois de la chute des corps, en démontrant par ses calculs que les grands corps célestes tombent les uns sur les autres par le même phénomène qui fait tomber les corps pesants sur la terre; il généralise les lois découvertes par Galilée et relie tous les mouvements de l'Univers par le système de l' « attraction universelle ». Mais Newton a soin d'ajouter qu'il n'entend pas, par le mot « attraction », que les corps s'attirent, mais qu'ils se comportent comme s'ils s'attiraient; il n'admet l'attraction universelle que comme une hypothèse qui relie des faits et non comme l'explication des faits.

C'est la marque des grands esprits que d'établir leur hypothèse de telle sorte que, quel que soit le sort de cette hyphotèse, les lois ou rapports qu'ils ont établis entre les phénomènes restent toujours vrais, à l'encontre de ces intelligences de moindre envergure ou moins bien inspirées qui lient leurs déductions au sort de leur hypothèse de manière qu'une interprétation plus vraie des phénomènes vient renverser tout ce qu'ils ont édifié.

Les hypothèses doivent être comme ces constructions provisoires en bois sur lesquelles on bâtit les ponts, comme ces assemblages de pilotis dont on se sert pour élever une voûte. Les échafaudages consistent à soutenir les pierres, à assembler les matériaux jusqu'à ce qu'ils aient assez de consistance et de solidité pour se soutenir par eux-mêmes. Lorsque la voûte est achevée, bien consolidée et bien assise, l'échafaudage, qui servait à la supporter, est enlevé; mais si l'échafaudage fait corps avec l'œuvre d'art, celle-ci s'écroule avec la charpente sur laquelle elle repose.

La science, suivant en cela la méthode appliquée par Newton, s'est placée jusque maintenant au-dessus de toutes les hypothèses; elle recherche les rapports entre les phénomènes et laisse de côté les spéculations sur l'essence des choses et sur la nature des forces. On peut nier l'attraction, on ne peut nier les lois de l'attraction; on peut nier les deux fluides électriques, positif et négatif, on ne peut nier les lois de l'électricité. Quel que soit le sort que l'avenir réserve à ces hypothèses, les rapports et les calculs qu'elles renferment resteront toujours vrais. Cependant la science a déjà été amenée à abandonner la théorie célèbre sur l'émission de la lumière, au triomphe de laquelle Newton avait employé toutes les ressources de son prodigieux génie, pour adopter celle plus rationnelle et plus plausible des ondulations. De même, si un jour il est admis que la pesanteur des corps est produite, non par une attraction intérieure de la Terre, mais par une pression extérieure du milieu universel, les lois découvertes par Galilée et généralisées par Newton ne seront point mises en défaut, mais, au lieu d'être l'expression d'une attraction, elles seront l'expression d'une pression universelle. On prouve, par exemple, que, dans les mouvements oscillatoires d'une balle de plomb suspendue par un long fil, le nombre des oscillations effectuées en une minute est double quand la longueur du fil est réduite au quart, et qu'il est triple quand cette longueur est réduite au neuvième; que ce soit une attraction ou une pression qui produise ces mouvements isochrones, leurs rapports resteront quand même identiques. Qu'importe la cause qui produit ce phénomène, si la loi de Galilée reste toujours la même?

Pour opérer la synthèse de tous les phénomènes qui se manifestent à la surface terrestre, il n'est donc pas absolument nécessaire d'être fixé sur la nature réelle de la chaleur et de la pesanteur. On peut s'en tenir à cette hypothèse de Newton, « que les corps agissent entre eux comme s'ils s'attiraient » ; on peut continuer à considérer la pesanteur comme un fait réel et non comme une apparence.

De même que l'on s'en tient encore aux idées des anciens sur les mouvements apparents du ciel et que l'on continue à dire que *le soleil se lève*, que *le soleil se couche*, quoique nous sachions fort bien que cet astre est immobile par rapport à la Terre, de même nous pouvons nous en tenir aux idées reçues sur la chaleur et la pesanteur et continuer à les considérer comme des forces occultes de la matière, comme des fluides immatériels et non comme de purs effets de mouvement. De même que l'on dit couramment que l'air et l'eau sont des forces, de même nous employerons ces expressions courantes et nous admettrons la pesanteur comme une force attractive et la chaleur comme une force répulsive; nous rechercherons les rapports nécessaires qui relient les phénomènes entre eux plutôt que leur nature intime.

CHAPITRE VI

Le mouvement invisible et le mouvement visible ou transformation du mouvement atomique en mouvement de masses.

I. — Tous les corps de la nature, dans leur innombrable variété, ont été ramenés à 64 corps simples. Ce nombre était primitivement plus élevé, car plusieurs corps que l'on croyait simples ont pu être décomposés.

Les savants pensent généralement aujourd'hui que ces 64 corps simples ne sont pas non plus irréductibles, mais simplement indécomposés et que, si l'homme disposait de moyens plus puissants, il pourrait arriver à réduire ces 64 corps élémentaires de façon à les ramener à une substance unique, homogène, partout et éternellement identique à elle-même en propriétés.

La matière ainsi réduite à sa plus simple expression par des décompositions successives, arrivée à la dernière limite de la désagrégation, débarrassée de tout lien physique, de toute gêne chimique telles que la cohésion et l'affinité qui diversifient les corps pondérables, aussi éloignée du gaz le plus volatil que celui-ci diffère du solide le plus dense, cette matière ne serait pas différente de celle qui remplit les espaces interstellaires et qui est le véhicule des mouvements lumineux, calorifique, électrique et magnétique. Par une dissociation à outrance des 64 corps réputés simples, par la réduction des éléments en composés de plus en plus simples, on aboutirait, en dernière analyse, à cette matière extrêmement raréfiée, d'une ténuité et d'une subtilité extraordinaires, qui forme le milieu cosmique et qu'on appelle « matière radiante ». ou « éther ».

L'homme ne connaissait primitivement que deux états de la matière, l'état solide et l'état liquide ; des moyens d'investigation plus puissants lui révèlent ensuite un 3me état de la matière, l'état gazeux ou aériforme; les progrès de la science l'amènent enfin à considérer un 4me état de la matière, l'état primordial dont tous les autres sont issus et dans lequel tous les atomes se ressemblent et sont dans une indépendance absolue.

Quelques grands esprits des temps antiques avaient deviné le mouvement de la Terre autour du Soleil; de même certains philosophes anciens, par une sorte de divination, disaient que l'Univers était formé de quatre éléments : la terre, l'eau, l'air et le feu, ce qui, sous le sens symbolique des mots, correspond à nos quatre états de la matière : solide, liquide, gazeux et radiant.

L'état radiant serait donc l'état fondamental de la matière de l'Univers; les états gazeux, liquide et solide seraient dus à la réunion d'atomes réellement élémentaires, de nature identique et ne différant que par leur position, leur arrangement et leurs mouvements propres. Ces atomes élémentaires ne se diversifient qu'en s'agrégeant, qu'en se groupant et c'est de leurs modes si divers de groupement que résulterait la variété infinie des corps de la nature.

Tout ce qui est visible, tous les corps si variés que nous voyons dans l'Univers seraient donc de simples modifications d'une substance unique. L'éther serait le fonds commun de l'Univers et la matière génératrice de tous les corps : nébuleuses, comètes, soleils, planètes; les végétaux et les animaux seraient eux-mêmes formés de cette matière fondamentale dont sont tirés les grands corps célestes, tous les phénomènes de l'Univers, les comètes flamboyantes, les soleils incandescents, les mondes en formation et les êtres en voie de développement se ramèneraient à une simple évolution de la matière stellaire; dans cette évolution grandiose de l'Univers nous voyons les nébuleuses sortant de la matière cosmique, les mondes sortant des nébuleuses et les êtres sortant des mondes.

L'éther serait l'état primitif de la matière de l'Univers, l'être vivant en serait le dernier; dans l'éther se trouveraient les mouvements les plus simples, dans l'être vivant les mouvements les plus complexes; l'éther serait la première forme de la matière, l'être vivant la forme ultime; et ainsi, depuis la matière dans sa plus grande simplicité, l'éther, jusqu'à la matière dans sa plus grande complexité, l'être vivant, ce serait un développement continu, sans interruption.

II. — On doit considérer l'état actuel de la Terre comme l'effet de son état antérieur et comme la cause de celui qui va suivre. La genèse des éléments a été une introduction à la vie; dans le grand laboratoire de la nature, les éléments en se transformant les uns dans les autres pour former des composés de plus en plus complexes, se sont élevés à la matière organique.

Cette élaboration de particules moléculaires dans des structures de plus en plus compliquées, cette évolution de la matière inorganique en fluides, en liquides et en solides est la première étape vers l'évolution de la matière organique. Dans sa formation le règne minéral prépare le règne végétal comme celui-ci a préparé le règne animal qui repose tout entier sur lui. Filiation des minéraux, filiation des végétaux, filiation des animaux.

Les gaz, les liquides et les solides ne présentent que des combinaisons binaires : l'acide carbonique ou anhydride est formé de carbone et d'oxygène; l'ammoniaque est formé d'azote et d'hydrogène; l'eau est formée d'oxygène et d'hydrogène. La plante s'empare des composés inorganiques binaires qu'elle combine et transforme en composés organiques ternaires et quaternaires. Le carbone et les composés ternaires dominent dans les végétaux; l'azote et les composés quaternaires dominent dans les animaux.

Les corps organiques sont essentiellement formés d'un petit nombre d'éléments ou corps simples dont les principaux sont l'oxygène, l'hydrogène, le carbone et l'azote, unis dans des combinaisons très instables; c'est par suite de cette extrême instabilité de leurs composants que les substances organiques sont facilement inflammables, explosibles et promptes à se corrompre.

Ce n'est pas sans de grandes difficultés que la matière de l'Univers arrive à cette haute formation et qu'elle parvient à se maintenir dans les combinaisons ternaires et quaternaires ; elle doit réagir constamment contre la tendance de ses éléments constitutifs à rompre l'équilibre forcé dans lequel ils sont unis, pour se résoudre en composés inférieurs et pour retourner aux combinaisons binaires de l'état inorganique, c'est-à-dire à des groupements moléculaires plus simples et par conséquent plus stables. On sait combien sont frêles et fragiles ces édifices moléculaires, combien est corruptible la matière organique et avec quelle facilité elle se décompose lorsqu'elle est abandonnée à elle-même.

Il suffirait de défaire toutes les combinaisons chimiques qui ont formé les corps vivants, toutes les structures moléculaires, tout le travail organique et inorganique qui s'est opéré au sein de la matière terrestre pour rendre la planète à son homogénéité première ; par ces décompositions successives la Terre retournerait à son état primitif; elle redeviendrait nébuleuse. La Terre que nous voyons maintenant si diversifiée et hétérogène avec ses rochers, ses fleuves, ses nuages, avec ses océans et son atmosphère, avec les plantes et les êtres qui la peuplent, ne formait, à l'origine, qu'une masse homogène, extraordinairement diffuse, une sorte de brouillard excessivement peu consistant.

Les astronomes nous apprennent que la Terre, la Lune, le Soleil et toutes les planètes ne formaient, primitivement, qu'une seule et même masse et que cette masse remplissait, sous forme de nébuleuse, tout l'espace compris dans l'orbite de la plus éloignée des planètes. En calculant la densité de cette masse, on trouve qu'un gramme de matière pondérable avait un volume de plusieurs milliards de mètres cubes ; l'hydrogène, le plus léger des gaz, serait encore plus de 400 millions de fois plus lourd que cette matière homogène uniformément répartie dans la sphère qui s'étend jusqu'à la planète Neptune.

Conçoit-on l'immense somme d'énergie nécessaire pour donner à un gramme de matière un développement de plusieurs milliards de mètres cubes? Pour fondre un kilogramme de glace à zéro, il faut 79 calories; pour l'amener à l'ébullition et pour l'évaporer en lui donnant un volume 1,700 fois plus grand, 640 calories sont nécessaires ; enfin, pour dissocier cette vapeur d'eau dans ses éléments constitutifs, l'hydrogène et l'oxygène, il faudrait près de 4,000 calories. Une calorie équivalant à 425 kilogrammètres, la quantité de chaleur obtenue dans la formation de un kilogramme de glace représente donc une production de travail d'environ 2,000,000 de kilogrammètres. Chaque mètre carré de la surface solaire émettant 14,000 calories environ par seconde, il en résulte que le dégagement de chaleur opéré par seconde par la transformation en glace de 3 kilogrammes de gaz hydrogène et oxygène, serait presque équivalent à la quantité de chaleur dégagée par chaque mètre carré de la surface solaire.

De même que les gaz en passant à l'état liquide et solide dégagent des quantités énormes de chaleur, de même l'éther en passant à l'état gazeux rayonne une immense énergie représentée par la chaleur et la lumière des soleils. D'incalculables quantités de chaleur devraient être employées pour ramener le système solaire à l'état de nébuleuse; réciproquement, la condensation de la nébuleuse dégage d'énormes quantités de chaleur; c'est cette chaleur dégagée qui constitue l'incandescence des astres; c'est cette chaleur qui fait les soleils.

Quand le mouvement prodigieux de l'éther se ralentit, quand la matière stellaire se condense pour former les nébuleuses, noyaux des mondes futurs, toute son énergie se dégage sous forme de chaleur et de lumière. 100° de chaleur rendent l'eau brûlante, mais si l'on ajoute cinq fois plus de chaleur ou 536°, l'eau ne brûle plus; malgré cet énorme surcroît de chaleur l'eau est inoffensive, parce qu'elle est réduite en vapeur, c'est-à-dire en mouvement de molécules. De même dans les espaces interstellaires où se trouvent d'énormes quantités d'énergie, se manifestent des froids de 132° sous zéro; toute la chaleur est employée à maintenir l'éther en mouvement; mais quand cette matière stellaire se condense, toute la chaleur se dégage comme dans la vapeur qu'on liquéfie et ce mouvement atomique qui disparaît de l'Univers se transforme en mouvement de masse. C'est ce mouvement intestin, c'est cette vibration atomique, c'est cette invisible agitation des derniers atomes de la matière universelle qui cause les grands mouvements qui emportent notre Univers.

Rien ne vient de rien, rien ne se crée; de même que rien ne retourne à rien, rien ne se perd; ce qui disparaît d'un côté reparaît nécessairement d'un autre côté. La grande loi de la conservation de l'énergie embrasse tout l'Univers. La force ou le mouvement est indestructible comme la matière elle-même; jamais elle n'augmente ni ne diminue, mais se transforme et varie dans ses effets. Lorsque le mouvement atomique disparaît de l'Univers, c'est pour reparaître sous forme de mouvement de masses; la somme de ces deux énergies est constante et tous les phénomènes que nous offre l'Univers ne sont que des transformations du mouvement invisible en mouvements visibles, du mouvement vibratoire des atomes en mouvements de translation de masses; tous les phénomènes de l'Univers sont ainsi ramenés à un simple échange ou communication de mouvement.

La chaleur du soleil et le mouvement des planètes représentent l'énergie qui était disséminée dans la masse totale lorsque, sous forme de nébuleuse, elle s'étendait jusqu'aux confins de la dernière planète. Un simple calcul nous démontre que l'énergie dégagée dans la condensation de la nébuleuse suffit amplement aux révolutions planétaires et aux radiations solaires.

La différence de chaleur entre la nébuleuse et le système solaire actuel se retrouve tout entière dans le mouvement de masse des planètes et dans le mouvement atomique de l'astre solaire. Toute cette énergie qui était diffuse dans la nébuleuse se retrouverait tout entière si le mouvement du système solaire était anéanti. Le soleil et toutes les planètes arrêtés dans leur rotation et leur translation reconstitueraient la nébuleuse; les mouvements visibles des masses planétaires redeviendraient le mouvement invisible de la nébuleuse.

III. — Tout mouvement de la matière ne peut naître que du mouvement antérieur d'autres parties matérielles visibles ou invisibles; avec la cessation d'un mouvement quelconque doit se produire invariablement un effet équivalent sous une autre forme; chaque manifestation de mouvement se produit aux dépens de quelque autre forme préexistante de mouvement.

Toute l'énergie mécanique répandue dans la nébuleuse s'est transformée en mouvement de planètes. De même, le mouvement atomique de ce qui reste de la nébuleuse, c'est-à-dire la lumière et la chaleur solaire, n'est pas perdu par son rayonnement, mais est converti sur les planètes en mouvement de masses. La lumière et la chaleur solaire ne disparaissent de l'Univers que pour imprimer le mouvement aux masses organisées qui circulent à la surface des planètes. Ce noyau de la nebuleuse, encore incandescent et gazeux que nous appelons « soleil », communique son mouvement aux êtres vivants; le mouvement atomique de la portion restante de la nébuleuse se transforme en déplacements visibles de masses animées; le travail des plantes et des animaux consomme la chaleur et la lumière qui disparaissent de l'Univers. Autour du noyau encore incandescent de la nébuleuse circulent des masses sphériques considérables, ce sont les planètes; autour de ces masses globulaires circulent une infinité de petites masses de toutes formes et de toutes grandeurs, ce sont les êtres.

La lumière, la chaleur, l'électricité, le magnétisme sont les mouvements invisibles ou les vibrations atomiques de l'Univers; les planètes, les satellites, les êtres sont les mouvements visibles ou mouvements de masses; les mouvements atomiques engendrent les mouvements de masses.

Entre la quantité de chaleur disparue et le travail apparu dans l'Univers, il y a un rapport constant. Toute l'énergie solaire est employée à déplacer des masses, à soulever des poids à la surface des planètes. La chaleur étant une source de travail, chaque kilogrammètre de travail produit remplace une quantité équivalente de chaleur consommée.

Nous avons calculé la quantité de chaleur nécessaire pour élever dans les hauteurs de l'atmosphère ces immenses amas d'eau qui, en retombant en épaisses couches de neige ou en pluies abondantes pour former les fleuves et les rivières, représentent un nombre énorme de kilogrammètres, mais qui saurait supputer les quantités encore bien plus considérables de chaleur consommées dans le travail d'exhaussement de tous les végétaux, dans la surélévation dans les airs du poids énorme de tous les oiseaux de la terre, dans le transport d'une mer à l'autre de tous les poissons de l'océan, dans le soulèvement et le déplacement de tous les animaux terrestres? Ces mouvements visibles à la surface des planètes absorbent une quantité énorme de l'énergie des mouvements invisibles et cet immense travail de chaque jour représente un nombre incalculable de kilogrammètres.

Les planètes gagnent en travail ce que l'Univers perd en chaleur et en lumière; gain en mouvement de masses, perte en mouvement atomique; décroissement dans les vibrations atomiques, accroissement dans la circulation des mondes dans l'Univers et dans la circulation des êtres sur les mondes.

Depuis les origines de l'Univers solaire, il s'est opéré une consommation de chaleur rigoureusement proportionnelle au travail que représente le développement de toutes les planètes et de tous les mouvements planétaires, de tous les êtres et de tous les mouvements des êtres; réciproquement, l'anéantissement de tous les êtres et de toutes les planètes engendrerait à nouveau toute la chaleur disparue et ramènerait les mouvements des corps planétaires et des corps animés au mouvement initial d'où ils sont sortis; le mouvement cessant comme déplacement de masse se continuerait comme vibration atomique.

Tous les jours, s'opère sous nos yeux cette transformation du mouvement atomique de l'Univers en mouvement de masses. Les étoiles qui sont des soleils lointains, le soleil qui est une étoile rapprochée, les planètes et les êtres qui les peuplent sont la réalisation de ce principe que du mouvement invisible procèdent les mouvements visibles.

Toute la chaleur et la lumière solaires se traduisant sur les mondes en travail mécanique, il en résulte que la somme de travail que représente la force d'impulsion imprimée à tous les êtres se chiffre par une consommation énorme de calories. L'élévation, chaque année, du poids de tous les fleuves et de tous les cours d'eaux à 3,000 ou 4,000 mètres au-dessus de la mer, absorbe des quantités considérables de chaleur, de même une somme colossale d'énergie est consommée pour organiser, articuler et mettre en circulation constante la masse énorme de matière qui constitue tous les êtres de la terre entière ; pour soutenir dans leur équilibre ou leurs mouvements les innombrables espèces végétales et animales et leur donner une impulsion toujours plus grande, de grandes quantités de chaleur et de lumière sont dépensées ; d'énormes forces mécaniques sont employées chaque année à transporter tous les poissons des mers, à élever tous les êtres aériens, à soulever tous les animaux de terre.

Chaque année le monde terrestre se trouve donc en présence d'un gain de travail correspondant à une perte équivalente dans l'énergie atomique de l'Univers ; les plantes, les animaux, tous les êtres sont du travail accumulé aux dépens de la lumière et de la chaleur solaires. Le produit de toutes les plantes et de tous les êtres devient l'expression du travail ou de la quantité d'action développée sur la terre par la chaleur solaire. Le poids de tous les êtres vivants, qui s'élèvent, se soulèvent ou se déplacent, représente le travail mécanique développé sur la terre par l'énergie atomique de notre Univers.

Il ne se produit aucun travail mécanique sans une dépense équivalente de chaleur ; chaque unité de chaleur ou calorie qui disparaît de l'Univers se traduit par 425 unités de travail où kilogrammètres produits. Chaque mètre carré de la surface solaire émet par seconde 13,610 calories, mais la quantité de chaleur interceptée par la Terre n'est que la $\frac{1}{2,300,000,000}$ partie du rayonnement total Cette infime partie de la chaleur solaire reçue par la Terre suffit pour produire tous les mouvements que nous voyons à sa surface ; elle est employée à produire un certain nombre de kilogrammètres, c'est-à-dire à vaincre des résistances, à déplacer des masses, à soulever des poids. Un poisson qui remonte un courant, un oiseau qui s'élève dans les airs, un homme qui gravit une montagne, effectuent un travail.

Le travail effectué par un homme du poids moyen de 70 kilos qui s'élève à une hauteur de 300 mètres est de 70 × 300 ou 21,000 kilogrammètres, c'est-à-dire que l'effort déployé par cet homme, pour s'élever à 300 mètres serait suffisant pour élever 21,000 kilos à un mètre de hauteur en une seconde ou un kilo à 21,000 mètres de haut; autant de fois il y aura 425 unités de travail dans 21,000 kilogrammètres, autant il y aura de calories consommées à ce travail, soit 21,000 : 425 ou 41 calories environ.

Il y a équivalence parfaite entre le mouvement atomique et le mouvement de masse et quand l'un se manifeste, l'autre s'abaisse sous forme proportionnelle. Les êtres vivants ne créent pas le mouvement, ils restituent sous une forme nouvelle le mouvement de l'Univers qui leur a été communiqué sous forme de lumière ou de chaleur. Un homme qui élève un poids de 100 kilos au moyen d'une poulie, contracte certains muscles; dans cette contraction il y a oxydation des muscles et dépense de chaleur; le mouvement moléculaire de ces muscles se transforme en mouvement de masse; mais, si le poids surélevé vient à tomber de toute sa hauteur sur le sol, la chaleur engendrée par le choc sera exactement égale à celle que le muscle a perdu pour soulever le poids; le mouvement de masse s'est retransformé en mouvement moléculaire. Partout où du mouvement est anéanti, naît de la chaleur; partout où du mouvement apparaît, de la chaleur est consommée.

Le phénomène de la vie est donc ramené à une simple question de statique ou de dynamique. L'astre solaire engendre toutes les forces motrices terrestres; la chaleur solaire est l'unique mobile des corps graves à la surface de la terre; or, la chaleur étant reconnue comme un simple mouvement, ses manifestations sont donc assujetties aux lois de la mécanique. Le principe de l'équivalence de la chaleur et du travail étant admis, tous les phénomènes de la vie doivent être considérés comme une production de travail.

Un homme qui élève à une certaine hauteur le poids de sa masse se comporte comme une véritable machine à feu qui, au moyen de la chaleur de son foyer, se élèverait un fardeau de 70 kilos à la même hauteur. Le moteur animé, comme le moteur inanimé, surmonte une résistance, élève un poids et par suite effectue un véritable travail dans le sens mécanique du mot, et la consommation de chaleur qui s'y opère est équivalente au travail produit. Comme la machine à feu, l'homme a sa combustion intérieure activée par un courant d'air, la respiration ; l'un et l'autre ont le même combustible, le carbone ; les mêmes produits de combustion, l'eau et l'anhydride ou acide carbonique.

Le combustible est fourni par les plantes qui, en décomposant l'anhydride ou acide carbonique de l'atmosphère, fixent le carbone dans leurs tissus et dégagent l'oxygène. Par la décomposition d'un énorme volume d'acide carbonique, les plantes peuvent fixer en un an jusque 3,000 kilogrammes de carbone par hectare de culture. Si la plante est brûlée soit dans le corps animal, soit dans le foyer d'une machine, c'est-à-dire si l'oxygène est de nouveau réuni au carbone pour reformer l'anhydride ou acide carbonique, les rayons solaires absorbés dans la décomposition de ces éléments reparaissent dans leur recomposition.

La chaleur et la lumière solaires emmagasinées dans les plantes, se traduisent dans nos machines en travaux mécaniques, et dans les êtres animés en mouvements de masse et en radiations calorifiques. Les animaux produisent 8,080 calories pour chaque kilogramme de carbone converti en anhydride ou acide carbonique ; ces 8,080 calories, si elles étaient entièrement consommées en travail mécanique, produiraient 3,434,000 kilogrammètres, mais la plus grande partie de cette chaleur est rayonnée par la surface du corps ou consommée en travail moléculaire intérieur.

Pour soulever leur poids et le déplacer, les êtres produisent de la chaleur, laquelle se transforme en mouvements de masse et en travail mécanique ; pour produire la chaleur, ils absorbent l'oxygène qui brûle leurs tissus, et l'acide carbonique qu'ils expirent est le produit de la désintégration ou de l'usure des matériaux qui forment leurs tissus.

Les animaux consomment une partie de leur chaleur propre quand ils soulèvent et déplacent leur masse ; la température s'abaisse dans les muscles du corps quand, par leurs contractions, ils élèvent des poids ou surmontent des résistances. Si les êtres paraissent, au contraire, dégager plus de chaleur, dans la course ou dans le travail musculaire, c'est parce qu'ils consomment des quantités d'oxygène beaucoup plus considérables; la respiration ou combustion intérieure s'accélère dans l'effort ou travail forcé et produit naturellement plus de chaleur : c'est ainsi qu'en gravissant une montagne on devient essoufflé. Dans l'action de monter, la consommation d'un gramme d'oxygène produit un nombre de calories moindre que dans le repos; dans l'action de descendre, chaque gramme d'oxygène produit, au contraire, plus de calories que dans le repos, car la descente est ici comparable à la chute d'un poids qui restitue la chaleur consommée dans son élévation; de même l'homme qui descend une montagne consomme du travail au lieu d'en produire.

Toute contraction musculaire est accompagnée d'une oxydation; lorsque l'on contracte un muscle il s'échauffe, mais l'échauffement est beaucoup moindre si la contraction produit un effet mécanique extérieur, tel que soulever un poids; la quantité de chaleur produite est, au contraire, beaucoup plus considérable lorsque le poids, en retombant, ramène le bras à sa position première.

C'est par la contraction des muscles que nous apprécions le poids des corps; or si nous posons, un sur chaque main, deux corps de poids égaux dont l'un est froid et l'autre chaud, le corps froid nous semblera plus lourd que le corps chaud, parce qu'il soutire la chaleur à la main qui le supporte, parce qu'il enlève aux muscles leur énergie mécanique.

Il ressort d'expériences méthodiquement et rigoureusement faites que l'homme consomme par heure 132 grammes d'oxygène. Un gramme d'oxygène produit 5 calories et 132 grammes produisent 660 calories équivalant à 280,500 kilogrammètres; or, l'homme, sujet de l'expérience, ne produisait par heure que 33,000 kilogrammètres; toute l'énergie restante est rayonnée en chaleur ou consommée dans le travail de la digestion, de la circulation intérieure et de l'assimilation. La somme d'efforts d'un vélocipédiste, mathématiquement calculée, en tenant compte du poids de l'homme et de la machine, de la vitesse et du temps, de la résistance de l'air et du frottement des roues, a été évaluée à 10 kilogrammètres par seconde, soit 36,000 kilogrammètres par heure.

Si la chaleur produite par l'homme dans l'espace d'une heure est suffisante pour élever 280,500 kilos à la hauteur d'un mètre en une seconde, on peut juger du travail énorme que pourrait développer sur toute la terre, la chaleur produite par tous les êtres; mais une faible partie seulement de cette chaleur animale est convertie en mouvement de masse dans la reptation, la natation, le vol et la marche, la plus grande partie étant affectée au développement des êtres et au rayonnement extérieur.

Tous les jours ce mouvement de masses s'étend et se développe; tous les jours la chaleur et la lumière, que le soleil rayonne sur la terre, se convertissent en mouvements visibles. Les vieux soleils des temps préhistoriques se retrouvent dans les forêts pétrifiées et enfouies qui font marcher nos usines et nos locomotives; ils se retrouvent dans les plantes vivantes et dans les êtres qui se meuvent à la surface. Les êtres sont une partie de cette énergie universelle qui varie dans ses effets, sans jamais augmenter ni diminuer.

IV. — Tous les êtres, tant végétaux qu'animaux, constituent de véritables machines.

Une *machine* a pour but d'établir l'équilibre entre une puissance et une résistance inégales.

La théorie mécanique a pour objet l'étude des effets de la réaction des résistances contre les puissances dans les différentes espèces de machines ou l'étude des rapports nécessaires qui doivent exister entre les phénomènes de la chaleur et ceux de l'équilibre statique ou dynamique de la matière pondérable.

En termes de mécanique on appelle *résistance* toute force qui agit en sens contraire d'une autre force dont elle diminue ou détruit les effets. Toute force qui produit ou favorise le mouvement est nommée *puissance*.

L'*équilibre* (lat. *æquus*, égal : *libra*, balance) est l'état d'un corps sollicité par plusieurs forces qui se détruisent. La *statique* traite des corps en équilibre; la *dynamique*, des corps en mouvement.

L'*action* est l'effet produit sur un corps par un autre corps qui l'oppresse. La *réaction* est la résistance que fait le corps oppressé. Un poids placé sur un ressort opère l'*action* en comprimant le ressort; le ressort fait la *réaction* en résistant à ce poids. La réaction est égale à l'action, mais contraire à la direction de celle-ci; une balle élastique reprend, après le choc, par son élasticité, une vitesse égale mais en sens contraire à celle qu'elle avait auparavant.

L'atmosphère, comme un poids placé sur la surface de l'eau, la comprime; l'eau subit l'action de l'atmosphère; mais, chauffée, elle possède une force élastique immense, elle est tendue comme un puissant ressort; à 100° l'eau réagit contre la pression de l'atmosphère et prend un volume 1,700 fois plus considérable. Cette force d'expansion croît rapidement avec la température; à 180° elle est déjà de 10 atmosphères et à 230° de 27 atmosphères 1/2. C'est dans la force d'élasticité de ce puissant ressort que gît le mouvement de nos machines à vapeur; ce ressort fortement tendu communique son mouvement de réaction à nos moteurs et se détend, c'est-à-dire que la vapeur se refroidit et se liquéfie.

D'une manière semblable, les plantes sont comparables à des ressorts comprimés. Par une opération analogue, mais inverse, le soleil comprime l'air atmosphérique et quelques autres gaz et en fait de puissants ressorts; ces ressorts, en se débandant, produisent les mouvements de tous les êtres animés. La plante n'est, en réalité, que du gaz épaissi et, en brûlant dans le corps des êtres vivants, ce fluide solidifié reprend l'état gazeux.

La cause du mouvement dans nos moteurs industriels c'est la dilatation et la contraction alternatives de l'élément qui constitue l'eau. La cause du mouvement dans les moteurs animés c'est la condensation et la volatilisation successives des éléments qui constituent l'atmosphère.

Le mouvement de nos machines à feu repose sur une addition et une soustraction alternatives de chaleur. Le mouvement des êtres, véritables machines solaires, repose sur une disparition et une réapparition successives de la chaleur; consommation de chaleur dans la formation des plantes, production de chaleur dans la respiration qui est une véritable combustion et dans laquelle l'être vivant puise toute son énergie.

De même que l'eau, par son expansion et sa condensation, cause le mouvement de nos moteurs, de même la condensation de divers fluides atmosphériques, dans la formation des plantes et leur expansion dans la respiration, produit le mouvement des êtres.

Dans l'eau, il y a passage de l'état liquide à l'état gazeux et retour de l'état gazeux à l'état liquide. Dans la plante, il y a passage de l'état gazeux à l'état solide et retour de l'état solide à l'état gazeux.

Les molécules de la vapeur d'eau, animées d'un mouvement de

projection par la chaleur du foyer, produisent un travail mécanique en cédant leur mouvement à la machine. Les molécules gazeuses solidifiées qui constituent les corps organiques, en reprenant l'état gazeux par la combustion intérieure ou respiration, produisent un travail mécanique en communiquant leur mouvement au moteur animé.

Les machines actionnées par la vapeur d'eau sont des machines thermodynamiques; les êtres vivants sont de véritables machines électro-magnétiques, mais, dans les unes comme dans les autres, il y a transformation du mouvement atomique en mouvement de masses.

Les éléments terrestres aptes à recevoir la vie, c'est-à-dire à réagir, sont par conséquent des éléments gazeux susceptibles de se solidifier, de se comprimer par l'action d'une puissance extérieure.

Les plantes sont en quelque sorte comparables à nos substances explosibles : masses gazeuses considérablement comprimées, et dont les molécules sont dans un état d'équilibre instable dans lequel le plus petit dérangement bouleverse les forces délicatement équilibrées. Ces substances explosibles, qui ne sont du reste elles-mêmes que des matières organiques spécialement préparées, sont remarquables par leur extrême propension à quitter l'état forcé dans lequel elles se trouvent en combinaison pour retourner à leur état naturel qui est l'état gazeux; le lien qui relie toutes les molécules entre elles est si faible que la rupture de l'une d'entre elles suffit pour entraîner la rupture de toutes les autres; il suffit d'échauffer un seul point de la masse, soit par un choc, soit par une étincelle, pour volatiliser la masse toute entière, et la détente est d'autant plus soudaine et plus violente que la condensation est plus grande.

Lorsqu'on laisse séjourner du coton dans un mélange à poids égaux d'acide sulfurique et d'acide azotique fumant et qu'ensuite on le lave à grande eau, on obtient le fulmi-coton. C'est le coton combiné avec une certaine quantité d'oxygène et d'azote; en l'approchant du foyer il prend feu et disparaît instantanément sans laisser de traces visibles. Le fulmi-coton est une combinaison de carbone, d'hydrogène, d'oxygène et d'azote. Lorsqu'on le soumet à la chaleur, le charbon et une partie de l'oxygène forment de l'acide carbonique, l'hydrogène et le reste de l'oxygène forment de la vapeur d'eau, et l'azote, resté libre, redevient gazeux.

La poudre est un mélange de salpêtre (azote, oxygène, potassium) de charbon et de soufre qui se décompose par l'échauffement puis, par un nouvel arrangement de ses atomes, se transforme en acide carbonique, en azote et en oxyde de carbone, composés plus stables qui demeurent fixes et permanents dans leur état. Un litre de poudre produit 2,500 litres de gaz et la température résultant de l'explosion s'élève à 2,000 degrés environ. Le volume du gaz développé par le coton-poudre est 13,000 fois plus grand que celui de la poudre ordinaire.

Comme les éléments des substances explosibles, les éléments gazeux qui constituent les plantes redeviennent libres par l'élévation de température d'un point de leur masse; mais cette rupture des molécules, qui est soudaine et violente dans la combustion de la poudre, ne se produit que lentement et de proche en proche dans la combustion des plantes. Elles ne se liquéfient donc pas par la chaleur comme les autres substances solides, mais se volatilisent; composées d'éléments gazeux, carbone, hydrogène, oxygène, elles donnent, comme la poudre, dans leur combustion, de la vapeur d'eau, de l'acide carbonique et de l'oxyde de carbone.

La plante, de même que les substances explosibles, contient à l'état latent une grande somme d'énergie, c'est-à-dire qu'elle peut développer une grande somme de travail. Un ressort élastique débandé ne peut effectuer aucun travail; il faut tendre le ressort pour en obtenir un effet et lorsque les molécules des corps élastiques ont été ainsi dérangées de leur place et de leur position d'équilibre, elles y reviennent avec des vitesses d'autant plus considérables que la tension a été plus grande: la rapidité avec laquelle les molécules de l'arc tendu reviennent à leurs positions premières fait la rapidité de la flèche.

Le travail effectué par le soleil dans la formation des plantes, est comparable à celui produit dans la tension d'un ressort. Par une succession de vibrations continues et d'oscillations incessantes, la lumière et la chaleur solaires modifient les conditions d'équilibre des atomes de la matière pondérable et les dérangent dans leurs mouvements propres pour les amener à des mouvements forcés. La lumière agit comme agent chimique sur les atomes d'oxygène et de carbone qui constituent l'acide carbonique, les sépare et les arrache à leur combinaison stable pour les faire entrer dans des combinaisons instables; sous l'influence de ces vibrations lumineuses, de ces chocs imperceptibles qui se répètent des milliards de fois par seconde, les atomes sortent de leurs sphères d'activité réciproques pour former des groupes d'autant moins stables qu'ils offrent un plus grand degré de complexité. Les combinaisons binaires de la chimie minérale sont bien plus fixes et bien moins altérables que les combinaisons ternaires et quaternaires de la chimie organique qui se dissocient et se décomposent sous l'influence des causes les plus légères. Lorsque les molécules, ainsi amenées à des groupements forcés sous l'influence d'une agitation continue, sont de nouveau remises en liberté, elles sont capables de vaincre des résistances, d'effectuer un travail comme l'arc tendu ou le ressort comprimé qui, en se débandant, restituent toute l'énergie employée dans l'effort de la tension.

Dans ce travail de tension effectué par le soleil dans la formation des plantes, une grande quantité de son énergie est consommée; la lumière et la chaleur se transforment en travail; quantité de travail apparu, quantité de lumière et de chaleur disparue. Lorsque le soleil brille à la surface du sable, le sable s'échauffe et rayonne finalement autant de chaleur et de lumière qu'il en reçoit; lorsque le soleil brille à la surface d'une forêt, ses rayons s'éteignent, parce que la forêt absorbe une grande quantité de lumière et de chaleur.

Le travail de la forêt consiste dans une solidification des principes constituants de l'atmosphère par l'effet de la lumière solaire. L'énergie solaire est employée à séparer les deux éléments de l'eau : l'hydrogène et l'oxygène, et les deux éléments de l'acide carbonique : le carbone et l'oxygène; l'eau en pénétrant dans les végétaux se décompose en partie et abandonne son hydrogène à l'organisme végétal; sous l'action de la lumière solaire la plante décompose l'acide carbonique répandu dans l'atmosphère, fixe le carbone dans ses tissus et met l'oxygène en liberté.

Le végétal est presque uniquement de l'air épaissi et de l'eau. Le célèbre Van Helmont en fit la curieuse expérience; il prit une branche de saule pesant 5 livres qu'il planta dans un pot. Cinq ans après il y avait 169 livres de bois, d'écorce et de racines; cependant la terre du pot n'avait perdu que 2 onces et les arrosages n'avaient jamais été que d'eau pure. Cet énorme accroissement de la branche de saule s'était fait presque uniquement aux dépens de l'eau et de l'air ambiant.

Les rayons solaires effectuent un travail mécanique en solidifiant les principes constituants de l'atmosphère dans la formation des plantes et celles-ci, en brûlant dans le corps des animaux ou dans le foyer de nos machines, engendrent à nouveau la lumière et la chaleur du soleil qui avaient disparu dans leur formation. En se formant, la plante décompose l'acide carbonique, fixe le carbone dans ses tissus et met l'oxygène en liberté ; en se décomposant par la combustion, le carbone dont elle est formée se réunit de nouveau à l'oxygène de l'atmosphère pour reformer l'acide carbonique.

Les substances combustibles n'étant, en somme, que des gaz comprimés, des ressorts tendus, nous expliquent que ces substances terrestres soient les seules aptes à s'organiser ; leur condensation forcée fait leur puissance de réaction. La respiration ou la combustion est une réaction d'éléments gazeux soumis précédemment à une pression.

La vie consiste dans une tension et une détente perpétuelles et ce double mouvement détermine une circulation active et continue de la matière terrestre, comme les molécules liquides de l'océan qui, en s'évaporant et en se condensant tour à tour, forment tout le jeu, tout le mouvement des eaux sur terre et dans l'atmosphère. Les animaux absorbent les éléments gazeux solidifiés par le travail des plantes et les assimilent à leurs tissus ; l'oxygène qu'ils respirent, vient brûler ces tissus et remettre ces gaz en liberté ; en brûlant l'hydrogène, l'oxygène en fait de la vapeur d'eau ; en brûlant le carbone, il en fait de l'acide carbonique ; la vapeur d'eau et l'acide carbonique que les animaux expirent sont les produits de la désintégration ou de l'usure des matériaux qui forment les tissus. La chaleur dégagée dans cette combustion est employée à soulever leur poids et à le déplacer ; il y a transformation du mouvement atomique et moléculaire en mouvement de masses.

CHAPITRE VII

La matière inorganique et la matière organique ou la force d'attraction et la force de réaction.

I. — Les êtres vivants ne sont pas des phénomènes isolés, sans règles ni lois, ne se rattachant à rien, se mouvant au hasard, apparaissant et disparaissant sans cause; ces êtres font partie de l'ordre de l'Univers et leurs mouvements se rattachent aux mouvements universels. Il existe entre tous les êtres et l'Univers des rapports constants et nécessaires; saisir ces rapports c'est reconnaître les lois de la vie.

La vie n'a pas toujours existé à la surface des planètes; il fut un temps où l'univers solaire était livré aux seules forces physiques et chimiques. Aussi, pour nous faire une idée exacte de ce phénomène, devons-nous écarter toute idée de force vitale et continuer à considérer l'Univers comme s'il était encore livré tout entier aux seules forces qui agissent dans la matière inorganique.

Supprimer par la pensée les phénomènes de la vie pour ne plus laisser devant la raison que des forces et des poids; retrancher absolument les corps sensibles et intelligents pour ne plus voir que des corps pesants; éliminer rigoureusement toute matière organique pour ne laisser subsister que la seule matière pondérable; faire abstraction de tous les êtres pour ne plus considérer que des puissances et des résistances; en un mot, n'envisager l'Univers qu'au seul point de vue mécanique, voilà ce qui, seul, doit nous guider dans l'interprétation des phénomènes du monde terrestre. Les mouvements de la matière pesante, les déplacements de masses, les soulèvements de poids, voilà les seuls faits auxquels nous devons nous arrêter. Mesurer les forces qui élèvent, soulèvent ou déplacent des poids; évaluer la grandeur des puissances par lesquelles ces corps pesants sont sollicités à se mouvoir; trouver les résultats produits et déterminer les résistances qu'opposent ces corps aux agents physiques qui les arrachent à leur inertie, voilà quel sera l'unique objet de nos recherches; tous les autres phénomènes dériveront de ceux-là, tout le reste viendra par surcroît.

II. — Toutes les molécules matérielles de l'Univers tendant à se rapprocher les unes des autres, tout corps est formé par la réunion d'un certain nombre de molécules qui, toutes, sont sollicitées par la force attractive, et cette force d'attraction agit sur les masses énormes qui constituent les corps célestes aussi bien que sur les plus petites particules de la matière; le Soleil attire la Terre qui, à son tour, attire tous les corps qui se trouvent à sa surface et cette force planétaire qui les sollicite est la résultante de l'attraction de toutes les molécules qui constituent la masse terrestre; toutes ces forces parallèles qui sont appliquées aux molécules des corps terrestres peuvent se composer en une résultante unique que l'on nomme le « poids du corps ».

Les êtres vivants sont pesants au même titre que les planètes et tous les astres; mais les planètes ne sont que pesantes, tandis que les êtres, outre la propriété d'être pesants, possèdent une propriété plus haute, celle de pouvoir surmonter leur force de pesanteur; à la tendance première s'ajoute dans les êtres une tendance contraire.

Les planètes et tous les astres se meuvent sous l'impulsion d'une force attractive; les êtres se meuvent sous l'impulsion d'une force toute opposée. Les planètes et tous les astres se meuvent parce qu'ils obéissent à l'attraction universelle; les êtres se meuvent parce qu'ils y résistent. Il y a antagonisme entre le mouvement qui entraîne les mondes et les corps inanimés et celui qui entraîne tous les corps animés.

Plus les corps pesants sont soumis à la force d'attraction, plus leurs mouvements sont fixes, invariables, immuables; moins ils obéissent à la force d'attraction, moins leurs mouvements sont aveugles, fatals, déterminés et nécessaires. Les corps planétaires n'étant soumis qu'à une seule force, leurs mouvements sont circonscrits dans des formules invariables; les corps animés étant soumis à deux forces contraires, en lutte perpétuelle l'une avec l'autre, qui se balancent ou se neutralisent, leurs mouvements sont composés, combinés, indépendants de toute règle et rebelles à toute mesure.

La liberté des êtres consiste dans la faculté d'osciller entre des forces contraires; leur volonté consiste dans le pouvoir de faire décliner le mouvement où la fatalité les pousse, dans le pouvoir de quitter la ligne inflexible que suivent tous les corps, dans la faculté de choisir ou d'opter entre les deux mouvements qui les sollicitent. Livrés à des forces divergentes dont il est en leur pouvoir de régler l'influence, ils possèdent une grande liberté de mouvements ; ils sont l'arbitre des causes qui les déterminent à agir ; ils sont autonomes, c'est-à-dire gouvernés par leurs propres lois.

Les mouvements des planètes et des comètes, le flux et le reflux de la mer, le cours des fleuves et la chute des corps s'expliquent par la puissance attractive; les mouvements de croissance et de translation des êtres, la vie végétative et animale s'expliquent par la puissance adverse. Les premiers sont régis par les lois immuables de l'attraction; les seconds sont doués d'une force impulsive qui annule ces lois immuables.

Tous les corps terrestres tendent vers le centre de la terre, les eaux, les pierres, les êtres; mais les uns cèdent à cette tendance : les pierres tombent, les eaux coulent, c'est-à-dire se rapprochent du centre terrestre; les autres résistent à cette tendance et remontent cette force comme un fleuve qui remonterait son cours, ce sont les corps vivants.

Tous les corps terrestres se partagent donc entre deux forces opposées, entre deux courants contraires. Les corps à tendance attractive n'ayant aucune résistance à vaincre, n'effectuant aucun travail, sont inorganiques, c'est-à-dire n'ont ni fonctions, ni organes; les corps à tendance répulsive ayant des résistances à vaincre et, par suite, effectuant un certain travail sont organisés, c'est-à-dire outillés pour vaincre la force de pesanteur.

Toute résistance ne peut être vaincue que par des moyens mécaniques et les êtres vivants sont de véritables mécanismes, d'autant plus compliqués que la résistance surmontée est plus grande. Les minéraux n'ont pas de vie, parce qu'ils n'ont pas de fonctions; ils n'ont pas de fonctions parce qu'ils n'ont pas d'organes et ils n'ont pas d'organes, c'est-à-dire d'appareils pour annuler ou contrarier les lois physiques, parce qu'ils ne réagissent pas.

Les corps organiques sont constitués par les mêmes éléments que les corps inorganiques; ils sont formés principalement de carbone, d'hydrogène, d'oxygène et d'azote. Les corps organiques, comme les corps inorganiques, ont tiré de la planète les éléments qui les constituent; les uns et les autres sont formés de la même matière planétaire. La matière qui constitue les corps vivants ne diffère de la matière qui constitue les corps inanimés que par son organisation, et l'organisation résulte de la résistance à la pesanteur. Où la matière terrestre cesse de céder à la pesanteur, cette matière se sépare de la masse commune pour s'engager dans une voie contraire; cette matière s'organise pour la résistance et cette organisation est la seule chose qui la distingue du reste de la matière planétaire; c'est l'organisation qui fait la vie, c'est la résistance à la pesanteur qui fait l'organisation.

Il n'y a pas deux sortes de matière dans l'Univers, l'une animée et l'autre inanimée; la matière est une et toujours identique à elle-même, mais la résistance ou la passivité aux lois de l'attraction fait la matière organique ou la matière inorganique. La substance dont sont faits les êtres vivants n'est autre que la matière terrestre, mais soustraite aux lois de l'attraction, et dégagée des liens de la pesanteur. La matière vivante et la matière brute, qui ne sont au fond que la même matière, sont caractérisées par deux tendances diamétralement opposées.

Toute matière terrestre est pesante, c'est-à-dire sollicitée par une force qui l'attire vers le centre de la Terre, mais, à l'action de cette force, la matière à tendance répulsive oppose son organisation, c'est-à-dire l'assemblage des rouages, des leviers, des appareils, des moyens mécaniques de tous genres dont elle dispose pour neutraliser la puissance attractive terrestre. Un être en vie n'est qu'un assemblage d'instruments de résistance actionnés par l'énergie solaire; les muscles, les os, les nerfs, les membres et tous les organes sont les moyens par lesquels la matière organique s'est dégagée, s'est isolée de la masse terrestre livrée à la pesanteur; l'être en vie c'est encore la matière terrestre, mais affranchie du joug de l'attraction. Là où la matière résiste à la force de l'attraction, elle est vivante; plus elle résiste, plus son organisation se développe et plus son organisation est développée, plus elle est vivante.

La force qui anime les corps organiques agit en sens contraire de la pesanteur, d'où il résulte que les corps à tendance répulsive sont constamment soumis à deux forces de directions opposées : l'une, la force attractive, les sollicitant vers le centre de la Terre ; l'autre, la force répulsive, les sollicitant à la résistance, en sorte que ce n'est en réalité que l'excès de cette dernière force sur la première qui fait mouvoir les corps vivants ; or, si la force de pesanteur reste stationnaire, la force de résistance est une force essentiellement progressive ; sa prépondérance sur l'autre devient de plus en plus grande, ce qui amène sur terre une organisation progressive et une vie toujours plus haute ; l'organisation progressive n'est que la résistance progressive.

Une pierre lancée en l'air est soumise à deux forces, la force d'impulsion par laquelle elle s'élève et la force de pesanteur qui agit incessamment sur le corps qui se meut pour détruire son mouvement et le ramener au repos ; ainsi, l'être vivant, sans cesser de subir l'action de la pesanteur, est doué d'une force d'impulsion interne qui détruit cette action. Un boulet, projeté par une bouche à feu, conservera un certain temps la direction horizontale qui lui a été communiquée, puis il prendra un mouvement descendant dû à la pesanteur et il retombera au loin après avoir décrit sa trajectoire ; la force d'impulsion sans cesse aux prises avec la force d'attraction terrestre subit sa contrainte et le boulet suit la direction de la résultante de ces deux forces, direction qui est la courbe parabolique tracée par le projectile. De même, au moyen de deux leviers, les ailes, qui agissent sur un point d'appui, l'air, l'oiseau fait dévier le mouvement de pesanteur qui entraîne sa masse vers le centre de la terre ; soumis à deux forces égales et de directions opposées il prend une direction plus ou moins intermédiaire. Cette force d'impulsion que le boulet reçoit du dehors, l'être ailé la puise au dedans ; le mouvement du boulet est fait d'une seule impulsion, le mouvement de l'oiseau est fait d'une infinité d'actions impulsives. Cette force impulsive interne, l'oiseau la renouvelle et l'accroît ou la ralentit et l'arrête ; par suite, en annulant ou en permettant l'action de la pesanteur sur sa masse corporelle, il l'élève ou l'abaisse, la précipite ou la modère, comme le machiniste qui, par un jeu de leviers, donne ou ôte le mouvement à sa locomotive.

Des deux grandes classes de corps inanimés et animés, qui divisent la matière terrestre, l'une n'est sollicitée que par une seule force, l'autre par deux forces antagonistes, et la croissance, la reptation, la natation, le vol, le saut et la marche sont les résultantes de la combinaison de ces deux forces. La vie avec ses mouvements si variés a jailli du conflit de ces deux forces opposées.

La matière organique est poussée dans une direction contraire à celle de toute la matière de l'Univers et, depuis la mousse imperceptible jusqu'au chêne géant, depuis l'infusoire microscopique jusqu'à l'homme tout-puissant, la matière organique travaille à se délivrer du joug tyrannique de la pesanteur. Vivre c'est surmonter cette force d'attraction qui entraine tous les corps pesants: soleil, planètes, pierres et fleuves. La matière vivante c'est la matière libérée des lois de la pesanteur.

III. — On peut définir la vie : *l'ensemble des phénomènes qui résistent à la pesanteur* ou *la tendance de la matière à se soustraire à l'action planétaire* ou, encore, *un mouvement de masse provoqué par les forces répulsives solaires et empêché, combattu par les forces attractives terrestres* ou, plus simplement encore, *la réaction de la matière pesante contre l'action de la pesanteur.*

C'est dans l'aptitude que possède certaine matière à équilibrer en intensité la force de pesanteur que réside le principe de la vie.

Tous les mouvements des corps inanimés sont produits par la force de pesanteur ; tous les mouvements des corps animés sont exécutés contre la force de pesanteur. Le fleuve se meut parce qu'il cède à la force de pesanteur ; l'être se meut parce qu'il y résiste. L'eau, comme une pierre qui tombe, n'est soumise qu'à une seule force; l'être, comme une pierre qui monte, est soumis à deux forces contraires. L'eau coule, c'est-à-dire tombe ; l'être marche, c'est-à-dire se soulève et tombe, se relève et retombe ; sa marche est une suite de chutes et de rechutes, de soulèvements et de relèvements. L'eau, dans son mouvement, cherche le centre terrestre ; l'être, dans ses mouvements, repousse le sol, l'eau ou l'air. L'eau ne peut ni se donner, ni s'ôter le mouvement ; l'être, en suspens entre deux forces contraires, détruit l'une par l'autre. L'eau est dominée par une force aveugle et fatale ; l'être peut se soustraire à tout instant à cette force impérieuse en lui opposant la force antagoniste dont il est animé. L'eau en mouvement produit de la chaleur et consomme du travail ; l'être en mouvement consomme de la chaleur et produit du travail. Dans l'eau qui coule, dans la pierre qui tombe il y a production de chaleur; dans la plante qui pousse, dans l'animal qui marche il y a consommation de chaleur.

Le mouvement d'un fleuve et le mouvement d'un être sont deux phénomènes antagonistes, inverses dans leurs résultats. L'un tend vers le centre de la terre et l'autre réagit contre cette tendance. Le fleuve ne peut annuler les lois de la pesanteur; l'être le peut. Un fleuve qui remonterait son cours serait un miracle; l'être qui marche est ce miracle. Cet être qui se meut de bas en haut, qui remonte la pesanteur en dépit de toutes les lois de l'Univers, c'est la matière terrestre qui s'est libérée de la force attractive par une organisation progressive. Tous les êtres sont des poids articulés pour se mouvoir; autant d'êtres, autant de poids; les insectes, les poissons, les reptiles, les oiseaux, les quadrupèdes, autant de corps pesants qui réagissent, chacun dans leur milieu, contre l'action de la pesanteur.

Cette divergence entre deux matières identiques à l'origine, cette opposition entre la matière organique et la matière inorganique, entre la matière passive qui subit l'action de la pesanteur et la matière active qui la rejette, s'accuse tous les jours davantage; plus leur antagonisme croît, plus elles s'éloignent et se différencient; mais si cet antagonisme cesse, ces deux matières ne se distinguent plus l'une de l'autre; la matière organique rentre dans le sein de la matière inorganique et subit les mêmes lois.

Les êtres vivants sont soumis, comme tous les corps de l'Univers, au grand principe mécanique qui régit les échanges de mouvement. Le mouvement qui anime un être vivant n'est qu'un mouvement communiqué semblable à celui du mobile, inerte par lui-même, qu'un choc a lancé dans l'espace. On doit considérer tous les êtres vivants comme des corps inertes mus par une force étrangère, et tous leurs mouvements comme des produits de cette force; on doit considérer la chaleur comme un principe capable de vaincre des résistances ou de mouvoir des poids. Tous les êtres s'agitant à la surface des planètes représentent ces résistances vaincues, ces poids soulevés, ces masses pesantes soustraites aux lois de la pesanteur par l'action de la chaleur solaire.

Nous pouvons distinguer deux espèces de travail pouvant être produit par la chaleur: 1° un travail moléculaire intérieur; 2° un travail mécanique extérieur; le travail à faire pour surmonter les liens de l'attraction moléculaire et des affinités chimiques et le travail à faire pour surmonter les liens de l'attraction terrestre ou pesanteur ; le premier consistant dans la formation et la croissance de l'être ; le second dans l'élévation du poids, dans le transport de la masse.

Voici un œuf qui est rempli d'une matière inerte, entièrement passive, livrée à l'action absolue de la pesanteur, soumise aux mêmes lois physiques que la pierre qui tombe ou que l'eau qui coule. Soumettez-le à une chaleur graduée et cette matière inerte devient os, muscles, plumes, membres, organes, mouvement, volonté ; et cette matière passive se dérobe aux lois qui pesaient sur elle comme elles pèsent sur la pierre ou sur l'eau ; et cette matière pondérable qui obéissait aveuglément à l'attraction, lui résiste et la domine. Sous l'influence de la chaleur vous y voyez apparaître l'organisation et la vie ; dans cette masse brute et toute chimique se développe une force opposée aux lois physiques ; sous l'impulsion de la force répulsive, cette matière est bientôt si bien agencée et outillée qu'elle devient capable de remonter le cours général des choses comme un bateau convenablement machiné remonte le cours d'un fleuve.

Si vous analysez un œuf non couvé et pesez les matières de différentes natures qui le constituent, et si vous opérez ensuite de la même manière sur le petit poussin provenant d'un œuf semblable, vous reconnaîtrez dans le poussin exactement les mêmes matières et le même poids. La matière qui remplissait l'œuf et la matière qui constitue le poussin, est la même matière, mais dans le premier état elle est sans organisation et, par suite, livrée aux lois physiques; dans le second, elle est organisée, c'est-à-dire pourvue d'appareils de résistance par lesquels elle échappe à ces lois. Dans l'œuf, la matière est asservie; dans le poulet, elle est libérée.

Cet œuf reste incapable de s'organiser de lui-même sans une puissance motrice spéciale qui est la chaleur. La chaleur nécessaire à l'incubation d'un poulet est de 38° à 40° et la durée de l'incubation est de 21 jours. Pendant que le poulet s'organise dans l'œuf, il s'y opère une consommation de chaleur qui est rigoureusement proportionnelle au travail que représente le développement du poulet; chaque unité de chaleur ou calorie dépensée pourrait se traduire par 425 unités de travail ou kilogrammètres produits.

Si l'on considère que tout être provient d'un œuf, *omne vivum ex ovo*, on jugera de la quantité énorme de chaleur qui est consommée dans la formation de tous les êtres et de la quantité encore bien plus considérable de kilogrammètres que représentent la naissance et la croissance de tout ce qui vit.

L'affranchissement progressif de la matière pondérable du joug de la pesanteur est la fin dernière de l'évolution terrestre; l'émancipation de l'attraction universelle est le but poursuivi par toutes les plantes et tous les animaux; ils s'avancent peu à peu vers la réalisation de ce principe par une organisation de plus en plus haute et des moyens mécaniques de plus en plus compliqués.

Sur toute la surface de la terre comme au sein des profonds océans, dans les hauteurs de l'atmosphère comme dans les profondeurs du sol, tous les êtres, dans leur infinie variété de formes, de fonctions, de manifestations, de mouvements, sont mus par une même tendance: la résistance à l'attraction terrestre; tous, tant végétaux qu'animaux sont dominés par une même loi : la loi de réaction contre la pesanteur.

Ce mouvement de réaction, par suite des difficultés immenses et presque insurmontables qu'il rencontre, s'avance avec une lenteur extrême, en empruntant une multitude de formes, en employant des moyens variés, en louvoyant ou en surmontant ou en tournant les obstacles comme ces fleuves qui, obéissant à leur tendance, tracent un cercle immense pour atteindre un but qui se trouve au centre du cercle; cependant sous les variations et les accidents de la forme se montre toujours, comme ligne directrice, la constance et la nécessité de la tendance réagissante; dans tous les fleuves, les rivières et les ruisseaux c'est la même eau qui cède à la pesanteur; dans toutes les plantes, tous les insectes et animaux c'est la même force qui réagit contre cette force de pesanteur.

Nous savons que l'espace parcouru par un corps qui tombe est proportionnel au carré du temps pendant lequel il est tombé, c'est-à-dire que l'espace parcouru en une seconde étant $4^{m}9$, pendant deux secondes il sera quatre fois plus grand ou $19^{m}6$, pendant trois secondes, neuf fois plus grand ou $44^{m}1$; c'est la loi de la chute des corps; mais, si un corps dans sa chute vers le centre de la terre, est soumis à des vicissitudes sans nombre, s'il rencontre des obstacles sans cesse renaissants comme c'est le cas pour l'eau d'une rivière ou d'une fleuve, obligée à des détours nombreux, pour résoudre le problème et calculer, par exemple, le temps que mettrait un fleuve pour descendre de cent mètres, il faudrait en posséder tous les éléments, connaître la nature des obstacles, les résistances à vaincre, les accidents en cours de route, ce qui n'est pas donné à une intelligence humaine. Or, aucun mouvement n'a plus de résistances à vaincre et n'est soumis à plus de vicissitudes que le mouvement de réaction contre la pesanteur; on peut définir la vie mais on ne peut embrasser dans une formule mathématiquement exprimée tous les mouvements des êtres, comme celle dans laquelle on a renfermé tous les mouvements des corps célestes.

CHAPITRE VIII

La réaction statique ou la vie végétale.

I. — La formation des liquides et des gaz et leur persistance dans leur état fluide est une condition indispensable à l'apparition de la vie et à son développement; la destruction des liens de la cohésion ou attraction moléculaire précède nécessairement la destruction des liens de la pesanteur ou attraction terrestre. L'énergie solaire employée premièrement à surmonter l'attraction moléculaire dans le glacier et à mettre en mouvement le fleuve qui fertilise et féconde, s'emploie ensuite à surmonter l'attraction terrestre dans les masses organiques et à leur imprimer le mouvement de réaction. Sans soleil il n'y aurait ni liquides, ni gaz sur notre planète ; sans liquides ou gaz il n'y aurait ni végétaux, ni animaux.

La force répulsive que le soleil met dans l'eau, en la maintenant à l'état liquide, surmonte la force de cohésion d'un grand nombre de substances solides. Presque tous les corps sont désagrégés par l'eau. Le rôle de l'eau dans la réaction végétale et animale est donc immense, parce qu'elle constitue un puissant dissolvant, parce qu'elle désagrège tous les corps, c'est-à-dire détruit l'attraction moléculaire partout où elle se présente ; c'est pourquoi les fleuves et tous les cours d'eau répandent la vie sur leur passage.

Dans le travail effectué par l'énergie solaire pour briser les résistances de l'attraction moléculaire, résultent les mouvements des gaz et des liquides, les combinaisons et les réactions chimiques; dans le travail effectué pour rompre les liens de l'attraction planétaire, résultent les mouvements des plantes et des animaux, les réactions statiques et dynamiques.

Le mouvement des végétaux (*vegere*, pousser), contrairement à celui de tous les corps inorganiques, a lieu de bas en haut. Cette réaction de la matière terrestre contre l'action de la pesanteur s'effectue au moyen d'organes qui annulent cette action de la force de pesanteur. A ce titre, le végétal se comporte comme une véritable machine dont le soleil est la *puissance* et dont la pesanteur est la *résistance*.

Le végétal se compose de racines ou organes d'absorption, de tubes et de fibres ligneuses ou organes de circulation, de feuilles ou organes d'exhalation et de respiration.

Les fonctions fondamentales de la plante par lesquelles s'opèrent l'ascension des fluides et l'élévation de la tige, sont la capillarité et l'endosmose, phénomènes purement physiques que nous pouvons imiter artificiellement dans nos appareils de laboratoire. Ces manifestations de la vie des plantes se confondent encore avec ceux du monde physique. Le passage des mouvements inorganiques aux mouvements organiques se fait insensiblement. La nature ne fait point de saut, dit un aphorisme scientifique : *Natura non facit saltus.*

La capillarité est une sorte d'attraction moléculaire analogue à la cristallisation. La cristallisation est un phénomène de cohésion, la capillarité est un phénomène d'adhérence.

Lorsque les parois de tubes capillaires sont mouillées par un liquide, elles exercent sur ce liquide une attraction particulière qu'on nomme *capillarité* (*capillus*, cheveu). Les parois internes de ces tubes, extraordinairement fins, élèvent le niveau du liquide qui les mouille.

C'est par cette force de capillarité qu'a lieu l'ascension de l'huile dans les mèches de lampe ; c'est par ce même phénomène qu'un liquide s'élève dans le sucre, dans l'éponge et dans tous les corps très poreux qui y sont plongés par un de leurs points seulement ; c'est ainsi qu'un tas de sable baignant par sa base, s'imbibe jusqu'au sommet. C'est aussi par cette force de capillarité que la sève monte dans les plantes.

La capillarité concourt puissamment à l'ascension de la sève, en annulant la pesanteur du liquide ascendant, par l'attraction propre des parois des tubes qui forment les tissus des végétaux. Ce phénomène de capillarité est le premier par lequel la matière pondérable se soustrait à l'action de la pesanteur.

L'*Endosmose* signifie littéralement *en dedans, impulsion*. Lorsqu'à travers une membrane perméable, il s'établit un échange entre deux liquides de densités inégales, jusqu'à ce qu'ils soient tous deux en équilibre de densité, ce phénomène s'appelle endosmose.

Ce courant qui s'établit du dehors en dedans entre deux fluides de densités et de compositions différentes, séparés par une cloison membraneuse très mince, avait été observé pour la première fois sur des capsules animales pondues par des mollusques; conséquemment on avait été porté à le considérer comme un attribut de la vie, mais bientôt le même phénomène put être reproduit artificiellement dans des appareils de physique.

Ce fait, un des plus remarquables de la physique, consiste dans l'impossibilité de l'équilibre au contact de corps de natures différentes. Si l'on renferme une solution sucrée ou gommeuse dans un petit sac formé d'une membrane organique, vessie d'animal ou pellicule végétale, et que termine par en haut un tube vertical et si l'on plonge le tout dans un vase rempli d'eau pure, un échange s'établit entre les deux liquides; le niveau de l'eau baisse dans le vase et le niveau du liquide s'élève dans le tube, car le courant qui se forme de l'un à l'autre est beaucoup plus rapide du liquide le moins dense vers le plus dense; par suite l'eau monte dans le tube vertical et se déverse au dehors par l'ouverture supérieure.

L'endosmose augmente avec la température et la circulation se fait d'autant plus rapidement que la différence des densités est plus considérable.

Il est à remarquer que ce phénomène se produit contrairement à la pesanteur, par une force qui opère de bas en haut; l'eau monte par l'effet d'une force impulsive qui contrebalance la force de pesanteur. Dans certaines conditions spéciales le courant endosmotique se produit avec une telle énergie qu'il peut faire équilibre à plusieurs atmosphères de pression; il est donc capable d'accomplir un travail mécanique énorme.

Les plantes sont formées de cellules ou sacs membraneux d'une extrême petitesse et clos de toutes parts. Ces poches membraneuses de la plante, renfermant des solutions plus denses que les liquides ambiants, attirent par endosmose, dans leurs cavités, une plus grande quantité de matière qu'elles n'en éliminent par exosmose. Elles ont donc la propriété d'emmagasiner, de s'assimiler les substances dissoutes environnantes par lesquelles elles grandissent et se développent.

Le fonctionnement des plantes est analogue au fonctionnement de nos appareils endosmotiques. L'eau du sol, chargée de sels minéraux et de diverses substances en dissolution, pénètre par endosmose dans la plante et chemine de cellule en cellule au travers des parois non trouées; elle arrive dans les vaisseaux aériens, qui sont autant de petits tubes capillaires, dont les parois exercent sur le liquide la force attractive de la capillarité.

La force endosmotique des racines est très active et très énergique. Pour en juger, on coupe, avant la pousse des feuilles, un cep de vigne auquel on adapte à sa partie supérieure un tube de verre contenant du mercure. La force ascensionnelle de la sève pourra soulever une colonne du métal liquide haute de plus d'un mètre, c'est-à-dire qu'elle pourra exercer un effort capable de faire équilibre à une colonne d'eau de plus de 13 mètres.

La capillarité et l'endosmose ne suffisent pas à rendre entièrement compte de l'ascension de la sève dans les plantes, car en hiver ou dans une plante privée de vie, la sève cesse de circuler. Une troisième cause qui détermine l'ascension de la sève c'est l'évaporation par les feuilles ou la force de succion sous l'influence de la chaleur. Au printemps, les bourgeons en se développant sous l'influence de la chaleur, vident de leurs sucs les cellules environnantes; celles-ci aspirent à leur tour les sucs des cellules voisines et ainsi de proche en proche jusqu'aux racines dont l'activité est réveillée. Le vide qui tend à se produire dans les parties supérieures des plantes, par l'évaporation continuelle des feuilles, favorise l'ascension de la sève.

L'expérience suivante montre bien cette sorte d'aspiration exercée sur la sève par les feuilles et par les bourgeons sous l'influence de la température. Quand on coupe en deux la tige de certaines plantes encore enracinées, il s'écoule à peine quelques gouttes de la tige portant les rameaux et les feuilles car la sève, aspirée par les feuilles, continue de monter et les vaisseaux de se vider de bas en haut; mais si l'on sectionne de nouveau la tige détachée, de manière à n'en avoir plus qu'un tronçon sans rameaux ni feuilles, aussitôt la sève, au lieu de s'élever, descend et coule abondamment par le bout inférieur; la force de pesanteur n'étant plus contrebalancée par la force d'aspiration des feuilles, précipite la sève de haut en bas.

L'élévation des plantes a donc lieu par un double mouvement d'absorption et d'exhalation ; l'aspiration ou la force de succion des bourgeons et des feuilles sous l'influence de la chaleur met tout l'organisme végetal en mouvement.

Les plantes sont en quelque sorte semblables à des pompes aspirantes ou aux vases de terre appelés *alcarazas*, lesquels servent dans les pays chauds, à rafraîchir l'eau qu'ils contiennent par une transsudation et une évaporation continuelles ; plongés dans du sable mouillé, ces vases en absorbent l'eau et l'élèvent, par capillarité, jusqu'au sommet où elle s'évapore ; le sable se déssèche par conséquent, mais si on l'arrose à nouveau le même phénomène se reproduit indéfiniment. Ainsi, plongé dans le sol que les nuages arrosent, le végétal fonctionne comme un alcarazas. Il est des plantes, comme l'Eucalyptus, qui peuvent absorber dix fois leur poids d'eau en 24 heures et, conséquemment, possèdent une rapidité de croissance extraordinaire.

II. — Toute plante provient d'une simple cellule. Les cellules sont des globules pleins, de petits amas de protoplasme visibles seulement au microscope dans la plupart des cas.

Le protoplasme, substance protéique qui compose la cellule, est de consistance gélatineuse, élastique et endosmotique à un haut degré. Il est composé de carbone, d'oxygène, d'hydrogène et d'azote. Le protoplasme respire ; privé d'oxygène, il meurt ; frappé de mort, il se décompose rapidement. Il se nourrit en prenant des matériaux aux liquides qui le baignent. Il se multiplie par division et, par ses multiplications successives, produit peu à peu la plante tout entière. Le protoplasme est excessivement irritable et si on l'excite, soit par des piqûres, soit par la chaleur, la lumière, l'oxygène, l'électricité, il se montre contractile et extensible, s'allonge et se raccourcit.

Les cellules sont brûlées ou digérées par les nouvelles cellules qu'elles ont produites par division. Les fibres, tubes, tissus des végétaux dérivent de cellules transformées.

Il est des plantes se composant d'une seule cellule, laquelle accomplit toutes les fonctions de croissance et de reproduction, tel, par exemple, le *Protococcus*, espèce d'algue qu'on trouve dans les eaux stagnantes et qui ne mesure pas plus de $\frac{1}{4000}$ de centimètre de diamètre. Ces végétaux, d'une si grande simplicité d'organisation, apparaissent comme une écume verte lorsqu'ils sont réunis en nombre incalculable.

La plante respire; la respiration est une combustion; dans toute combustion il y a production d'énergie; par cette énergie, la plante surmonte des résistances, effectue un travail, c'est-à-dire réagit contre la pesanteur. C'est parce qu'elle réagit que la plante est le siège d'un double mouvement d'assimilation et d'élimination; elle absorbe pour réparer les effets de la combustion et elle élimine les produits de cette combustion. La vie consiste essentiellement dans ces deux facultés d'assimilation et d'élimination.

La plante respire par ses racines qui exhalent de l'anhydride ou acide carbonique; elle respire par tous ses organes verts, blancs ou colorés. Mais, dans les organes verts, l'acide carbonique est repris en partie et décomposé par la chlorophylle sous l'influence de la lumière, ce qui a donné lieu à la croyance générale que la respiration des plantes est l'inverse de la respiration des animaux, c'est-à-dire que les plantes absorbent de l'acide carbonique et rejettent l'oxygène, à l'encontre des animaux qui absorbent l'oxygène et rejettent l'acide carbonique. La nuit, comme les animaux, la plante exhale de l'acide carbonique car, en l'absence de la lumière, la chlorophylle n'a plus d'action sur l'acide carbonique; mais, exposée de nouveau au soleil, la plante a repris en une demi-heure tout l'acide carbonique dégagé pendant la nuit. En somme, les plantes et les animaux respirent de la même manière, en s'oxydant, mais chez les plantes existe une matière verte, la chlorophylle, qui décompose l'acide carbonique et fixe le carbone.

C'est la respiration qui donne à la fibre cette irritabilité qui la fait vibrer à l'unisson des mouvements extérieurs; cette susceptibilité de la fibre atteint son plus haut degré dans les êtres doués de la respiration la plus active. Cette combustion intérieure donne aux molécules constitutives une extrême mobilité, une grande facilité au déplacement, une remarquable aptitude à la polarisation.

La plante rendue irritable par l'extrême mobilité de ses molécules, entre en jeu sous l'influence des moindres excitations extérieures et se montre sensible aux mouvements qui se propagent dans le milieu environnant.

L'*irritabilité* ou l'*excitabilité* est la faculté d'entrer en action sous l'influence d'une cause stimulante. C'est une des propriétés les plus essentielles du végétal que de ressentir l'impression de certain stimulus extérieur qui détermine une réaction de la partie stimulée; c'est cette propriété qui détermine le mouvement de la plante vers la lumière.

Les mouvements de la plante s'exécutent toujours de la même manière et pour ainsi dire mécaniquement sous l'influence des excitations extérieures. Mises en mouvement par un grand corps vibrant placé à distance, elles reviennent au repos aussitôt le grand corps excitateur éloigné; elles retombent dans l'inertie de la matière inorganique aussitôt que cesse l'action des puissances excitantes; chaque année lorsque cette cause stimulante se manifeste, lorsque le soleil réapparaît, il se produit un soulèvement général, une levée en masse de la matière terrestre.

L'excitation fait le besoin, le besoin fait la fonction, la fonction crée l'organe et l'organe produit la réaction en contrariant, en enrayant l'action de la pesanteur. Certaines plantes enroulent leurs vrilles autour des corps qui leur servent de soutien dans leur ascension; d'autres enfoncent des crochets dans ces mêmes corps pour s'élever; la plupart se maintiennent d'elles-mêmes en équilibre dans les airs en s'affermissant sur une base solide, en s'arc-boutant solidement dans le sol au moyen de puissantes racines semblables à des câbles d'une grande force de résistance.

Les plantes ne tendent plus uniquement vers le centre de la terre comme les autres corps; leur passivité n'est plus absolue comme celle des pierres et des métaux; sous l'impulsion de la puissance solaire, elles s'élèvent, contrairement à tous les autres corps, au moyen des matériaux qu'elles puisent dans le sol et dans l'atmosphère. Dans la germination des plantes, dans la croissance de l'arbre nous observons une tendance opposée à la tendance universelle; nous voyons l'arbre sortir de terre, porter sa masse dans les airs par un mouvement ascensionnel faible, imperceptible, continu et la maintenir en équilibre à de grandes hauteurs.

On constate facilement cette tendance de la plante à s'élever contrairement à la tendance générale, sous l'influence de la lumière et de la chaleur; il suffit de la placer dans un lieu faiblement éclairé et recevant de la lumière par une seule ouverture. On voit toutes ses branches et toutes ses feuilles se diriger du côté de la lumière. Par le trou d'une serrure, par le sou[illegible] d'une cave, elle va à la lumière sous l'influence d'une attraction [illegible]tible.

La lumière est le stimulus et la plante se soustrait à sa propre inertie sous l'action excitante de ce stimulus; sous l'impulsion de la lumière, elle réagit contre la pesanteur et cette réaction se manifeste par un mouvement diamétralement opposé à celui de tous les corps inorganiques.

Dans ce corps pesant une force de réaction vient balancer la force d'attraction; une partie du végétal obéit à la force attractive, l'autre à la force répulsive; il y a équilibre entre ces deux forces. Dans la plante se manifestent deux tendances opposées : une force de pesanteur par laquelle elle tend vers le centre de la terre et une force ascensionnelle par laquelle elle tend en sens opposé. D'un côté, sollicités par les forces attractives, d'un autre côté par les forces répulsives solaires, ces corps terrestres surmontent insensiblement les premières; de ces actions en sens contraires résultent leur structure et leurs fonctions.

L'axe de la plante se compose de deux parties, la tige et la racine ou pivot qui se dirigent toujours dans deux directions opposées. Le pivot se dirige invariablement vers le centre de la terre sous l'influence de la pesanteur; la tige se dirige en sens contraire sous l'influence de la lumière et de la chaleur. Si l'on sème une graine dans un pot et qu'on retourne le vase pendant la germination, le pivot se retourne de même et renverse sa croissance pour prendre son orientation normale qui est celle du centre terrestre; autant de fois on retourne le pot, autant de fois le pivot change de direction, de sorte que cette partie de la plante prend une forme sinueuse par suite de ses nombreuses flexions.

Le point du végétal qui sépare les deux parties antagonistes, la partie ascendante et la partie descendante, s'appelle le *collet;* c'est une ligne circulaire généralement d'une certaine hauteur. On l'appelle aussi *nœud vital*, car si l'on coupe la plante au-dessous de ce point on la tue, tandis que si on la coupe au-dessus de ce point, la plante continue à vivre en développant de nouveaux rameaux.

Cet antagonisme des deux forces qui se partagent la plante se retrouve jusque dans les feuilles. De même que chacune des moitiés du végétal obéit à l'une des deux forces contraires, de même une face de la feuille est sous l'influence de la pesanteur et l'autre sous l'influence de la lumière. Par la même expérience que ci-dessus, le renversement d'une plante en pot, on voit les feuilles se retourner, souvent en quelques heures, par la torsion des pétioles.

La plante ne peut se développer indéfiniment car sa puissance d'expansion est tôt ou tard limitée par la force de pesanteur. Il arrive fatalement un moment où les forces répulsives ne peuvent plus contrebalancer les forces attractives. Lorsque le végétal arrive à une hauteur déterminée, la force de pesanteur reprend toute son action, triomphe de la force ascensionnelle et arrête toute croissance.

Là où les forces répulsives dominent; là où abondent la chaleur, la lumière, l'humidité, les végétaux sont extraordinairement développés, puissants et nombreux. Sous le ciel polaire, les végétaux sont chétifs et rabougris; sous le ciel des tropiques, superbes de grandeur et de force, ils atteignent jusque 140 et 150 mètres d'élévation. Tel végétal, comme la fougère, qui est un géant dans la zone torride, n'est qu'un nain dans le Nord; le peu de forces répulsives qui lui arrivent ne lui permettent pas d'opposer une grande résistance aux forces attractives et de les surmonter. A mesure qu'on avance vers le Nord augmente le nombre de fougères, de mousses, de lichens, de champignons, de tous ces végétaux d'une grande simplicité d'organisation appelés *cryptogames*; tandis que les végétaux d'une grande richesse d'organisation appelés *phanérogames*, les arbres, les arbrisseaux et la grande majorité des plantes herbacées augmentent lorsqu'on marche vers l'Équateur.

Chez les végétaux dont la réaction est presque nulle, chacune des parties accomplit également les fonctions nécessaires à la vie de l'ensemble, sans qu'aucune d'elles soit chargée d'une action particulière. Les plantes qui occupent l'échelon le plus bas de la réaction, tel le *Byssus*, n'ont ni fleurs, ni feuilles, ni racines. Ce sont les premiers corps réagissants que l'on voit apparaître partout où la réaction devient possible; leur force ascensionnelle, pour ainsi dire nulle, et leur simplicité d'organisation leur permettent de réagir là où des réactions plus hautes ne trouveraient pas des forces et des moyens de résistance suffisants. Les lichens vivent sur les rochers les plus durs et les désagrègent; les mousses succèdent aux lichens dans ce travail d'élaboration qui tend à transformer les roches arides et inertes en matière réagissante. Ces plantes microscopiques fabriquent la matière première dont sont composés les végétaux plus puissants.

Dans ces végétaux d'une réaction plus grande, l'organisation s'élève; les parties qui les constituent deviennent des appareils spéciaux auxquels sont confiées des fonctions déterminées.

De même que les diverses parties d'une plante accomplissent chacune une besogne différente, de même les différentes espèces de végétaux travaillent différemment; dans les uns on trouve du tanin, dans d'autres de la gomme ou de la résine, ou de l'albumine ou de la fécule.

A mesure que se développe la réaction végétale apparaissent des phénomènes de plus en plus mystérieux, des mouvements de plus en plus extraordinaires qui s'éloignent toujours davantage des phénomènes et des mouvements purement physiques de la matière commune; ces mouvements inconnus de la matière réagissante n'offrent bientôt plus aucune analogie avec les mouvements connus du monde minéral. Ces mouvements, pour ainsi dire spontanés et calculés, renferment en germe une tendance nettement définie que plus tard nous appellerons « volonté ». Plus on sort du monde physique où dominent les forces attractives pour entrer dans le monde de la réaction où dominent les forces contraires, moins on rencontre de mouvements fixes, invariables, mathématiques, mais, au contraire, plus on reconnaît de manifestations impatientes de tout frein, rebelles à toute règle et qui semblent prendre à tâche de nier en tout les mouvements connus de la matière et de violer toutes les lois de l'Univers. Pour un esprit superficiel, l'apparition de la réaction dans la matière pondérable, ses infractions continuelles à toutes les lois connues sembleraient livrer l'Univers à la plus complète anarchie, mais cette croissante indépendance de la matière où elle semble n'avoir plus ni règles ni lois est bien plutôt le résultat de l'équilibre qui s'établit entre des forces adverses; ces mouvements de la matière réagissante n'ont plus rien de fixe, ni d'invariable parce qu'ils oscillent entre les diverses causes qui les déterminent, entre les différentes impulsions qui les sollicitent.

Dans le monde de la réaction statique, les corps réagissants n'ont pas encore de *volonté* proprement dite, mais certains d'entre eux accomplissent des mouvements spéciaux qui ne se rapportent plus à aucun mouvement mécanique connu. Le houblon et le chèvrefeuille s'enroulent toujours de droite à gauche, le haricot et le liseron des haies, au contraire, montent toujours de gauche à droite;

détournés de leur direction habituelle ils y reviennent ou meurent.

Feuille de sensitive.

La sensitive se contracte pour se soustraire au contact d'un corps étranger ; une piqûre, une secousse ou une étincelle électrique provoquent ce repliement de la plante sur elle-même, mais l'éther et le chloroforme la plongent, comme un animal, dans une véritable insensibilité; ils l'anesthésient complètement. D'autres plantes tendent de véritables pièges aux insectes, les saisissent et s'en nourrissent.

Mais par suite de l'insuffisance et de la faiblesse de leurs moyens de résistance, les mouvements des plantes sont encore renfermés dans des limites très étroites. La force d'attraction qui pèse tyranniquement sur toute la masse terrestre, pèse aussi très lourdement sur la plante qui fait toujours corps avec cette masse terrestre. La plante qui fait encore partie intégrante de la masse commune livrée à la pesanteur, est dominée par les forces oppressives de l'attraction et assujettie à des gênes nombreuses; ne pouvant briser tout à fait ses entraves, ni s'isoler complètement de la masse terrestre, elle ne peut se posséder entièrement; ses mouvements, encore peu prononcés, se font sur place; elle ne peut exécuter des mouvements de totalité, mais seulement des mouvements partiels.

Lorsque les plantes seront entièrement libérées de la pesanteur; lorsque le pouvoir qu'elles possèdent de mouvoir certaines parties s'étendra à toute la masse; lorsqu'elles pourront s'arracher de la masse terrestre et se mouvoir en entier, alors ce ne seront plus des végétaux fixes et insensibles, mais des animaux qui veulent et qui sentent.

CHAPITRE IX

La réaction dynamique ou la vie animale.

I. — La scission de la matière terrestre par deux tendances opposées a fait les corps réagissants et les corps non réagissants ou la matière organique et la matière inorganique. La matière organique ou réagissante se partage à son tour en deux parties distinctes pour former la réaction statique et la réaction dynamique ou le règne végétal et le règne animal. Les végétaux remplissent les conditions d'équilibre; les animaux, les conditions d'équilibre et de mouvement.

Le premier pas vers l'affranchissement de la pesanteur consiste dans la tendance du corps réagissant à s'isoler de la masse terrestre en émergeant du milieu où il réagit; c'est la réaction statique ou végétale. Dans la seconde phase, la séparation du corps réagissant d'avec la masse se consomme, la rupture s'achève et le corps réagissant, en brisant tous les liens qui l'attachent au sol, se montre complètement dégagé, entièrement libéré, parfaitement indépendant; c'est la réaction dynamique ou animale.

Après la levée en masse de la matière réagissante, après un soulèvement général en arbres, en végétaux de tous genres, a lieu la mobilisation de ces masses et une circulation constante de ces corps réagissants. Premièrement, l'ascension de la matière réagissante, ensuite la locomotion de cette même matière.

La séparation du corps réagissant d'avec la masse terrestre est l'évolution la plus importante qui se soit jamais produite dans tout le cours de la réaction jusqu'aujourd'hui; c'est le plus grand pas qui ait jamais été fait vers l'émancipation de la pesanteur. Si l'on considère la réaction comme une somme de résistances vaincues, on saisit immédiatement l'immense portée de cette nouvelle phase de la lutte contre la pesanteur, de cette étape décisive qui ouvre les espaces aux corps réagissants et leur livre la terre, les cieux et les mers. Dégagés de tous liens, ils s'arrachent du sol où la tyrannique attraction les tenait fixés; ils se délient et se meuvent en toute liberté; ils se mêlent et se démêlent, se rapprochent ou s'éloignent, se groupent ou s'éparpillent; les arbres d'une forêt conservent éternellement leurs distances respectives, mais les poissons de l'Océan, dans une incessante mobilité, vont et viennent, se croisent et s'entrecroisent, montent ou descendent.

La plante c'est de la réaction en germe; l'animal, c'est de la réaction accumulée. La résistance se dessine dans la plante; elle s'achève dans l'animal. Dans la plante, la pesanteur l'emporte sur la force de réaction; dans l'animal, la réaction domine la force de pesanteur.

Lorsque deux forces de directions contraires sont appliquées à un même corps, on démontre en mécanique que la résultante des forces est égale à leur différence. Les deux forces antagonistes qui agissent sur le végétal sont presque égales et le corps reste immobile; dans l'animal, la puissance l'emporte sur la résistance et le corps se meut. Le végétal peut être comparé à ces bacs de rivières qui traversent le courant, maintenus par une corde tendue d'une rive à l'autre; l'animal est semblable à ces bateaux à vapeur qui remontent le courant par leur force de résistance et leur propre impulsion.

De la réaction la plus inférieure est sortie une réaction plus haute. Pour passer de la réaction statique à la réaction dynamique, pour transformer les mouvements partiels en mouvements de totalité, pour s'arracher du sol où il est fixé, pour soulever et transporter son poids, il faut au corps réagissant une machinerie puissante; il lui faut des tubes, des cordons, des leviers, des engins variés, des appareils de tous genres; il lui faut, en un mot, s'articuler. L'animal est une plante articulée pour se mouvoir, de même que la plante est un minéral organisé pour s'élever contrairement à la tendance générale des corps.

La propulsion appliquée aux masses réagissantes est déterminée par des moyens mécaniques et la force motrice est fournie par un foyer intérieur que la respiration allume. Les aliments sont le combustible, l'eau et l'acide carbonique sont les produits de la combustion. Les animaux accomplissent un véritable travail en soulevant leur poids, en manœuvrant et en transportant leur masse, en surmontant des résistances. Tout travail exige des forces et ces forces ils les puisent dans l'énergie des modifications chimiques produites par la respiration. L'animal, en transformant la chaleur en travail mécanique, se comporte donc comme un véritable moteur ; c'est le même combustible que les machines à feu, le carbone ; les mêmes produits de combustion, la vapeur d'eau et l'acide carbonique.

Les oxydations intérieures sont d'autant plus actives que la respiration est plus grande et la respiration est d'autant plus ardente que les résistances à vaincre sont plus nombreuses. Dans les réactions inférieures où les êtres réagissants ne se soulèvent ni ne se portent, la respiration est à peine sensible et, par suite, la sève est froide ; dans les réactions supérieures où les résistances à vaincre sont puissantes, la ventilation intérieure est intense, le sang fume et les poumons exhalent de la vapeur d'eau.

Les êtres de la réaction dynamique sont donc de véritables machines dont la construction et le jeu ont pour objet de vaincre des résistances et de transformer le mouvement atomique de l'Univers en mouvement de masses. Ils sont formés d'instruments et d'engins d'autant plus nombreux et compliqués que le travail à développer est plus grand. C'est par la puissance d'action de ces leviers de ces poulies, de ces appareils de résistance que la matière terrestre s'affranchit de la pesanteur et arrive à la pleine possession d'elle-même ; c'est par la seule organisation qu'elle enraye l'action des forces physiques et qu'elle se soustrait aux lois qui régissent la pierre, le fleuve, la lune. Tous les autres attributs de la vie viennent ensuite pour contribuer à produire et à régler les mouvements.

L'organisation grandit avec le degré de résistance et la vie grandit avec le degré d'organisation. Le progrès de la vie, c'est le progrès de la réaction ou de la résistance à la pesanteur. Plus la matière réagissante se sépare de la matière commune pour se mettre en opposition avec elle et suivre une direction divergente, plus elle se constitue en corps distincts ; plus la force de réaction s'empare de la matière terrestre pour la tirer du repos et lui donner tous les mouvements possibles, plus elle la différencie de la matière originaire.

Ainsi, nous voyons, du corps central, sortir d'eux-mêmes et avec ordre une infinité d'autres corps de plus en plus différents et de plus en plus indépendants les uns des autres ; ils se séparent de la masse commune pour former eux-mêmes des masses parfaitement limitées et complètes.

II. — L'animal est un tout mécanique actionné par des forces chimiques. Ces forces sont livrées à l'animal par les végétaux qui accumulent l'énergie solaire dans leurs tissus. L'animal, en incorporant cette énergie sous forme d'aliments devient lui-même un centre de forces, une cause de mouvements et, par suite, il est en état de se mettre lui-même en mouvement sans le secours d'une impulsion extérieure; véritable automoteur, il se meut sans intervention de causes étrangères.

Chez la plante, le corps excitateur disparu, il y a suspension de la réaction, tandis que l'animal est toujours capable de se mouvoir et de réagir sans l'intervention de cette cause extérieure; la source de ses mouvements étant intérieure, il ne cesse d'agir que lorsque cette source vient à tarir.

C'est le soleil qui fait la réaction de l'animal comme celle de la plante, mais chez l'animal le soleil est en dedans; il peut produire en lui-même la chaleur sans devoir attendre qu'elle lui arrive du dehors. Les mêmes forces excitantes qui agissent sur la plante, agissent aussi sur l'animal, mais chez les plantes ces forces impulsives sont externes, chez l'animal qui incorpore le stimulus, elles sont internes. Les plantes sont directement sous l'action stimulante du soleil; les animaux indirectement. La plante obéit à des impulsions externes; l'animal à des impulsions internes. La plante se dirige vers la lumière, la lumière est le stimulus et, sous l'influence de ce stimulus extérieur, la plante accomplit des mouvements partiels; l'animal accumule en lui ce stimulus concentré par la plante et, sous l'action de ce stimulus intérieur, accomplit des mouvements de totalité. A l'encontre de la plante, l'animal apparaît libre et volontaire quoique la source de ses mouvements soit la même que celle de la plante. La plante privée de lumière et de chaleur revient à son inertie première; l'animal privé d'aliments retombe dans l'inaction; la suppression de tout stimulus tarit sa force de réaction et le ramène comme la plante sous la domination des forces antagonistes.

La chaleur solaire rayonne sur la plante qui l'absorbe; l'animal rayonne cette chaleur solaire qu'il a puisée dans la plante. La plante forme le combustible; l'animal brûle en lui ce combustible.

Ces oxydations intra-organiques élèvent la température du corps qui en est le siège et, par suite, impriment une grande mobilité aux molécules constitutives de ce corps. La température des corps étant un phénomène dépendant de l'intensité du mouvement des molécules, on peut juger de la vive agitation qui règne dans les molécules de corps vivants dont la température peut s'élever jusque 44°.

C'est dans cette grande puissance répulsive du corps vivant, c'est dans cette perpétuelle oscillation des parties constituantes, c'est dans cette faculté rotatoire des molécules qui les fait revenir à leur premier état lorsqu'on les en a écartées, comme dans la tension du caoutchouc, que gît le principe du déplacement de ces masses pesantes. L'activité des éléments atomiques est proportionnelle à la température et la température est le résultat de la respiration; en même temps qu'elle donne à la fibre animale une grande élasticité, comme le montre la mollesse de chair des animaux comparée à la dureté du bois des végétaux, la respiration la doue en outre d'une grande irritabilité.

Par son élasticité et son irritabilité extrêmes, la substance dont l'animal est formé, se montre contractile et extensible, c'est-à-dire qu'elle est susceptible de se raccourcir ou de s'allonger sous l'action de stimulus internes ou externes. Cette propriété de la fibre animale se manifeste par un plissement angulaire qu'on appelle *contraction*. Par des contractions répétées, le corps réagissant fait « ressort » et entraîne toute sa masse dans un mouvement qui n'est plus celui de la pesanteur. Ces détentes successives donnent au corps pesant le pouvoir de s'arracher à la force d'attraction terrestre; par une contraction et une extension soudaines de cette substance flexible et extraordinairement excitable, le corps réagissant peut se déplacer en tout ou en partie; il peut faire dévier le mouvement qui entraîne sa masse vers le centre de la terre; il peut lui faire quitter la ligne droite et rigide que la force de pesanteur lui imprime. Les muscles sont semblables à des ressorts élastiques débandés; en se bandant ils soulèvent un poids et par suite effectuent un travail mécanique, et dans ce travail de la chaleur est consommée; la température s'abaisse dans les muscles contractés et le mouvement moléculaire disparu se transforme en mouvement de masse.

La contractilité ou cette faculté que possède la fibre animale de se raccourcir et de s'étendre alternativement est tout à fait indépendante de la vie. Une portion de muscle enlevé à un animal vivant, se contracte sous l'influence d'une excitation mécanique, galvanique ou chimique; en excitant les muscles d'un animal mort depuis moins de dix heures, en piquant ou en brûlant ses filaments, en les frappant ou en les électrisant, ces muscles se raccourcissent. On peut faire ruer le cadavre d'un cheval en provoquant, peu de temps après sa mort, les contractions musculaires par l'électricité.

Lorsqu'un muscle, enlevé à un animal qu'on vient de tuer, est solidement fixé par l'une de ses extrémités, tandis qu'à l'autre est suspendu un poids, l'excitation du muscle par un courant électrique provoque sa contraction et la contraction du muscle fait monter le poids; mais aussitôt que l'excitation cesse, le poids retombe. D'une manière analogue, presque chaque muscle d'un animal vivant soulève ou concourt à soulever une partie du poids du corps et la contraction de la totalité des muscles soulève le poids total du corps. D'où il résulte que la puissance de la réaction sera d'autant plus grande que le nombre de muscles sera plus considérable. Ce nombre est très élevé chez l'homme; pour les mouvements volontaires seuls, il en possède plus de 400, parmi lesquels il en est d'énormes, tels les muscles élévateurs.

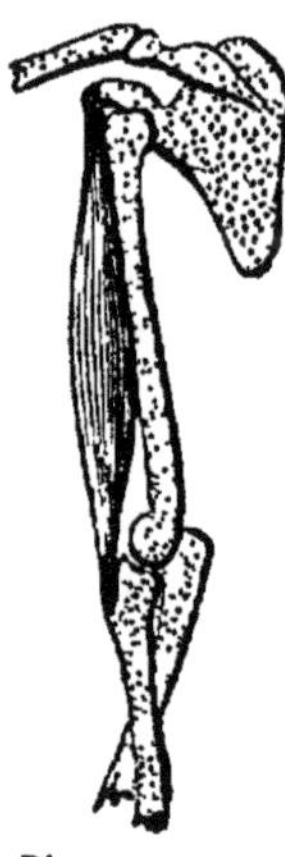
Biceps au repos.

Les deux extrémités de la substance contractile sont attachées chacune à un levier ou os; par l'effet de la contraction, les deux points d'insertion tendent à se rapprocher et les deux os jouent l'un sur l'autre au moyen d'une articulation, comme nous le voyons dans la contraction du muscle représenté ci-contre. Le mouvement de l'avant-bras sur le bras s'opère par la contraction du muscle appelé *biceps brachial* qui, par l'une de ses extrémités s'attache à l'omoplate et par l'autre au radius; ce muscle en se contractant devient plus court et par suite plus gros et plus dur. Ainsi s'opèrent les mouvements partiels et les mouvements de totalité.

Biceps contracté.

Les nerfs agissent sur les muscles, les muscles agissent sur les os, et les os, semblables à des leviers, soulèvent le poids du corps. Ces muscles, au nombre de plusieurs centaines dans le corps humain, en se contractant, en se détendant, font remuer les os, les élèvent, les abaissent, les rapprochent, les redressent et produisent une grande variété de mouvements.

Avec l'accroissement du mouvement de masse se développe parallèlement un grand appareil électrique, le système nerveux. Les nerfs transmettent les courants électriques qui émanent du cerveau, organe central chargé de donner une direction commune aux nombreux mouvements du corps réagissant; ces courants électriques déterminent une réaction de la partie stimulée et cette réaction se manifeste par un mouvement du corps tout entier ou par une portion seulement de l'animal.

Nous avons vu la chaleur combattre la cohésion ou attraction moléculaire dans la matière terrestre; nous voyons apparaître maintenant une autre forme de cette énergie, l'électricité, pour combattre la pesanteur ou attraction terrestre dans les masses pesantes. La chaleur tend à mouvoir les particules de tous les corps et à les séparer les unes des autres; l'électricité tend à mouvoir les groupes de molécules et à les séparer de la masse terrestre. La chaleur oppose les molécules les unes aux autres; l'électricité oppose les masses organisées à la masse terrestre. Dans les liquides, dans les gaz, la chaleur brise les liens de l'attraction moléculaire; dans les êtres vivants, l'électricité brise les liens de l'attraction planétaire.

La chaleur, force antagoniste de la cohésion, et l'électricité, force antagoniste de la pesanteur, peuvent se transformer l'une dans l'autre; la chaleur des liquides et des gaz, employée à surmonter leur force de cohésion, se transforme en électricité dans les masses réagissantes pour vaincre leur force de pesanteur; il y a échange et communication de mouvement; il y a transformation de la chaleur en électricité, du mouvement atomique en mouvement de masse. C'est ainsi que la chaleur produite dans le foyer d'une machine peut devenir la force d'un de ces électro-aimants extrêmement puissants, capables de tenir en suspens des poids énormes par simple contact et d'annuler en quelque sorte la force d'attraction que la terre exerce sur eux.

Déjà dans le monde végétal on peut constater l'influence de l'électricité sur les corps réagissants. L'impulsion imprimée à la réaction végétale par cette force est des plus remarquables. Sous son influence les plantes se développent plus rapidement. En quelques minutes, par le moyen de la force électrique, on fait germer et pousser le cresson dont la croissance, dans les conditions ordinaires, demanderait un ou deux jours

On pourrait comparer les mouvements d'un animal aux mouvements produits par une machine à vapeur. Dans la locomotive le mouvement est produit par un corps, l'eau, qui se dilate et se contracte alternativement ; dans l'animal, les mouvements sont dus à une substance, la fibre musculaire, qui se raccourcit et s'allonge tour à tour. Mais l'animal est bien plutôt une machine électro-magnétique qu'une machine thermo-dynamique; semblables à de petites bouteilles de Leyde, les éléments anatomiques, musculaires et nerveux, se chargent par la nutrition et se déchargent sous l'excitation électrique des nerfs. Ces condensateurs musculaires et nerveux sont capables d'effectuer un travail, de produire le mouvement, c'est-à-dire de soulever un poids, de vaincre une résistance. Ces réservoirs d'énergie motrice se déchargent au fur et à mesure des excitations; ces excitations répétées épuisent la réserve des forces; cette dépense de forces amène la fatigue, c'est-à-dire l'inaptitude au mouvement. L'appareil nervo-musculaire n'est de nouveau apte à fonctionner que lorsqu'il s'est rechargé; ces forces de nouveau accumulées dans les muscles et les cellules nerveuses, lui rendent sa puissance d'action.

III. — Le passage de la réaction statique à la réaction dynamique ne s'est pas fait brusquement, mais par une transition insensible. Sur les limites des deux réactions, statique et dynamique, les deux règnes s'enchevêtrent tellement l'un dans l'autre, qu'il n'est guère possible de les démêler; il est des plantes qui offrent tous les caractères de l'animalité : sensibilité et mouvement; il est des animaux qui présentent tous les caractères de la végétation : chlorophylle et racines.

Cette séparation des corps réagissants en deux règnes est, en réalité, arbitraire, car on ne peut dire où finit l'un et où commence l'autre. Un grand nombre d'animaux inférieurs sont fixés au sol et offrent, par leurs formes extérieures, une grande analogie avec les végétaux ; quoiqu'ils ne peuvent encore exécuter des mouvements de totalité, ils peuvent cependant mouvoir volontairement certaines parties de leur corps. Ce sont, en quelque sorte, des végétaux où apparaît la contractilité animale. Ces êtres sont appelés zoophytes, c'est-à-dire animaux-plantes. Le corail, par exemple, semblable à une pierre arborescente, grandit comme une plante ; avec ses branches et les jolies fleurs qui les couvrent, on ne pourrait le distinguer d'une plante si ces fleurs n'étaient autant de petits bras qui s'allongent pour attirer, saisir la proie ou se contractent pour fuir un danger.

Corail rouge.

L'animal n'est que la continuation du végétal. Les fonctions agrandies du végétal font l'animal. La plante n'est qu'une ébauche de l'animal, ou, plutôt, l'animal n'est qu'une plante mieux organisée et plus puissamment outillée.

Mais, dans cet admirable économie de l'Univers, aucun effort n'est perdu, nul travail n'est fait en vain. Lorsqu'aux machines primitives et rudimentaires succèdent des machines plus parfaites, les premières ne sont pas abandonnées comme superflues ou insuffisantes, mais, au contraire, se rendent doublement utiles en élaborant le gros œuvre pour les machines plus élevées, en leur prêtant un précieux concours.

N'ayant plus à s'occuper des besognes inférieures, trouvant la matière première toute préparée, les machines supérieures jouissent d'une grande économie de temps, disposent d'un grand approvisionnement d'énergie et peuvent employer exclusivement leurs forces contre les résistances à vaincre.

L'animal, machine plus perfectionnée, ne vient pas remplacer le végetal dans le travail de la réaction, ni se substituer à lui, il vient seulement le compléter. A la machine rudimentaire s'adjoint une machine plus parfaite qui reprend le travail où l'a laissé la première et l'élève à un plus grand degré d'élaboration ; de sorte que la plante, qui était une machine complète par elle-même, devient simple rouage d'une machine supérieure.

Comme dans ces mécaniques où les petites roues font marcher les grandes, ainsi la plante emprunte aux liquides et aux gaz leur force de répulsion pour réagir contre la pesanteur et ensuite communique la réaction acquise à l'animal.

Comme les flots supérieurs sont portés par les flots inférieurs, ainsi le règne minéral soutient le règne végétal, lequel soutient le règne animal. Les minéraux servent de matériaux aux plantes et celles-ci aux animaux. La matière terrestre se dilate dans les liquides et les gaz, s'organise dans la plante et s'articule dans l'animal. La plante, c'est le minéral organisé ; l'animal, c'est la plante articulée. Les liquides et les gaz se font bois et sève dans le végétal, et le végétal se fait sang et chair dans l'animal.

Tous les êtres forment comme une immense collection de machines subordonnées les unes aux autres et se communiquant l'une à l'autre le mouvement ; la plante donne le mouvement à l'herbivore, l'herbivore le transmet au carnivore. Ainsi, dans une usine, une simple chute d'eau communique son mouvement à une roue hydraulique et le mouvement de la roue hydraulique se transforme à son tour en d'autres mouvements beaucoup plus complexes ; la force de cette chute d'eau qui, au début, faisait tourner une simple turbine, au bout de ses transformations lève des marteaux, découpe, lamine, broie, scie, rabote, cisaille, triture. Sur tout le parcours de la rivière nous assistons à l'infinie variété d'action d'une seule force qui se transforme en mouvements multiples selon l'espèce de machine qu'elle actionne.

De même que les différents organes d'une plante ou d'un animal se partagent la besogne et travaillent chacun de leur côté pour un but commun qui est la résistance à la pesanteur, de même il n'y a ni divergence, ni opposition entre les êtres, il y a unité de tendance, il y a coopération. Tous concourent dans un même effort au triomphe de la force de réaction sur les forces adverses. Toutes les machines végétales et animales peuvent être regardées comme une seule machine dont chaque être constitue un rouage. Comme dans une mécanique on voit des roues tournant en sens contraires concourir au mouvement général, ainsi on voit les êtres, malgré leur antagonisme apparent, travailler de concert au grand œuvre de la réaction. Les plus humbles d'entre les végétaux agissent sur les roches, les désagrègent et surmontent leur attraction moléculaire ; d'autres, plus élevés, travaillent davantage ces premiers matériaux et les amènent à une forme plus haute ; alors viennent les animaux qui s'emparent de cette matière ainsi préparée pour l'élever au plus haut degré d'élaboration.

Ces multitudes d'êtres ne peuvent s'approvisionner d'énergie qu'aux dépens les uns des autres, mais là où nous ne voyons que confusion, anarchie, désordre sanglant, il y a un admirable enchaînement d'opérations par lesquelles chaque degré de réaction tire profit des efforts de toutes les réactions inférieures. Dans ce croissant équilibre des forces réagissantes, les êtres s'appuient les uns sur les autres ; ainsi dans une voûte les pierres, opposées les unes aux autres, semblent vouloir s'écraser ou se repousser et s'exclure violemment, tandis qu'au contraire elles se soutiennent mutuellement et concourent toutes à l'équilibre général.

Ces machines vivantes, en se combinant entre elles, forment une seule et immense mécanique qui n'est jamais achevée parce qu'elle est susceptible de s'accroître et de se perfectionner indéfiniment. En s'engrenant les unes dans les autres, elles arrivent à un tel degré de puissance et de rapidité qu'elles peuvent faire passer, en quelques heures, la matière la plus inerte, la moins réagissante à la vie la plus haute, à la réaction la plus élevée. Le minéral a mis un temps incalculable pour s'organiser et devenir végétal, mais en quelques heures, par le travail de la plante, il se trouve métamorphosé en sève et en bois ; de même, le végétal a mis un temps peut être encore plus long pour s'articuler et devenir animal, mais en quelques heures, il se trouve transformé, dans le laboratoire animal, en sang et en chair ; de sorte que la matière terrestre, en passant par l'engrenage végétal et animal franchit en peu d'heures un chemin qu'elle avait mis des milliers d'années à parcourir. Par ce rapide enchaînement d'opérations de la chimie organique, la matière la plus inerte peut devenir, dans un délai très court, mouvement, volonté, pensée.

Ainsi des points les plus bas de la réaction aux points les plus élevés s'opère une circulation constante, ininterrompue de la matière terrestre. Comme l'eau de l'Océan qui s'élève en vapeur pour accomplir ses nombreuses pérégrinations et rentre dans le réservoir commun après avoir achevé le cycle de ses transformations en vapeurs, en nuages, en neiges, en glaciers, en torrents, en sources, en fleuves, ainsi la matière terrestre entre dans le mouvement de réaction par le règne végétal, s'élève dans le règne animal et n'en sort que pour rentrer dans le règne mineral après avoir accompli un immense circuit.

CHAPITRE X

Organisation de la matière réagissante.

I. — La formation et le développement des êtres réagissants procèdent des mêmes principes que la construction et le perfectionnement de nos machines, car les uns et les autres ont pour but de surmonter des résistances, d'effectuer un travail. La navigation, ses origines et ses développements nous serviront d'exemples. Les moyens mis en œuvre dans les bâtiments nautiques pour surmonter les forces de l'océan contraires à la navigation, nous éclaireront sur les moyens employés par les êtres réagissants pour enrayer l'action des forces physiques.

L'océan nous présente une série d'embarcations progressivement compliquées dans leur structure et leur organisation, depuis le radeau qui est un tout homogène, sans structure aucune, jusqu'au steamer qui est un tout complexe, hétérogène dans toutes ses parties. C'est par le moyen de cette organisation progressive que le bâtiment des mers atteint cette haute puissance par laquelle il défie les forces coalisées de l'océan, et qu'il arrive à se rendre indépendant du milieu où il s'est formé; c'est par l'adaptation graduée des actions intérieures aux actions extérieures qu'il parvient à une si grande liberté de mouvements.

La réaction des bâtiments nautiques contre les forces océanesques peut se diviser, comme celle des êtres vivants, en réaction statique et en réaction dynamique.

La réaction statique ou l'équilibre des corps flottants repose sur ce principe d'Archimède que *tout corps plongé dans un liquide perd de son poids le poids du liquide qu'il déplace.*

Si l'on place dans l'eau un corps dont le poids est précisément égal au poids d'un égal volume d'eau, il reste en équilibre au milieu de la masse liquide. Par conséquent, un corps d'un décimètre cube et pesant un kilog. placé dans l'eau, déplace un décimètre cube d'eau qui pèse également un kilog.; il perd donc tout son poids et reste suspendu en équilibre dans le liquide exactement comme le volume d'eau qu'il a déplacé.

Si le corps est plus lourd que le liquide qu'il déplace, il tombe au fond. Donc, un corps d'un décimètre cube et pesant trois kilos étant immergé, perd de son poids un kilog. qui est le poids du décimètre cube d'eau déplacé, et il tombe au fond entraîné par l'excès de poids de deux kilos.

Enfin, si le corps pèse moins que le liquide qu'il déplace il est poussé vers la surface du liquide jusqu'à ce que le poids du liquide déplacé soit égal au sien. D'où il résulte qu'un corps d'un décimètre cube ne pesant qu'un demi-kilog. remonte à la surface jusqu'à ce qu'il ne déplace plus qu'un demi-kilog. d'eau; il sort donc en partie de l'eau, il surnage.

Le liége, le bois, la glace, plus légers que l'eau, surnagent; le fer, le marbre, plus lourds que l'eau, tombent au fond, mais ils flottent sur le mercure, car un décimètre cube de ce liquide pèse 13 kilos 1/2, tandis qu'un décimètre cube de fer ne pèse que 7 kilos.

On peut arriver à faire flotter du fer sur l'eau en lui donnant des formes telles que le poids du liquide déplacé par la seule partie destinée à être immergée, soit égal au poids du corps tout entier. Par exemple, une boule de fer massive d'un décimètre cube pesant 7 kilos, tombe au fond de l'eau par son excès de poids de 6 kilos, mais une boule de fer creuse de 10 décimètres cubes et ne pesant également que 7 kilos, surnage, parce qu'elle déplace 10 décimètres cubes d'eau ou 10 kilos du liquide; elle remonte donc à la surface jusqu'à ce qu'elle ne déplace plus que 7 kilogrammes d'eau.

Tel est le principe qui sert de base à la réaction statique des bâtiments de mer, c'est-à-dire considérés à l'état de repos.

La réaction dynamique ou la propulsion des bâtiments des mers résulte en outre de l'organisation graduée, de l'évolution de structure.

L'évolution de structure a pour fin la domination de l'Océan par les corps flottants et leur indépendance au milieu des éléments par lesquels ils sont ballottés. Depuis le primitif radeau jusqu'au puissant transatlantique moderne, une résistance toujours plus grande aux influences du milieu résulte d'une organisation toujours plus haute.

Quelques troncs d'arbres grossièrement assemblés, voilà le point de départ de cette évolution. Le radeau, d'une simplicité extrême, sans moyen de réaction, sans appareil de résistance, est le jouet des rafales, des courants et des vagues; sur l'océan immense, indomptable et capricieux, il ne s'appartient pas; il flotte au hasard des impulsions contraires qu'il reçoit, des forces auxquelles il est livré ; tantôt submergé, tantôt surnageant; tantôt entraîné en pleine mer par les courants, tantôt laissé à sec sur le rivage. Inerte par lui-même, impuissant à réagir contre les éléments dont il est le jouet, il leur obéit aveuglément et surnage et vogue aussi longtemps que les caprices du milieu lui sont favorables.

Mais quand apparaît le tronc d'arbre évidé par le milieu et aminci à ses extrémités, la passivité aux forces environnantes n'est plus aussi absolue. Dans cette forme moins grossière du radeau et mieux adaptée à sa fin, apparaît une résistance naissante. La pirogue est véritablement le premier véhicule flottant, le rudiment, l'ébauche des navires de haute mer. Ce radeau aménagé, d'une forme appropriée, réagit contre l'eau par ses pagaies ou rames et remonte les courants; ses mouvements offrent encore peu de précision, mais ils ne se font plus uniquement au hasard.

Grâce à des additions successives dans l'organisation dont les effets combinés annihilent de plus en plus l'action des forces contraires, la pirogue s'élève à un degré remarquable d'indépendance et devient capable d'affronter une mer orageuse.

Indépendamment des rames pour réagir contre les courants, la barque a une ancre pour se fixer dans le flux et le reflux, un gouvernail pour virer au milieu des flots, une voile pour la propulsion, des amarres pour se retenir au rivage, des gaffes pour accrocher, tirer, repousser. Par ces divers organes, la barque peut résister aux éléments et suivre la route qu'elle s'est tracée.

Par l'accroissement et le perfectionnement de ses moyens de résistance, l'embarcation se soustrait de plus en plus au joug des forces océanesques; lentement, progressivement elle s'est dégagée des tâtonnements et des essais; elle est sortie de sa forme primitive et embryonnaire. Ces constructions navales ont des flancs larges et une vaste croupe de façon à prendre sur l'eau une assiette solide et à résister au déchaînement des éléments; cette forme leur permet d'utiliser une grande force d'impulsion tout en réduisant autant que possible la résistance à vaincre.

Lorsque les moyens de résistance s'accroissent encore, lorsque la taille grandit et que la structure prend un plus grand développement, le bâtiment prend possession de l'immensité et constitue un de ces superbes édifices flottants appelés « navires ».

Le navire se divise et se subdivise en parties déterminées, en compartiments distincts et séparés : carène, quille, proue, poupe, cale, coque, soute, pont, entrepont, sont les principales dénominations de ces subdivisions. Chaque partie de la mâture, chaque voile, chaque cordage a son nom spécial ; étai, armure, bras, cargue, drisse, draille, martingale, haubans et galhaubans sont tous noms synonymes de corde. Cet édifice flottant s'élève jusqu'à deux, trois et quatre étages ; aussi les moyens de réaction pour soutenir et diriger ces masses énormes sont-ils extrêmement puissants et nombreux

Le navire, avec sa membrure puissante, avec ses nombreux agrès et apparaux, avec les pièces variées qui constituent la mâture et l'équipement, les mâts, les vergues, les poulies, les ancres, les cordages, avec les cabestans pour lever les ancres, guinder les mâts, avec les pompes pour l'assèchement, avec les palans pour multiplier les forces, avec la cloche et la sirène, les fusées et les bouches à feu pour les signaux de détresse, avec les fanaux pour éclairer sa marche ou signaler sa présence, le navire, en possession de cette haute organisation, n'a plus qu'une ressemblance très lointaine avec le radeau ou même la pirogue. La machinerie se développe parce que la réaction augmente ; les structures se compliquent parce que l'opposition aux forces environnantes s'accroît ; la division du travail s'étend parce que la résistance s'affirme toujours plus puissante.

Au début de l'évolution les structures et les fonctions sont peu ou point développées parce que les résistances sont nulles ou peu prononcées, mais à mesure que son opposition grandit, le corps flottant s'élève du simple au composé ; il passe de l'homogénéité la plus entière à l'hétérogénéité la plus grande ; des matériaux aussi différents que nombreux entrent dans sa construction : le fer, l'acier, le bois, le cuivre, etc.

Par l'adaptation de plus en plus grande du corps naviguant à son milieu, par une spécialisation toujours plus élevée de ses fonctions, par une différenciation croissante de ses parties, par une coordination de plus en plus étroite de ses actes et de ses mouvements, il se rend peu à peu maître du milieu où il réagit; il tient tête à l'océan et sait échapper avec adresse aux redoutables périls de l'élément perfide; il évolue avec aisance sur l'élément liquide en utilisant les forces environnantes, les courants, les vents, les marées.

En même temps qu'il multiplie ses moyens de résistance, le navire acquiert des organes enregistreurs ou avertisseurs qui fournissent à la manœuvre des combinaisons plus variées et plus sûres; des appareils d'une précision et d'une délicatesse merveilleuses viennent lui donner une puissance et une sûreté de mouvement extraordinaires. Successivement apparaissent le loch, instrument servant à mesurer la vitesse du navire; la sonde pour explorer le fond et en reconnaître la nature; l'arbalestrille, l'astrolabe, le quadrant, l'octant, le sextant pour déterminer la position du bâtiment tant en longitude qu'en latitude; les chronomètres, les cartes marines, les lunettes qui servent au navire pour se diriger et reconnaître les lieux; pour le commandement, des porte-voix, des appareils automatiques munis de sonneries, des instruments enregistreurs; pour explorer l'étendue des mers la nuit, de puissants réflecteurs et, enfin, la boussole, le fameux compas de route, la clef qui ouvre au navire l'immensité et qui lui permet de déterminer la direction dans laquelle il doit marcher.

Depuis le radeau et le tronc d'arbre évidé les progrès accomplis sont immenses; les manœuvres variées et les vitesses acquises représentent une somme énorme de résistances vaincues. Cependant le navire n'est pas encore entièrement indépendant du milieu; il subit encore le joug dans une certaine mesure; il doit attendre l'action des vents favorables et des marées pour mettre à la voile.

Mais, lorsque le navire marque une nouvelle évolution dans son organisation, lorsqu'il arrive à pouvoir renfermer dans ses flancs toute la rose des vents, comme ces navigateurs anciens qui avaient acheté aux Druidesses de l'île du Sein l'outre des vents favorables, lorsqu'il ne doit plus attendre les effets d'impulsions extérieures pour se mettre en mouvement mais trouve ces impulsions en lui-même, alors il peut se soustraire complètement à l'influence du milieu, il peut se jouer des forces contraires. Il achève de dominer le milieu par des forces empruntées à ce même milieu. L'eau à l'état de vapeur lui sert à briser les dernières résistances des eaux liquides. Il dompte l'eau par elle-même. Aux formidables assauts d'immenses masses liquides, il oppose la puissance d'une infime quantité de vapeur. La vapeur fait mouvoir ces énormes et lourds corps flottants que l'eau porte. La voilure, principal agent dans la propulsion du navire, est désormais reléguée au second plan ; le bâtiment délaisse même ses voiles comme il avait déjà rejetté ses rames.

Pourvu d'une puissance motrice propre, le steamer, cet admirable développement du radeau, nous offre le plus haut degré de l'organisation ; avec ses chaudières, ses cylindres, ses cheminées, ses roues à aubes, ses hélices, il parvient à sa plus grande puissance. La division du travail y est poussée à l'extrême ; chacune de ses parties est chargée d'une action particulière ; chacune d'elles est un appareil spécial auquel est confiée une fonction déterminée et toutes ces fonctions si différentes se combinent entre elles et rentrent les unes dans les autres pour former le mouvement général du bâtiment. Cette coordination de plus en plus définie des mouvements met la plus grande unité dans cette variété d'actions. Avec une structure ainsi développée apparaît une grande rapidité et une grande régularité, une grande activité et une grande sûreté.

Le bâtiment aussi puissamment outillé, avec sa propulsion mécanique et son énergie propre, domine les éléments après avoir été dominé par eux. Maître de sa manœuvre, il est maître de l'océan ; il se dirige librement au sein des forces contraires ; il dédaigne les caprices des vents et des vagues et fend fièrement les flots soumis. Avec sa puissance motrice indépendante des forces environnantes, qu'il peut créer par son action directe et régler à volonté, le steamer est admirable de régularité et de rapidité. Libre dans ses mouvements, il se possède entièrement ; il va à droite, à gauche, en avant, en arrière ; il se précipite ou s'arrête ; il choisit sa route, combine ses actes, proportionne ses mouvements, ralentit sa marche ou l'accélère ; il fume, souffle, halète, mugit ; il tonne ou lance des signaux.

A travers l'étendue, il observe les autres bâtiments de passage ; il étudie leurs mouvements et leur direction, reconnaît leur qualité et leur nationalité : il les salue, leur fait des appels et correspond avec eux par des signes conventionnels ; il conforme ses actes aux indications données, soit pour se détourner de sa route, soit pour aller porter du secours.

Le journal de bord est au steamer ce que la mémoire est à l'être vivant. On y trouve relatés les observations astronomiques, l'état du ciel et de la mer, les transitions atmosphériques, la direction et la force du vent, la route que suit le bâtiment, les travaux opérés par l'équipage, les changements opérés dans la voilure, la dérive, les rencontres de bâtiments, de rochers ou d'épaves, les avaries, les vues de terre et, enfin, tous les incidents survenus en cours de route.

Les connaissances se développent parallèlement avec les progrès matériels. L'art de la navigation exige une étude approfondie de la géographie et de l'astronomie; l'usage des logarithmes et des calculs les plus compliqués; la connaissance de la trigonométrie sphérique et celle des mouvements apparents et des phénomènes des principaux corps célestes; une pleine connaissance de la mer, des courants, des marées; l'observation des distances du soleil à la lune et aux étoiles pour avoir la longitude; les moyens de prendre la hauteur des astres au-dessus de l'horizon pour en conclure la latitude, les angles horaires, les azimuts.

Le développement de la navigation nécessite encore le balisage minutieux des côtes, des bancs, des passages; l'art de lever le plan des côtes et des mers; la construction de cartes où se trouvent indiqués l'emplacement et la configuration des bancs, des récifs, des bas-fonds, des îles, la force et la direction des courants; en un mot la connaissance approfondie de la topographie maritime, de l'hydrographie et de la météorologie.

En même temps qu'il se développe pour atteindre au plus haut degré de l'organisation, le radeau se multiplie sous les formes les plus variées. Les canots, chaloupes, trirèmes, dromons, galées, carraques, galères, caravelles, galions, bricks, goelettes, corvettes, cutters, lougres, galiotes, galéasses, gabares, barges, felouques, vaisseaux, etc., etc., sont autant de transformations du simple et primitif radeau.

Dans cette évolution incessante, les bâtiments nautiques n'ont plus seulement en vue la domination de l'océan, mais sa possession exclusive; alors apparaissent les bâtiments belliqueux, armés en guerre, les sloops, les avisos, les croisières, les canonnières, les frégates, les cuirassés qui s'attaquent et se battent, se heurtent et se donnent la chasse, s'éventrent, s'entredétruisent et font de l'océan un vaste champ de bataille. La corvette errant çà et là à la recherche d'une proie facile, d'un inoffensif bateau marchand, s'enfuira au plus vite à l'apparition d'un ennemi plus puissant, de la redoutable frégate. Dans cette lutte pour la suprématie sur les mers se perfectionnent les engins de destruction, les moyens d'attaque et de défense, bombardes, sacres, catapultes, brûlots, harpons, rostres, grappins, torpilles.

Comparez maintenant le primitif radeau, simple, rudimentaire, homogène au tout-puissant cuirassé, véritable forteresse flottante, avec tours blindées et tournantes, avec ses nombreuses bouches à feu, avec ses puissants moyens de locomotion, son formidable outillage, son énorme attirail, sa machinerie compliquée, ses appareils de précision, avec l'extrême différenciation de toutes ses parties et la division du travail poussée à l'infini.

Considérez combien l'humble radeau, inerte, informe, véritable épave, flottant au gré des forces environnantes, a dû évoluer, s'organiser, se spécialiser dans toutes ses parties, se particulariser dans toute sa masse pour devenir cet énorme et rapide paquebot, ce libre et puissant steamer qui voit par ses vigies, qui se dirige par ses pilotes, qui se pourvoit, se nourrit, s'entretient par le nombreux personnel commis à sa conservation et à la satisfaction de ses besoins multiples, qui trouve dans le commandant l'unité de direction dans les mouvements et la coordination dans les actes et, dans l'équipage tout entier, sa force, sa volonté, son âme.

Comptez ce qu'il a fallu de siècles, d'efforts et de luttes pour amener cette organisation si haute, cette complication si grande, cette activité dévorante et, enfin, l'indépendance, et l'affranchissement du milieu qui en sont le résultat.

II. — On appelle *résultante* la force qui résulte de la composition de plusieurs forces appliquées à un point donné ou la force unique qui équivaut, quant aux effets mécaniques, à plusieurs forces combinées.

Le *point d'application* est le point du corps sur lequel une force agit immédiatement.

La force de pesanteur est la résultante des attractions de toutes les molécules qui constituent la Terre. Chacune des molécules terrestres sollicite les corps à la surface et la direction dans laquelle ces corps doivent se mouvoir sera nécessairement celle de la résultante de toutes les molécules terrestres. Or, on démontre en mécanique, qu'une sphère attire un corps extérieur de la même manière que si toute la matière qui la compose se trouvait réunie en un seul point situé précisément à son centre. La Terre étant à peu près sphérique, il s'ensuit que la direction d'un corps qui se meut, en vertu de l'attraction qu'elle exerce, sera le centre même du globe.

Sous un autre point de vue, les phénomènes des marées prouvent que l'attraction planétaire ou la résultante de toutes les attractions partielles exercées par les molécules d'un globe, n'agit pas seulement sur la matière prise en masse, mais que son action s'exerce sur chacune des molécules dont les corps sont composés. Un corps solide sur lequel agit la pesanteur présente donc le cas d'un nombre infini de points invariablement unis et sollicités par des forces parallèles se composant en une force unique; c'est-à-dire que chacune des molécules terrestres agit sur chacune des molécules du corps solide et la somme de toutes les attractions partielles exercées sur chacune des molécules du corps solide est ce qu'on appelle son *poids*. Par conséquent plus un corps renferme de matière, plus il est attiré et plus il a de poids. Le poids est l'effet; la pesanteur est la cause.

La *pesanteur* est la résultante de toutes les attractions partielles exercées par les molécules terrestres, et le centre même du globe est le point où semblent se concentrer toutes ces actions particulières. Le *poids* est la somme de toutes les tendances partielles des molécules d'un corps vers le centre attractif terrestre, et, pour ce corps également, il existe un point où l'on peut supposer réunies toutes les tendances particulières, comme si toute la masse du corps était concentrée en ce point. C'est ce point remarquable, sur lequel agit constamment la résultante des actions de la pesanteur dans toutes les positions que peut recevoir le corps solide, qu'on nomme son *centre de gravité*. Le centre de gravité est donc le point d'application de la résultante de toutes les forces parallèles appliquées aux molécules d'un corps solide.

Le centre de gravité d'un corps étant le point où vient se concentrer toute l'action de la pesanteur, il en résulte que *toutes les fois que le corps est suspendu par son centre de gravité ou appuyé sur son centre de gravité, l'action de la pesanteur est détruite* et, par suite, le corps demeure en équilibre, c'est-à-dire qu'il reste sans mouvement comme s'il n'était sollicité par aucune force.

Voici un corps pesant suspendu par un fil. Si l'on prolonge idéalement la ligne droite représentée par le fil, cette droite passera par le centre de gravité du corps et se dirigera vers le centre de la terre. Cette ligne droite que le corps suivrait en tombant, on l'appelle la *verticale.* Toutes les forces particulières qui sollicitent toutes les molécules de ce corps vers le centre terrestre sont remplacées par une force unique, c'est-à-dire par le poids du corps, mais l'action de cette force unique est détruite par la force de résistance du fil.

D'un côté, la résultante des attractions partielles de toutes les molécules terrestres agit sur le centre de gravité du corps suspendu pour le faire tomber ; d'un autre côté, la résistance du fil agit également sur le centre de gravité de ce corps pour l'empêcher de tomber ; ces deux forces, directement opposées, se neutralisent et le corps reste en équilibre. *L'équilibre* est donc l'état d'un corps sollicité par plusieurs forces qui se détruisent.

Un corps n'est en équilibre qu'à la condition que son centre de gravité se trouve situé sur la verticale passant par son point de suspension ou par son point d'appui, afin que la résistance de ce point d'appui ou de suspension puisse détruire l'action de la résultante des forces qui tendent à faire tomber ce corps.

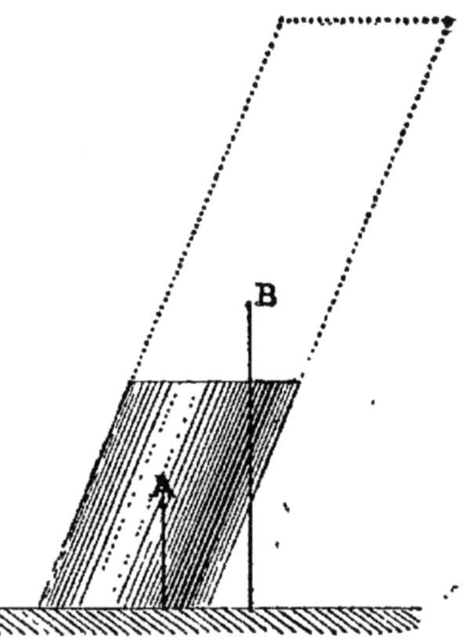

Le cylindre oblique ci contre, par exemple, sera en équilibre s'il n'a qu'une longueur telle que la verticale passant par son centre de gravité A tombe dans la base d'appui ; mais il perdra l'équilibre si sa longueur est telle que la verticale qui passe par son centre de gravité B tombe en dehors du contour de la base d'appui.

Les tours penchées de Bologne et de Pise se maintiennent depuis des siècles dans une position oblique, sans tomber, parce que la ligne verticale qui part de leur centre de gravité passe toujours dans l'intérieur et non hors de la base de ces monuments.

Les corps qui possèdent la stabilité la plus grande sont ceux qui ont la base ou le point de sustentation le plus large, de sorte qu'il faudrait une action considérable pour amener le centre de gravité hors de cette base. Plus la charge d'une voiture est haut placée, plus le centre de gravité est lui-même élevé et, conséquemment, plus la voiture est exposée à verser ; il suffit de l'exhaussement de l'une des roues, par suite de l'inégalité du sol, pour amener la verticale abaissée du centre de gravité en dehors de la base d'appui comprise entre les roues et faire chavirer la voiture. C'est pour obvier à ce danger que généralement, on charge les bagages sous la caisse de la diligence, ne laissant sur l'impériale que les corps légers.

Pour déterminer le centre de gravité d'un corps, on le suspend avec une corde dans deux positions différentes ; le point où la corde dans la première position coupe la corde dans la deuxième position est le centre de gravité. Le centre de gravité se trouvant 1° sur la ligne A D, 2° sur la ligne B C, est donc situé juste au point d'intersection des deux lignes et il suffirait de donner un point d'appui à ce centre de gravité pour que le corps restât en équilibre. On peut donc encore appeler « centre de gravité » le point sur lequel un corps se tient en équilibre dans toutes les positions.

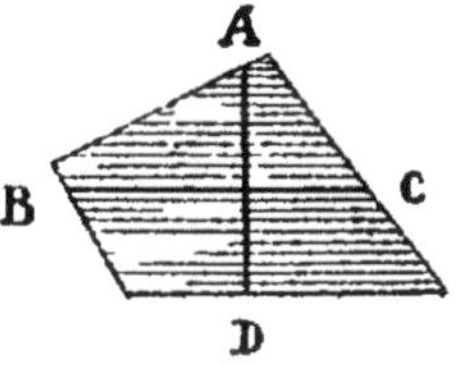

On distingue trois sortes d'équilibre ; l'équilibre stable, l'équilibre instable et l'équilibre indifférent.

Dans l'équilibre stable, le centre de gravité est plus bas que dans toutes les autres positions et le corps revient spontanément à sa position d'équilibre quand il en a été écarté ; c'est le cas d'une bouée ballottée par les flots ou d'un pendule.

Dans l'équilibre instable, au contraire, le centre de gravité est plus élevé que dans toutes les autres positions et le corps prend une position nouvelle quand on lui fait perdre son équilibre ; c'est le cas d'une canne qu'on tient en équilibre sur le bout du doigt.

Enfin, dans l'équilibre indifférent, la hauteur du centre de gravité reste toujours la même ; c'est le cas d'un cylindre roulant sur un plan horizontal.

III. — Toutes les molécules qui constituent l'être vivant sont sollicitées, comme celles de tout autre corps, par toutes les molécules qui constituent le globe terrestre et c'est précisément la résistance de ces groupes de molécules vivantes aux innombrables sollicitations des particules terrestres qui fait leur raison d'être, leur arrangement et leur organisation.

Toutes les molécules qui entrent dans la composition d'un être vivant tendent à équilibier les attractions de toutes les molécules qui composent la Terre et le degré de résistance de ces agglomérations de cellules vivantes à toute la masse des molécules du globe fait leur degré d'organisation, leur mode de groupement et de distribution.

Dans ce soulèvement général de toutes les molécules animées de forces répulsives contre toutes les molécules terrestres animées de forces attractives, les premières se placent dans l'ordre de la plus grande résistance, c'est-à-dire qu'elles se disposent de façon à soustraire leur centre de gravité commun à l'action des forces attractives coalisées.

Le centre de gravité étant le point du corps où semble être concentrée toute la masse de l'être vivant, soustraire le centre de gravité à l'action de la résultante de toutes les forces attractives terrestres, c'est y soustraire toute la masse.

L'action de la pesanteur venant se concentrer toute entière sur le centre de gravité du corps, détruire l'action de la force attractive sur ce point, c'est l'unique fin de toute l'organisation des êtres et le seul but de tous leurs efforts. Se rendre progressivement maîtres de leur centre de gravité dans toutes les positions où leur corps se trouve, c'est équilibrer progressivement la résultante des forces attractives terrestres. Disposer de plus en plus de leur centre de gravité pour l'opposer à tout instant à l'action de la pesanteur qui agit incessamment sur ce point du corps pour menacer son équilibre, c'est se rendre de plus en plus indépendant de cette force de pesanteur.

Tous les phénomènes de la vie sont des phénomènes d'équilibre. Tout ce qui réagit contre la pesanteur tend sans cesse vers un degré d'équilibre toujours plus élevé; de la plante à l'animal, de l'animal à l'homme, ce sont de nouveaux équilibres qui s'établissent. Les différents modes de groupement des molécules vivantes résultent des différents modes d'équilibre. Dans la multiplicité des formes, c'est pour ainsi dire toujours le même corps réagissant mais s'élevant à de nouveaux équilibres, et passant à des oppositions plus grandes.

Dans l'équilibre de ces édifices moléculaires laborieusement élevés, toutes les molécules se trouvent orientées dans le sens de la plus grande résistance à la force d'attraction de toutes les molécules du globe; chaque être constitue un système moléculaire en conflit perpétuel avec la masse des molécules terrestres. L'action attractive de la masse terrestre tend à détruire l'équilibre fragile de ces colonies moléculaires et chacune des molécules de ces colonies occupe la position la plus favorable pour contrebalancer les forces antagonistes; chaque molécule est placée dans les conditions les plus propres pour triompher de l'action terrestre et toutes ces résistances partielles des molécules font la résistance totale du corps réagissant; chaque place occupée par chaque molécule est une position conquise sur la pesanteur et de toutes ces positions enlevées sur les forces attractives résulte la forme générale de l'être réagissant.

C'est donc des nécessités de la lutte contre la pesanteur que procède l'arrangement moléculaire; c'est donc dans le sens le plus favorable à la résistance contre les forces antagonistes que les molécules constitutives de l'être vivant se groupent dans tel ou tel ordre; c'est donc le degré d'équilibre et la manière dont les molécules se maintiennent contre les forces attractives qui doivent nous expliquer la distribution et la disposition des diverses pièces de l'être réagissant.

Quelle distance énorme entre un être de la réaction la plus inférieure comme le Protococcus, composé d'une seule cellule, et un être de la réaction la plus élevée comme l'homme, composé de cellules innombrables se soutenant les unes les autres dans une solidarité constante, savamment ordonnées comme une armée disposée en ordre de combat, puissamment fortifiées dans leurs postes respectifs comme les habitants d'une place assiégée par des assaillants innombrables. Tout comme dans un corps d'armée rangé en bataille, les positions les plus élevées sont occupées par les veilleurs, par les sentinelles qui dominent le corps de cet observatoire élevé. Là aussi siège l'état-major qui dirige les mouvements d'ensemble et maintient l'unité d'action; de là émanent les ordres qui font manœuvrer les groupes de molécules les plus éloignés; là arrivent et de là partent continuellement les éclaireurs qui s'échelonnent sur toute la périphérie, les estafettes qui parcourent le corps en tous sens. Sur les flancs se déploient les ailes ou corps d'action, les colonnes mobiles qui, dans l'offensive et la défensive, s'avancent ou se replient avec une grande facilité et une extrême rapidité. Enfin, au centre, se trouve le noyau de résistance, le gros de l'armée chargé de l'approvisionnement des parties éloignées et du ravitaillement des forces.

Au début de la réaction, la matière terrestre animée par les forces répulsives, poussée par une force antagoniste de la pesanteur, sort de la masse des molécules livrées aux forces attractives, tend à s'éloigner du centre terrestre, s'élève en droite ligne dans l'espace et s'y maintient en équilibre. Le végétal, ancré dans le sol, se place dans le sens de la verticale, c'est-à-dire dans la direction suivant laquelle agit la pesanteur. La pesanteur étant une force qui précipite vers le centre de la terre tout corps qui n'est pas soutenu, cette force se trouve annulée dans l'arbre, parce que son centre de gravité est situé sur la verticale qui passe au milieu de la base servant d'appui et qu'il faudrait une action considérable, un grand vent par exemple ou la poussée des eaux, pour amener le centre de gravité hors de cette base et faire perdre au végétal son équilibre.

Il paraît évident que le corps réagissant ne pourrait se tenir en équilibre dans le sens de la verticale s'il n'était soutenu, s'il ne s'arc-boutait dans le sol au moyen de ses racines, et c'est en effet ce qui se produit lorsqu'il rompt toutes ses attaches avec le sol pour passer de la réaction statique à la réaction dynamique, lorsqu'il sort de son immobilité pour devenir mobile.

Lorsque les liens qui retenaient le corps réagissant au sol sont rompus, lorsqu'il cesse d'être soutenu et se trouve livré à ses propres forces, un nouvel équilibre s'établit ; le corps réagissant, privé de support tombe pour ainsi dire et se couche, c'est-à-dire qu'il abandonne la position verticale de la réaction statique pour la position horizontale de la réaction dynamique. Ainsi, un bâton posé verticalement sur un doigt pourra se tenir en équilibre s'il est soutenu dans cette position par le concours du bras, de la main et des doigts qui ramèneront sans cesse le centre de gravité du bâton dans la verticale qui passe par la base de sustentation ; mais si le bâton est abandonné à lui-même, il ne pourra se maintenir en équilibre que dans une position horizontale, soutenu par le milieu, sur le doigt, et non plus sur un bout.

Le corps réagissant, en perdant tout soutien, ne peut se maintenir contre la pesanteur dans la position verticale et doit prendre forcément la position couchée ou horizontale; il passe de la position en hauteur à la position en longueur, tel le poisson dans l'eau qui exécute, autour de son centre de gravité, des mouvements de bascule comme la canne en équilibre sur un doigt.

L'animal, forcé de se soutenir par ses propres forces, est astreint à trouver en lui-même son équilibre; cet équilibre étant mobile et des plus instables est sans cesse menacé et exige des efforts continuels pour être conservé; l'animal est perpétuellement aux prises avec la pesanteur pour rétablir son équilibre compromis par ses déplacements successifs et ses changements d'attitude. Dans les êtres de la réaction la plus élevée, la position du centre de gravité change à chaque mouvement et toute la science des êtres et tous leurs efforts consistent à ramener sans cesse leur centre de gravité sur la verticale qui passe par leur point d'appui.

Le corps réagissant tend constamment vers la possession exclusive de sa masse; tous ses efforts tendent à s'en rendre complètement maître en travaillant sans cesse à soustraire à l'action de la pesanteur son centre de gravité, où vient se concentrer toute cette action, pour atteindre à un équilibre de plus en plus grand; or la verticale étant la direction suivant laquelle agit la résultante des forces attractives, il en résulte que le corps réagissant doit tendre nécessairement vers la verticale pour arriver à équilibrer complètement l'action de ces forces attractives; en d'autres termes le corps réagissant de la réaction dynamique ne pourra se rendre entièrement maître de son centre de gravité et achever de dominer les forces attractives qu'en revenant, par une tension progressive, à la position verticale des corps réagissants de la réaction statique.

C'est en effet l'évolution que nous pouvons observer dans toute l'échelle animale; à mesure que la réaction s'élève on voit les êtres s'éloigner peu à peu de la ligne horizontale pour tendre vers l'attitude verticale qui est celle de l'homme. De la position horizontale ou couchée, le corps reagissant se relève peu à peu, en passant par toute l'echelle animale et se redresse entièrement dans l'homme.

Dans l'être le plus élevé dans la réaction, de même que dans l'être le moins reagissant, le corps est placé dans le sens de la verticale, mais l'homme est mobile, indépendant de la masse terrestre et se soutient par lui-même, tandis que la plante est immobile et fait corps avec la masse par laquelle elle est soutenue.

VÉGÉTAUX.

Palmier. Cèdre.

ZOOPHYTES.

Étoile de mer.

Méduse.

INSECTES.

Meloé.

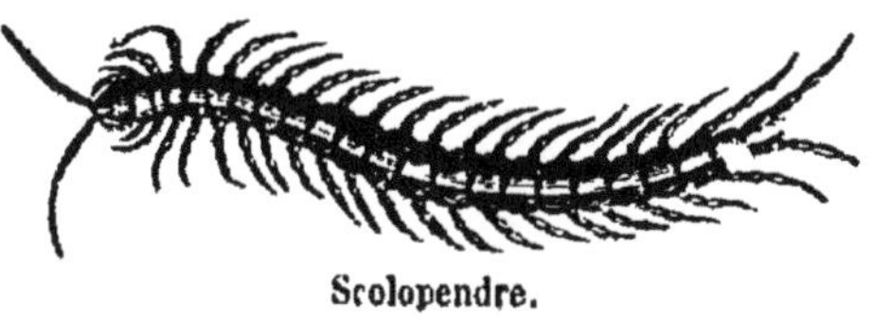

Scolopendre.

POISSONS.

Hareng.

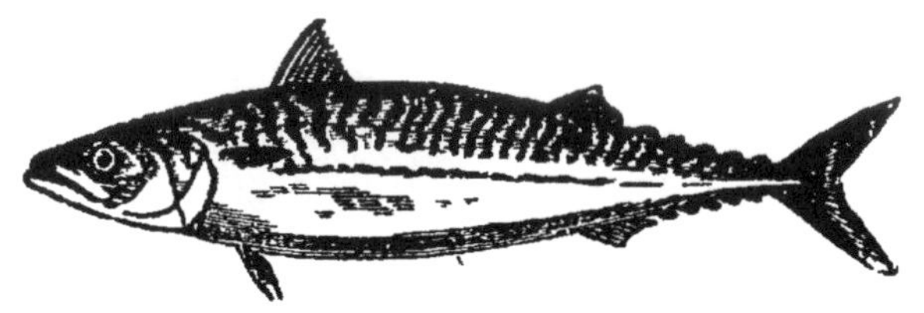

Maquereau.

REPTILES.

Crocodile.

OISEAUX.

Grand-Duc.

Geai.

QUADRUPÈDES.

Cheval.

QUADRUMANES.

Orang-Outang.

BIMANES.

Homme.

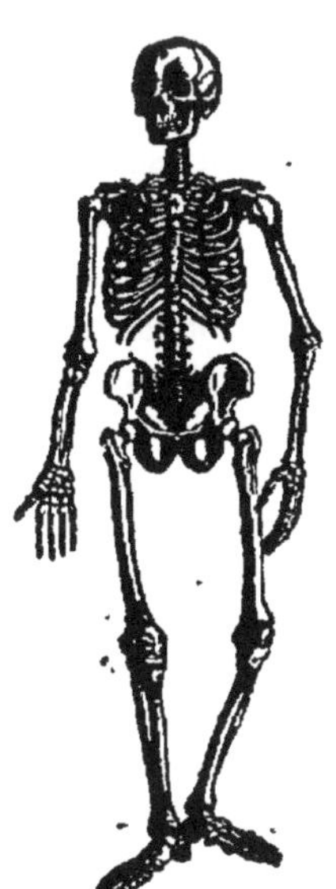

Homme.

L'attitude verticale de l'homme est le point d'arrivée du corps réagissant; celle de la plante en est le point de départ. Le plan sur lequel l'homme est bâti est le plan de la plus grande résistance; le plan sur lequel le végétal est bâti est le plan de la moindre résistance. La plante représente la première étape de la réaction; l'homme, la dernière accomplie, et entre ces deux étapes éloignées se déroulent les nombreuses étapes représentées par tous les invertébrés et les vertébrés.

Le problème de faire marcher un arbre, c'est le problème de doter l'arbre de tous les leviers, de tous les rouages, de toute la machinerie qui meut l'homme et le maintient dans un prodigieux équilibre; c'est le problème de douer l'être réagissant de la réaction statique de toutes les forces et de tous les moyens de résistance dont dispose l'être le plus élevé de la réaction dynamique. La plante et l'homme ne sont en réalité que le même corps réagissant mais aux deux points extrêmes de la réaction. L'homme est un arbre qui marche par la puissance des nombreux ressorts qu'il s'est acquis dans la longue chaîne des êtres. Le corps réagissant après avoir quitté la ligne droite pour la ligne la plus inclinée, par suite de sa séparation d'avec la masse terrestre, est revenu lentement à la ligne verticale à travers une immense série d'équilibres progressifs.

Le corps réagissant part de la plante et arrive à l'homme par un double mouvement, un mouvement de repliement du dehors en dedans et un mouvement de révolution de bas en haut. L'homme est un arbre marchant, mais l'arbre, pour arriver à cette haute locomotion, a dû se renverser et se retourner complètement. En même temps que les surfaces extérieures se faisaient intérieures, le corps réagissant accomplissait un tour complet sur lui-même dans la longue chaîne de l'animalité. L'homme absorbe par le haut; l'arbre, par le bas. Les organes d'absorption et de respiration de l'homme sont intérieurs; les mêmes organes dans la plante, les racines et les feuilles, sont extérieurs. Le stimulus chez l'homme est en dedans; chez la plante il est en dehors.

Dans cette lente et longue évolution de l'être réagissant, nous voyons les orifices et les bouches d'absorption monter des points les plus bas du corps au point culminant; nous voyons les organes extérieurs se replier intérieurement. Par un immense circuit, l'être réagissant est revenu à sa position primitive, mais complètement retourné et renversé; complètement dégagé et indépendant.

Là où commence la réaction de la matière et là où elle s'achève, c'est la ligne verticale. La plante c'est le corps réagissant dans son équilibre le plus stable; l'homme c'est l'être réagissant dans son équilibre le plus instable. La plante est un simple problème de statique; l'homme est un prodigieux problème d'équilibre statique et dynamique.

Toute la série zoologique nous montre cette évolution ascendante de la matière réagissante; toute l'échelle des êtres représente ce cycle de transformations continues par lesquelles le corps réagissant est ramené à son état initial, à son équilibre primitif, avec cette différence qu'il n'est plus soutenu, mais se soutient de lui-même; qu'il n'est plus fixé au sol, mais se meut sur un bout.

Les zoophytes sont de forme rameuse ou rayonnée comme les plantes; les mollusques, articulés, poissons sont de forme complètement horizontale; la forme des reptiles s'écarte légèrement de la ligne horizontale; la forme des oiseaux, des quadrupèdes s'éloigne davantage encore de la ligne horizontale et se rapproche de la verticale; la forme des primates ou quadrumanes atteint presque à la ligne verticale et, enfin, l'homme est le seul être qui y parvienne et puisse s'y maintenir.

Plus le corps réagissant équilibre la force de pesanteur, plus l'organisation se développe. Les êtres occupant le degré le plus bas de la réaction n'ont pas de cavité intérieure; ils absorbent et respirent, comme les plantes, par toute la surface de leur corps; mais, à mesure que le corps réagissant s'élève dans la réaction, une cavité se forme et finit par traverser le corps de part en part et, autour de ce tube qui perce le corps dans toute sa longueur, s'échelonnent successivement de nombreux organes d'absorption et d'excrétion; peu à peu, sur tout le parcours de ce conduit, apparaissent les rudiments du cœur, du foie, des poumons, des vaisseaux et des ganglions nerveux.

Cette unité de plan qui apparaît distinctement dans la classe des invertébrés, est plus remarquable encore dans la classe plus haute des vertébrés. Les différentes formes des vertébrés ne sont que des modifications apportées au plan fondamental de la résistance; la nageoire du poisson, l'aile de l'oiseau, le membre antérieur du quadrupède et le bras de l'homme sont homologues, c'est-à-dire qu'ils contiennent les mêmes parties essentielles modifiées selon le degré de la réaction.

A mesure que le corps réagissant tend vers la verticale, la moelle nerveuse tend de même à s'accumuler vers la région supérieure de l'organisme. Dans les êtres parfaitement horizontaux, la répartition de la substance nerveuse est à peu près égale de la tête à la queue. Chez ces animaux le crâne se compose des mêmes éléments que la colonne spinale ; les os qui enveloppent la cavité du cerveau ne sont qu'une continuation des vertèbres. Mais plus le corps réagissant se redresse, plus l'élément nerveux prédomine vers la région antérieure et élevée du corps. La cavité du cerveau est bien plus développée chez les oiseaux que chez les reptiles et les poissons ; les os de leur crâne sont moins nombreux et plus unis. La masse encéphalique atteint encore un plus grand développement dans les quadrupèdes ; l'accroissement des hémisphères, leurs circonvolutions nombreuses et compliquées dénotent l'activité et la complexité des mouvements. Enfin, quand le corps s'est redressé dans une attitude parfaitement droite, comme chez l'homme, le cerveau devient centre absolu.

Une résistance toujours plus grande exige une respiration ou combustion toujours plus active. Dans la réaction inférieure, où la respiration est peu remarquable, les animaux sont à sang froid ; dans la réaction supérieure où s'opère une oxydation intérieure puissante, les animaux sont à sang chaud. La température des insectes, des mollusques ne s'élève pas de 1° au-dessus de celle de l'atmosphère et le froid les tue ; celle des poissons est 0.60 à 1°85 supérieure à celle de l'eau dans laquelle ils vivent ; celle des reptiles varie entre 0.04 et 5° 67 et le froid les engourdit, du moins ceux qui vivent dans l'air, car les variations de température sont loin d'être aussi brusques et aussi grandes dans l'eau ; la température moyenne des mammifères est de 39°, et celle des oiseaux de 42°. Il est à remarquer que les animaux de petite taille et qui par suite se refroidissent plus vite, consomment plus d'oxygène, à poids égal, que les animaux de grande taille, à cause de l'étendue plus grande de la surface développée des poumons ; les jeunes mammifères consomment deux fois plus d'oxygène que les mammifères adultes.

L'homme offre une résistance remarquable aux froids les plus rigoureux. Dans les régions polaires, où s'aventurent de hardis navigateurs, la température s'abaisse parfois de 60° au-dessous de zéro, or celle de l'homme est de 37° au-dessus de zéro, ce qui accuse un écart énorme de près de 100° avec la température ambiante.

IV. — Tableau synoptique.

Invertébrés	Zoophytes ou rayonnés Mollusques Articulés	*Vertébrés*	Poissons Amphibies Reptiles Oiseaux Mammifères

Les protozoaires sont des êtres du 1er embranchement, dit des Zoophytes ou rayonnés. Ce sont des animaux microscopiques, formés d'une seule cellule; ils sont composés d'une substance homogène, de consistance gélatineuse, appelée *protoplasme*. Petits blocs de protoplasme sans aucune combinaison dans leurs parties, ils ne présentent, en général, qu'une masse informe, contractile, dépourvue de nerfs et de fibres. Ils n'ont ni bouche, ni tube digestif, ni anus; toutes les fonctions se font dans un seul et même organe. C'est le même tissu qui remplit les fonctions d'assimilation, de sécrétion, de respiration et de reproduction. La paroi du corps leur suffit pour se nourrir et pour excréter; l'oxygène est absorbé par la surface générale du corps et ils se nourrissent par absorption directe, c'est-à-dire par endosmose. Ils possèdent un certain degré de contractilité qui leur sert à se mouvoir.

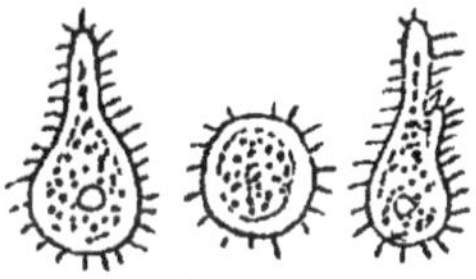

Colpodes

Dans cette sorte de gelée vivante, sans aucune structure anatomique, la réaction contre l'influence du milieu est presque nulle. Privés de sens, d'organes, de puissance motrice, ils vont au hasard sous l'impulsion des diverses actions du milieu; tantôt se heurtant à une substance nutritive qu'ils absorbent, tantôt à un corps vivant par lequel ils sont absorbés. Dépourvus de muscles, de système nerveux, ces animalcules n'ont aucune suite dans les mouvements; ils vont où leur élément les porte.

Une goutte d'eau
(*Vue au microscope*)

Les mollusques, qui forment le 2me embranchement, sont des animaux mous dont un grand nombre s'enveloppent d'une coquille pierreuse. Les structures et les fonctions apparaissent; les parties internes du corps se différencient; il se forme des organes des sens rudimentaires, des organes de sécrétion très simples et des organes de reproduction.

Par le développement des structures et le pouvoir de combiner les mouvements, l'animal se rend peu à peu indépendant des forces extérieures. Dès que les parties se différencient et se combinent en vue d'une action commune, apparaît le système nerveux destiné à relier ces différentes parties entre elles et à assurer leur coopération ; le système nerveux rassemble les efforts épars et divergents et les coordonne. Avec le système nerveux apparaissent les organes des sens.

Les mollusques ont un cœur et des vaisseaux, et un ou plusieurs ganglions nerveux, au-dessous de l'entrée du tube digestif, d'où rayonnent les cordons qui perçoivent les sensations, qui commandent les contractions du pied et qui règlent les fonctions végétatives. La respiration se fait par des branchies.

La moule est un mollusque acéphale, c'est-à-dire sans tête, et hermaphrodite. Elle n'a ni organes visuels, ni organes auditifs, ni membres. Par le bord frangé du manteau, vers l'angle arrondi de la coquille, entre l'eau nécessaire à la respiration ; l'anus aboutit au bord opposé. La moule s'attache aux rochers au moyen d'un fil appelé *byssus*. Elle allonge une espèce de langue très élastique qu'elle retire et promène comme une trompe ; cette langue est formée d'un canal flexible, divisé en deux lèvres charnues, sécrétant une humeur visqueuse qui présente la propriété de se coaguler au contact de l'eau. Pour changer de place, ce bivalve avance sa filière aussi loin qu'il le peut ; il attache un fil à cet endroit et, tirant dessus en contractant sa langue, il fait avancer sa coquille ; il recommence ensuite de la même manière sa marche en avant qui est une véritable reptation modifiée par un point d'attache mobile. La moule possède de puissants muscles qui lui permettent d'ouvrir ses valves pour se nourrir ou de les fermer hermétiquement pour se soustraire à ses ennemis.

A mesure que la division physiologique du travail se poursuit, les fonctions se coordonnent, se centralisent et tendent de plus en plus vers l'unité. Tous les organes accomplissent séparément les actions nécessaires à l'ensemble de la réaction ; ils montrent une variété d'actions qui, en servant à des fins particulières, servent à cette fin générale : l'équilibration des forces environnantes et l'indépendance du milieu. L'être réagit par le concours de ses nombreux organes qui se partagent le travail à faire pour enrayer l'action des forces contraires et surmonter les obstacles rencontrés.

Les articulés, qui forment le 3me embranchement, sont ainsi nommés parce qu'ils se composent d'un certain nombre de segments en forme d'anneaux, situés à la suite les uns des autres. Ces anneaux sont formés par de simples plis transversaux de la peau ou par des parties soudées ensemble et articulées de façon à jouir d'une mobilité plus ou moins grande.

Les parties dures, qui enveloppent un grand nombre d'articulés, constituent une sorte de squelette extérieur qui, comme le squelette intérieur des vertébrés, fournit les points d'attache aux muscles et peut prêter aux mouvements tous les points d'appui nécessaires pour permettre la marche, la course, le saut, la natation et le vol.

Le système nerveux offre une série de répétitions analogues à celles des segments ou anneaux; chaque anneau possède une paire de ganglions nerveux réunis entre eux par deux cordons qui embrassent l'œsophage et continuent sur toute la longueur du ventre; de ces doubles ganglions partent les nerfs du corps et des membres, de sorte que chacun de ces ganglions semble faire l'office de cerveau pour les parties environnantes et il suffit pendant un certain temps à la sensibilité lorsque l'insecte a été divisé.

Sangsue (ver).

La respiration est aérienne ou aquatique, c'est-à-dire qu'elle a lieu, soit par des poumons ou trachées, soit par des branchies. Le système circulatoire est encore peu développé. L'appareil digestif est constitué par un tube qui traverse le corps en entier et dont les deux extrémités constituent une bouche et un anus.

Les vers, qui forment la classe inférieure des articulés, possèdent un système nerveux ; le système digestif peut encore faire défaut. Ils n'ont ni organes respiratoires, ni vaisseaux sanguins. Ils possèdent, comme organe visuel, des taches oculaires avec ou sans corps réfractant la lumière. Les vésicules auditives leur manquent généralement. Les organes mâle et femelle sont réunis sur le même individu. L'unité des actes et des fonctions s'établit, mais ces articulés ne forment pas encore un tout complet dont toutes les parties s'enchaînent et s'appellent mutuellement.

Dans la classe des vers, prenons comme exemple la sangsue. Cet annelé a un cerveau, un système circulatoire, mais il n'a point d'organes de respiration ; la respiration s'opère par la peau. Son corps se compose de 18 à 140 anneaux avec de une à cinq paires d'yeux. Ces yeux qui se trouvent sur les anneaux 1, 2, 3, 5 et 8 sont des taches pigmentaires munies de corps réfractant la lumière et auxquelles aboutissent des rameaux nerveux. La sangsue réunit les deux sexes. Elle s'avance soit en fixant tour à tour chaque ventouse et en étendant et raccourcissant successivement le corps, soit en nageant par des mouvements vermiformes.

Cet animal ne forme pas encore un système unique dont toutes les parties se correspondent et s'enchaînent étroitement en vue d'une action commune ; c'est pour ainsi dire un animal composé d'un certain nombre d'animaux ; c'est une association de plusieurs individus réunis en un seul. Chacun des segments possède un petit système nerveux, un système digestif, des appareils pour la respiration, pour la circulation, pour la reproduction. Chacun des segments peut être considéré comme un tout complet, comme un animal particulier. Tout le monde sait qu'en coupant un ver de terre on en fait deux individus séparés, deux nouveaux vers qui, parfois, avancent dans deux directions différentes.

Dans la classe supérieure des articulés, celle des insectes, prenons comme exemple l'araignée. Cet arthropode a un appareil locomoteur remarquablement développé, dont la force des mouvements et les efforts plus prolongés nécessitent un ensemble plus ferme. L'activité des organes et la complexité des actes dénotent une organisation relativement élevée. Les mouvements de ces insectes ne sont plus, comme dans les réactions inférieures, vagues, incohérents, sans suite, sans but ; ils sont mieux adaptés à l'effort exigé ; ils se suivent dans un ordre assuré et acquièrent une précision et une unité très grandes ; leurs actes s'accordent de point en point avec les circonstances ; leurs mouvements répondent avec justesse aux résistances à vaincre ; leur action enveloppe un nombre considérable de mouvements dépendants et choisis ; ils combinent et proportionnent leurs mouvements en vue d'un but à atteindre. Ils sécrètent une

Araignée.

humeur visqueuse qui a la propriété de se coaguler à l'air et qui leur sert, soit pour se hisser, soit pour descendre, soit pour tisser des toiles artistement travaillées, soit pour se construire une habitation. Pour capturer leur proie, ils choisissent l'endroit favorable, y tendent leurs toiles et se mettent à l'affût; ils fondent sur les insectes pris au piège, les garottent en les contournant de fils ou les tuent par le venin que sécrètent leurs mandibules ou leurs crochets. La femelle renferme ses œufs dans une toile spéciale.

V. — Les êtres des trois premiers embranchements du règne animal, les rayonnés, les mollusques et les articulés portent le nom général d'*invertébrés*, parce que chez eux il n'existe aucune trace de squelette intérieur. Ces petites masses réagissantes, qui offrent si peu de prise à la pesanteur, n'exigent pas un ensemble très résistant, ni de puissants moyens d'action. Les insectes, les seuls qui présentent un semblant de squelette, ne sont pas beaucoup plus lourds que l'air où ils vivent; le poids d'un cousin est à peine de 1/100e de milligramme. C'est assez dire qu'ils peuvent aisément enlever leur masse et lui faire accomplir rapidement de grands trajets sans posséder les puissants leviers dont disposent les corps réagissants supérieurs pour soulever leur pesante masse et la transporter.

Les êtres du quatrième et dernier embranchement, les poissons, les amphibies, les reptiles, les oiseaux et les mammifères, portent le nom général de *vertébrés*, parce qu'ils possèdent un ensemble de parties très dures, les os, qui forment le squelette intérieur.

Le squelette est un système de leviers d'autant plus compliqué que la réaction contre la pesanteur est plus grande. Ces leviers prennent leur point d'appui sur le sol ou sur l'eau ou sur l'air pour soulever le poids du corps et le déplacer.

En mécanique, on définit le levier *une barre de forme quelconque propre à soulever un poids ou à faire équilibre à une résistance*. La plupart des machines simples, ainsi que les machines les plus compliquées ne sont que des leviers ou des systèmes de leviers et la machine animale, elle-même, n'est qu'un composé de leviers.

Le levier est toujours soumis à l'action de deux forces qui tendent à le faire tourner en sens contraires. La force qui agit sur le levier pour le mouvoir est la *puissance*; l'autre est la *résistance*; le point fixe autour duquel le levier est sollicité à se mouvoir constitue le *point d'appui.*

On distingue trois genres de leviers suivant la position relative de la puissance et de la résistance par rapport au point d'appui.

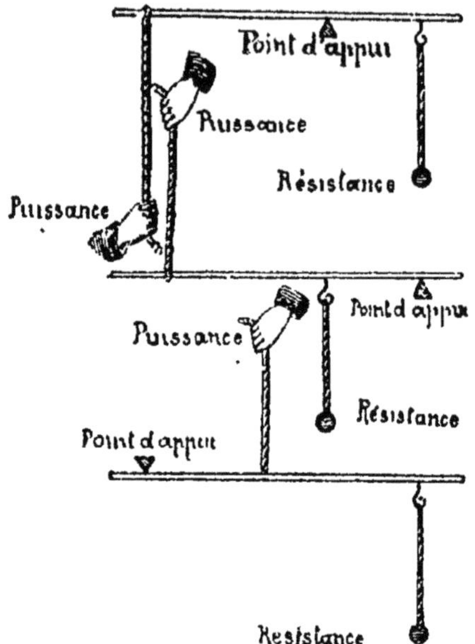

Le levier du premier genre est celui dans lequel le point d'appui est placé entre la puissance et la résistance.

Dans le levier du deuxième genre, la résistance est entre le point d'appui et la puissance.

Dans le levier du troisième genre, au contraire, c'est la puissance qui est entre le point d'appui et la résistance.

Parmi les machines simples, la balance et les ciseaux constituent des leviers du premier genre ; la brouette, un levier du deuxième genre et les pincettes à feu, un levier du troisième genre.

Le mécanisme des animaux nous présente des applications de tous les genres de leviers, mais surtout de ceux du troisième genre. Chacun des os ou leviers du corps humain concourt à produire un mouvement partiel du corps, et l'ensemble des leviers produit un mouvement total de la masse. La tête en équilibre sur la colonne vertébrale représente un levier du premier genre ; la mâchoire inférieure, un levier du deuxième genre et l'avant-bras, un levier du troisième genre, dont la puissance est le biceps aidé du brachial antérieur, dont le point d'appui est l'omoplate et dont la résistance est le poids du bras.

L'être tout entier ne forme lui-même qu'un seul levier dont le point d'appui est l'eau, l'air ou le sol, dont la résistance est le poids du corps et dont la puissance sont les muscles.

Le corps réagissant ne peut soulever, ni déplacer sa masse sans un point d'appui sur lequel il puisse faire levier. Ce point d'appui c'est l'eau pour le poisson, l'air pour l'oiseau et le sol pour l'animal de la terre ferme.

Otez le poisson de l'eau, il perd toute sa force de résistance, toute sa puissance d'agir ; ôtez l'air aux oiseaux, leurs ailes n'ayant plus de prise, s'agiteront en vain pour les enlever ; ôtez le sol à l'homme, il reste frappé d'impuissance et réduit à l'état de corps inerte.

Dans l'eau, le poisson se joue avec aisance; il y évolue avec autant de rapidité que de facilité. Hors de l'eau, il est paralysé, inerte, incapable de mouvoir sa masse.

L'homme, sur la terre ferme, a un immense empire sur son corps. Il le possède, le manie avec sûreté et rapidité, le tourne et le retourne, l'abaisse et le relève, le transporte où il veut, quand il veut et comme il veut; maître de sa masse, grâce au point d'appui, il la penche en avant, la replie en arrière, la rejette sur les côtés. Mais ôtez-lui le sol; sa masse sera soumise comme tous les corps inertes aux lois de la pesanteur. Si, par un moyen quelconque, son corps était rendu plus léger que l'air environnant, il quitterait le sol pour s'élever dans les couches supérieures de l'atmosphère; il n'aurait plus aucun pouvoir sur sa masse qui lui échapperait comme une simple bulle de savon et deviendrait le jouet des forces atmosphériques; sa masse retournerait à l'inertie primitive et retomberait tout entière sous la dépendance des forces physiques. L'oiseau domine ces forces atmosphériques et se possède parce qu'il fait levier sur l'air, comme l'homme sur le sol.

Mais aussitôt que l'homme touche de nouveau le sol, sa liberté reparaît; il se soustrait aux lois fatales de la matière; il rentre en possession de sa masse; il redevient puissant et fort.

Le point d'appui est donc la partie fondamentale de nous-mêmes sans lequel nous ne nous appartiendrions pas, pas plus que la pierre qui tombe ou l'eau qui coule ne s'appartiennent. Si l'être réagissant n'avait plus ce point d'appui pour surmonter la résistance de sa masse, tous les os qui sont les leviers, tous les muscles qui sont la puissance, toutes les fonctions, tous les organes, toutes les facultés qui mettent ces os et ces muscles en action lui deviendraient inutiles. C'est ce qui explique l'affolement inexprimable qui s'empare de tous les êtres, sans en excepter l'homme, lorsque dans les tremblements de terre, ce point d'appui leur échappe.

A quoi serviraient les chaudières, les hélices, les voiles, les appareils de précision au navire échoué sur le rivage?

L'océan peut se concevoir sans navire, mais le navire ne peut se concevoir sans l'océan. La Terre peut se concevoir sans l'homme, mais l'homme ne peut se concevoir sans la Terre.

Le squelette est la pièce principale des corps de la réaction la plus élevée; c'est la pièce de résistance et tout ce qui est en dehors du squelette ne sert qu'à l'actionner et à le gouverner. Faire jouer les os c'est toute la fonction des muscles, du sang, des nerfs. C'est sur le mécanisme des os que roule tout notre être : des muscles pour enlacer, soulever et manœuvrer ces leviers par leurs contractions; des cordons nerveux pour exciter les muscles à la contraction; des canaux où coule la chair liquide pour restaurer ces nerfs, ces muscles, ces os qui s'usent et se consument ; un laboratoire ou estomac pour élaborer ces éléments de restauration; un foyer intérieur ou appareil respiratoire pour produire l'énergie motrice; un organe central pour ramener les divers mouvements à l'unité; des organes des sens pour diriger ces mouvements et pourvoir à l'alimentation.

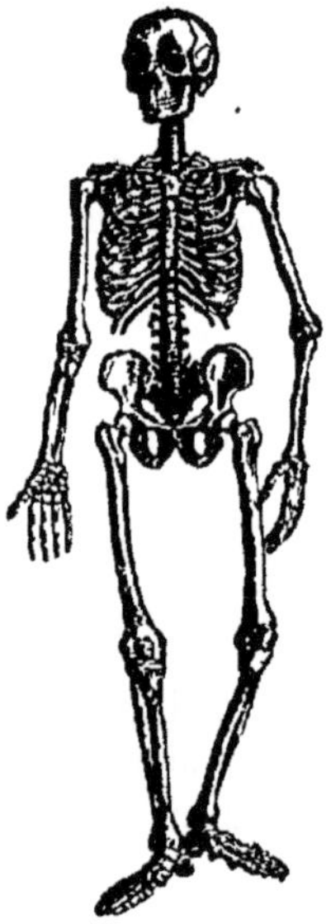

C'est l'agencement des os qui détermine la forme du corps et c'est le degré de résistance à la pesanteur qui détermine l'agencement des os. Les os s'étagent, se superposent dans la plus haute des réactions et ces os étagés, superposés et ces leviers empilés les uns au-dessus des autres donnent à l'homme la stature droite.

Les facultés animales croissent en raison de la complication du squelette, parce que la complication du squelette croît en raison de la résistance à la pesanteur. Dans les réactions supérieures où une charpente puissante et savamment ordonnée est nécessaire, les facultés sont les plus développées, mais là où ne se rencontre que peu ou point de résistance et où, par conséquent, le squelette fait complètement défaut, sont les êtres inférieurs, les invertébrés.

En même temps que la réaction grandit, la pesanteur se fait de plus en plus écrasante et. pour soutenir cette charge croissante, les leviers se font de plus en plus solides et résistants. Le squelette, qui est extérieur chez les insectes, n'est que la peau durcie; le squelette, qui est intérieur chez les quadrupèdes, est fait d'os solides et durs; chez les poissons qui réagissent dans un milieu dont la grande densité a pour effet d'atténuer considérablement l'action de la pesanteur, c'est-à-dire de rendre légers les corps pesants qui y sont plongés, la contexture est molle et les os, offrant peu de combinaison, sont généralement tendres, flexibles, cartilagineux, par suite de la faible résistance qu'ils ont à opposer à l'action oppressive de la pesanteur.

Les poissons forment la 1re classe de l'embranchement des vertébrés.

De même que la manœuvre des bâtiments de mer, le jeu et l'organisation des poissons reposent sur ce principe d'Archimède: *tout corps solide, plongé dans un fluide quelconque, est poussé de bas en haut avec une force égale au poids du volume de fluide qu'il déplace.*

Or, nous avons vu que pour un corps plongé dans l'eau, il peut se présenter trois cas : 1° il a même densité que ce liquide, c'est-à-dire pèse autant que lui à volume égal; dans ce cas, le poids du liquide déplacé étant égal à celui du corps immergé, la poussée de bas en haut qui tend à soulever ce corps est égale à la force avec laquelle la pesanteur le sollicite à descendre; il y a équilibre entre les deux forces et le corps reste en suspens; 2° il est plus dense et, par suite, pèse davantage; son poids l'emporte sur la poussée de bas en haut et il tombe au fond; 3° il est moins dense et dans ce cas pèse moins; la poussée de bas en haut prédomine et le corps prend un mouvement ascensionnel jusqu'à ce qu'étant en partie sorti du liquide, il ne déplace qu'un poids d'eau égal au sien; le corps immergé revient donc flotter à la surface.

Les poissons sont généralement pourvus d'un sac membraneux rempli d'azote, appelé *vessie natatoire* qui, en se comprimant ou en se dilatant, donne au corps qui le possède une pesanteur spécifique supérieure, inférieure ou égale à celle de l'eau, et le fait descendre, monter ou rester en équilibre.

Cette vessie aérienne est placée au-dessus des intestins, de manière à alléger les parties supérieures, et s'ouvre généralement dans le pharynx. Lorsqu'elle se trouve dilatée, le centre de gravité du corps étant plus bas que le centre de pression, c'est-à-dire au-dessous du point d'application de la résultante de toutes les pressions que le liquide exerce sur ce corps, la condition de stabilité se trouve remplie et le poisson est en équilibre. Pour se mouvoir, il fait levier sur l'élément au moyen de ses nageoires et de sa queue; pour descendre, il comprime sa vessie natatoire et, dans ce cas, le poids restant le même, tandis que le volume devient moindre, il est plus dense que l'eau et il tombe; pour monter, il dilate la vessie natatoire et le volume du corps augmentant, il est moins dense que l'eau et il monte comme du liège.

L'action de la pesanteur sur un corps se réduisant toujours à une force unique, verticale, dirigée de haut en bas et appliquée au centre de gravité, il suffit pour qu'il y ait équilibre, de détruire cette force unique, verticale et dirigée de haut en bas, par une autre force également unique et verticale, mais dirigée de bas en haut. Le gaz remplissant la vessie natatoire des poissons et exerçant une poussée de bas en haut, est cette force opposée qui détruit la force de pesanteur.

Les poissons s'élèvent ou s'enfoncent dans l'eau selon qu'ils remplissent d'azote leur vessie ou la vident, c'est-à-dire selon qu'ils annulent ou permettent l'action de la pesanteur sur leur centre de gravité. Sollicité par des forces contraires, le poisson va librement de l'une à l'autre; tantôt se livrant aux forces attractives pour descendre, tantôt aux forces répulsives pour monter ou avancer. Il est libre, c'est-à-dire qu'il est en son pouvoir d'enrayer les lois qui entraînent fatalement tous les corps vers la terre ou de donner libre cours à ces lois; il est libre d'opter entre deux forces contraires; délivré de tout lien, affranchi de toute entrave, le corps réagissant se possède, c'est-à-dire qu'il n'appartient entièrement ni à l'une ni à l'autre de ces forces antagonistes.

La vessie natatoire détruit l'action de la pesanteur, le jeu de quelques ressorts ou leviers donne le mouvement de progression, et l'oxydation des tissus par la respiration fournit la force motrice au système. On voit, par cet exemple, que la vie est une manifestation supérieure des forces physiques, mécaniques et chimiques. Par un phénomène physique le corps pesant surmonte la force de pesanteur; par un phénomène mécanique il triomphe de la résistance de l'élément où il est plongé; par un phénomène chimique il produit l'énergie nécessaire pour effectuer un travail, pour surmonter des résistances et pour transformer en mouvement de masse le mouvement atomique à l'état latent dans les aliments.

Les poissons sont des vertébrés à circulation double, à sang froid, respirant par des branchies. Par une sorte de déglutition, l'animal fait passer continuellement sur les branchies l'eau chargée d'oxygène et il la rejette ensuite par des ouvertures appelées « ouies ». Le cœur se compose simplement d'une oreillette et d'un ventricule ; la 1re reçoit le sang veineux et le second l'envoie à l'appareil respiratoire. Les poissons n'ont ni cou, ni paupières. La tête, les yeux, la langue restent immobiles. Leur organisation, comparée à celle des vertébrés des classes supérieures, est d'une grande simplicité. Aucun des appareils sensoriels n'offre un grand développement. L'organe de l'audition est des plus rudimentaires; c'est un sac plein d'un fluide dans lequel les filaments nerveux sont distribués sur des particules de matière calcaire ; les vibrations de l'air se communiquent à la peau, puis au fluide et finalement aux nerfs. Le poisson est ovipare. Ses mouvements sont en quelque sorte automatiques. Ses amours sont froides, presque mécaniques.

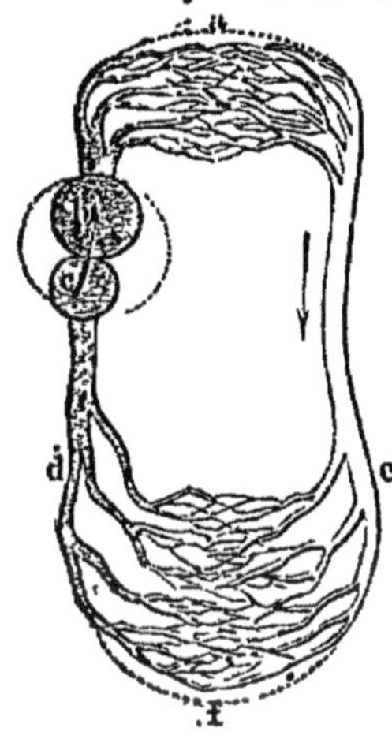

Figure théorique.
a. Circulation branchiale.
b. Ventricule.
c. Oreillette.
d. Veines.
e. Artères.
f. Grande circulation.

VI. — Le monde terrestre est formé de trois couches, superposées dans l'ordre de leurs densités, la couche solide, la couche liquide et la couche gazeuse. La réaction a passé successivement de l'une dans l'autre.

Dans la 1re couche se développent les plus grands de tous les corps réagissants, parce qu'ils y trouvent le maximum de stabilité. Les végétaux atteignent une hauteur qui n'a plus été atteinte dans tout le cours de la réaction.

Dans la 2me couche, les êtres réagissants arrivent à des dimensions également extraordinaires, parce que cette couche liquide soutient encore dans une grande mesure les corps qui s'y trouvent plongés et les rend moins pesants.

Enfin, dans la 3me couche, où la réaction est la plus écrasante, sont les êtres les plus exigus de taille. Dans cette couche raréfiée se développent la résistance la plus grande et l'organisation la plus élevée, mais on n'y observe plus des êtres atteignant 140 mètres de hauteur comme dans la 1re couche ou 35 mètres en longueur et 400,000 kilos en poids comme dans la 2me couche.

La pesanteur dans l'eau et hors de l'eau diffère dans une proportion très sensible, comme nous pouvons le constater, au bain, en plongeant notre bras dans l'eau où il se soulève de lui-même sous la poussée de bas en haut des molécules liquides, tandis que hors de l'eau il ne se soulève qu'avec effort. Il en résulte que de grandes modifications devront s'opérer dans l'organisation du corps réagissant lorsqu'il passera de la couche liquide dans la couche atmosphérique; les moyens de réaction devront nécessairement augmenter avec les résistances à vaincre; la respiration devra être plus active, la consommation d'oxygène plus grande, la circulation plus vive; les forces devront se ramasser, se concentrer davantage, s'unir plus étroitement pour opposer à cette recrudescence d'attraction, un faisceau serré de résistances; les cartilages devront se durcir, s'ossifier pour former des leviers plus solides et plus puissants.

Les amphibies constituent la 2me classe de l'embranchement des vertébrés; ils forment la transition entre la réaction aquatique et la réaction aérienne, entre les poissons et les reptiles; poissons dans leur jeune âge, ils sont reptiles dans l'âge adulte.

Les amphibies (ce qui veut dire *double vie*) marquent une importante étape dans la réaction, car en quittant une couche très dense pour une couche de moindre densité, ils se trouvent aux prises avec des forces attractives plus grandes et, par suite, acquièrent forcément une organisation plus haute et passent à une réaction plus élevée.

Les modifications et les remaniements extrêmes que ces animaux subissent dans leur organisation, en passant de la couche liquide dans la couche aérienne, s'appellent *métamorphoses*.

Ces modifications successives de forme et de structure que les progrès de la réaction amenaient dans la suite des corps réagissants, nous les voyons se produire, à cette phase de la réaction, dans le même individu. C'est le même animal qui, en passant d'un milieu très dense dans un autre milieu moins dense, subit une transformation complète. La grenouille qui réagit dans l'eau et la grenouille qui réagit hors de l'eau sont deux animaux complètement différents. C'est toujours le même animal, mais à différents degrés de la réaction.

Au sortir de l'œuf, les jeunes batraciens ne ressemblent en rien à leurs parents. Le têtard a une longue queue qui est son organe propulseur, un corps grêle et une grosse tête; il a des branchies et une

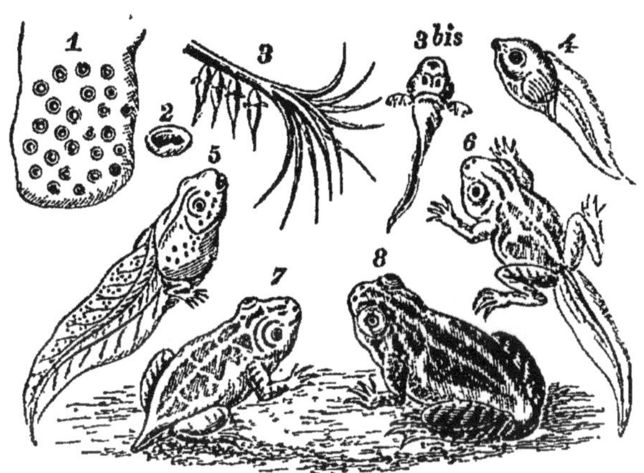

Métamorphoses de la grenouille.

circulation simple comme celle des poissons; il est herbivore et, comme tel, a un intestin très long. Mais bientôt, pour passer d'une réaction inférieure à une réaction supérieure, la queue s'atrophie progressivement et disparaît; les pattes se développent; des poumons remplacent les branchies; la circulation est celle des reptiles et l'animal, devenu insectivore, a l'intestin court.

La grenouille avale l'air; l'air est introduit dans ses poumons par déglutition, de sorte qu'elle ne sait plus respirer lorsqu'on lui tient la bouche ouverte. La respiration cutanée garde une telle importance que les batraciens peuvent vivre sans poumons. Les poumons des batraciens sont plus simples que ceux des reptiles.

Les reptiles forment la 3me classe de l'embranchement des vertébrés.

Le corps réagissant perd sa rapidité et son agilité en passant de l'élément liquide sur le sol dur; son corps est rendu plus lourd, ses mouvements plus lents et plus malaisés, ses efforts plus laborieux et plus pénibles. La locomotion du reptile privé de tout membre, est des plus misérables; il étend une partie de son corps, puis rapproche l'autre ; il rampe, il se traîne ; son mode de progression, qui se fait par le rapprochement successif des diverses parties du corps, par des ondulations de toute la masse, offre encore beaucoup d'analogies avec la natation, de sorte que le reptile, dans ses mouvements, semble encore fendre un élément imaginaire.

Chez les reptiles, le système nerveux, les sens et les instincts sont plus développés que chez les poissons ; néanmoins ces êtres sont encore loin de présenter les sens perfectionnés et l'organisation des êtres des deux classes plus élevées, les oiseaux et les mammifères.

La plupart des reptiles étant dépourvus de membres pour réagir ; leur système de leviers étant très simple et leur réaction fort peu développée comparativement à celle des oiseaux et des mammifères, ils ne demandent pas une grande puissance de travail, ni des forces motrices abondantes. Leur respiration est peu active ; l'action de l'oxygène sur le sang est moindre que dans les mammifères ; les poumons vésiculaires du reptile recevant peu d'air, l'oxydation intérieure est faible, d'où un sang froid et des forces musculaires moindres que celles des oiseaux. Toute leur économie est froide, inerte, languissante ; ils ne sont guère animés que par la chaleur de l'atmosphère ; sous l'influence du froid ils tombent bientôt dans une paralysie profonde ou état léthargique. Leur digestion est excessivement lente ; leurs sensations obtuses. Leurs fonctions ne sont pas aussi centralisées que dans les classes d'êtres supérieurs ; leurs sensations semblent moins se rapporter à un centre commun ; ils continuent à vivre et à montrer des mouvements volontaires longtemps après avoir été décapités. Ils reproduisent certaines parties de leur corps enlevées par la mutilation.

Le milieu le plus favorable à la réaction de ces êtres est un climat humide et chaud. Ils se plaisent dans la vase brûlante et c'est dans des périodes géologiques réunissant ces conditions que cette réaction inférieure s'est surtout développée, c'est-à-dire dans l'âge secondaire. Leur nombre aujourd'hui est considérablement réduit.

VII. — Quand on mélange de l'eau, de l'huile et du mercure dans un vase, ces trois liquides forment trois couches. Le mercure, le liquide le plus lourd, descend au fond ; l'huile, le plus léger, surnage et l'eau tient le milieu, en vertu de ce principe *que les éléments se placent en raison de leurs densités.*

Disposons trois corps, également de densités différentes, dans le vase contenant les trois liquides : un morceau de fer, un morceau de bois d'une espèce très dense et un morceau de liège. Le morceau de fer traverse les deux premières couches composées d'huile et d'eau, mais flotte sur la couche de mercure ; le morceau de bois traverse la couche d'huile, mais s'arrête à la surface de l'eau ; enfin le morceau de liège surnage sur la couche d'huile ; par conséquent, les trois corps pesants flottent l'un au-dessus de l'autre dans l'ordre de leur pesanteur spécifique. S'il y avait des êtres formés pour se mouvoir dans le mercure, ils ne pourraient s'élever dans la couche supérieure, composée d'eau, et s'y maintenir qu'en changeant d'organisation et de forme par suite de la différence de densité de ces deux couches, mais si ces êtres s'élevaient ensuite dans la couche d'huile, leur poids augmenterait de nouveau dans ce liquide, moins dense que les deux autres, et les moyens de résistance devraient croître en proportion.

La réaction est ecrasante dans l'élément aérien et les poissons ne sont pas organisés pour en supporter le poids ; leur chair est molle et leur squelette est généralement cartilagineux ou fibro-cartilagineux. Quelques espèces même ont cette charpente encore moins solide, simplement membraneuse, et forment la transition entre les animaux mous et invertébrés et les animaux vertébrés.

Même dans le milieu homogène où ils sont plongés, les poissons diffèrent d'organisation selon l'altitude où ils vivent. Lorsqu'on ramène à la surface les poissons vivant dans les grandes profondeurs de l'océan, l'expansion des gaz dont ils sont remplis et par lesquels ils équilibraient les grandes pressions du fond, les font éclater ; de même des poissons des eaux peu profondes, plongés au fond de l'océan, sont écrasés par la pression des couches liquides et ne peuvent plus remonter à la surface.

Si l'écart est sensible entre les êtres d'un même milieu, il le sera encore bien davantage entre des êtres de milieux très différents comme l'eau et l'air. Le contraste des poissons et des oiseaux, dans leur forme et leur organisation, résulte de la différence de densité des éléments où ils réagissent.

La pesanteur étant considérablement atténuée au sein de l'élément liquide, et les résistances à vaincre relativement faciles, les poissons ont la respiration peu active et de cette faible oxydation résulte un sang froid. Possédant à peu près la même température que celle du milieu environnant, ils n'ont pas besoin d'un revêtement extérieur capable de retenir la chaleur du corps; c'est pourquoi ils sont couverts d'écailles, substance lisse et dure qui ne donne pas de prise à l'élément très dense que le poisson doit fendre pour se mouvoir.

Les oiseaux ont une respiration ardente, extraordinairement active, par suite de l'intensité de la pesanteur dans le milieu où ils réagissent et des résistances à vaincre considérablement accrues; par conséquent, ce sont des animaux à sang chaud. Jouissant d'une température qui s'élève à plus de 40° au-dessus de zéro, ils ont la peau garnie d'une substance cornée, peu conductrice de la chaleur; le duvet et les plumes, en même temps qu'ils servent à retenir la chaleur corporelle, servent aussi à soutenir le corps réagissant, car cette substance touffue et ramifiée a énormément de prise sur l'élément très raréfié qui constitue l'air.

Les formes des poissons sont innombrables; cependant une forme générale les domine toutes; la forme des poissons est généralement fusiforme ou elliptique à cause de la densité de leur milieu. Le poisson ayant à peu près la même pesanteur spécifique que l'eau, doit se ramasser autant que possible en forme de coin pour fendre cet élément presque aussi dense que lui.

L'oiseau, au contraire, beaucoup plus lourd que l'air, se déploie en forme d'éventail pour offrir la surface la plus large possible à un élément excessivement léger, non plus pour vaincre sa résistance, mais au contraire pour le rendre résistant et compact par des battements très rapides de larges surfaces représentées par les ailes.

Les poissons n'ont que des nageoires et pas de pattes, parce qu'étant à peu près de la même densité que le milieu ambiant, ils peuvent se soutenir sans effort au sein de leur élément.

Les oiseaux, non seulement ont des ailes, mais encore des pattes, parce que l'atmosphère n'étant pas assez dense pour les soutenir, ils sont bientôt épuisés et obligés de revenir se reposer à intervalles sur un point d'appui plus ferme. Comme la pierre lancée, comme le projectile, l'oiseau retombe finalement sur la terre qui l'attire puisamment ; la pesanteur finit toujours par triompher de sa force d'impulsion.

Sur cette planète, la réaction dans l'élément aérien a des limites très bornées; là triomphent les êtres de peu de masse et de volume, les insectes, mais lorsque la masse dépasse certaines limites, l'aile devient impuissante à élever le corps et à le soutenir au-dessus du sol ; les oiseaux les plus gros ne peuvent réagir que sur l'eau ou sur terre, tels le cygne et l'autruche.

Grâce à cette propriété de l'eau d'ôter du poids aux corps pesants qui y sont plongés et aux facilités qu'elle offre à la réaction, les animaux des mers atteignent des dimensions colossales et un poids invraisemblable ; la baleine mesure 35 mètres en longueur et atteint le poids de 400,000 kilos, soit le poids de 10,000 autruches. L'éléphant nous frappe d'étonnement par sa masse énorme que supportent des piliers massifs et cependant il en faudrait 57 pour atteindre le poids de la baleine. Quels leviers énormes, quelle machinerie formi-

Grand pingouin.

dable, quelle ossature de fer il faudrait pour mouvoir sur terre une masse comparable à 57 éléphants réunis ; et cependant, cet être qui est impossible sur la terre ferme par suite de la force écrasante de l'attraction, cet être de proportions gigantesques se joue dans son élément avec autant d'aisance et de rapidité que le petit oiseau dans les airs.

Les oiseaux forment la 4me classe de l'embranchement des vertébrés.

De même que les poissons prennent leur point d'appui sur un élément mobile, quoique très dense, au moyen de quelques leviers simplement assemblés, de même les oiseaux, par des moyens mécaniques plus compliqués, prennent leur point d'appui sur un élément plus raréfié, moins résistant et par conséquent plus mobile.

L'air est pour les oiseaux ce que l'eau est pour les poissons. Les ailes sont dans l'air ce que les nageoires sont dans l'eau ; l'oiseau nage en quelque sorte dans l'espace. Le vol est une extrême modification de la natation ; cela est si vrai que le macareux, le pingouin, le poisson-volant qui vivent la plupart du temps dans l'eau, savent aussi voler ; ils transforment l'un dans l'autre les mouvements du vol et de la natation.

De même encore que les poissons, les oiseaux ont le pouvoir de se rendre plus ou moins légers dans leur élément par l'appareil pneumatique dont ils sont doués. Cet appareil consiste dans de nombreuses cellules à air qui s'étendent à toutes les parties des os, de la poitrine et de l'abdomen et sont en communication directe avec les poumons ; ceux-ci sont enveloppés d'une membrane percée de grands trous par lesquels l'air inspiré passe dans ces grandes cellules. L'oiseau remplit d'air chaud ou vide à volonté ces cellules qui, toutes, communiquent entre elles ; on peut insuffler en entier le corps d'un oiseau, en perçant un trou soit à l'humérus, soit au fémur ; par suite, lorsqu'une cellule est lésée, l'oiseau devient incapable de voler, parce que l'air chaud et dilaté s'échappant par cette fissure, rend l'appareil pneumatique incapable de fonctionner. Plus ces cellules aériennes sont développées dans le corps d'un oiseau, plus son vol est rapide et élevé.

Le centre de gravité, avons-nous dit, étant le point du corps où vient se concentrer toute l'action de la pesanteur, soutenir ce point c'est détruire cette force attractive. Or, dans le vol, ce sont les ailes qui soutiennent tout le poids du corps; pour que le corps réagissant puisse annuler l'action de la pesanteur dans cette position, c'est-à-dire pour qu'il puisse conserver son équilibre, le centre de gravité doit se trouver aussi bas que possible, presque sous les épaules; c'est pourquoi, dans le vol, les oiseaux portent la tête en avant en étendant le cou.

Mais, il n'en est plus de même lorsqu'ils nagent. Le canard, sur l'eau, redresse la tête et tient son cou vertical, parce qu'alors, étant supporté par tout le dessous du corps, le centre de gravité correspond toujours au centre de poussée de bas en haut exercée par l'eau sur le corps. Quels que soient les mouvements qu'il imprime à sa masse, le canard reste toujours en équilibre, parce que la verticale qui s'abaisse de son centre de gravité passe toujours au milieu de la base servant d'appui.

Enfin, quand le canard quitte l'eau pour la terre ferme, ce sont les deux pattes qui soutiennent tout le poids du corps et, pour conserver

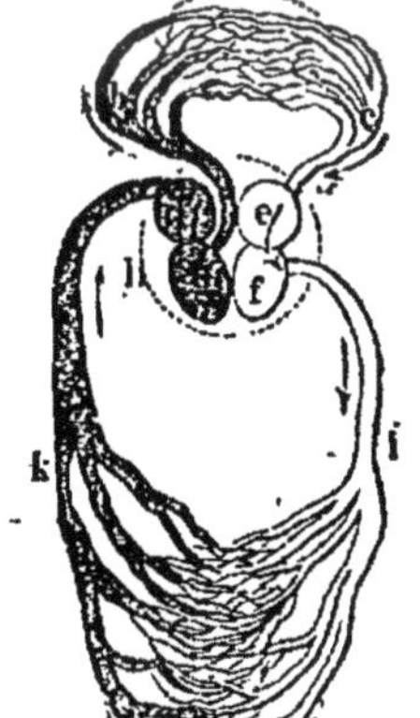

a. Petite circulation, dans les poumons.
l. Grande circulation, dans le corps entier.
b. Artère pulmonaire.
c. Veine pulmonaire.
d. Oreillette droite.
e. Oreillette gauche.
f. Ventricule gauche.
g. Ventricule droit.
h. Ensemble du cœur.
i. Ensemble des artères.
k. Ensemble des veines.

Figure théorique de la circulation chez les vertébrés à sang chaud.

son équilibre dans cette position, le canard rejette la tête en arrière afin de ramener son centre de gravité sur la verticale qui passe entre les deux pattes.

Les oiseaux ont une circulation et une respiration doubles; or, lorsque la combustion intérieure augmente, la quantité de combustible absorbée doit augmenter dans la même proportion, sans quoi l'organisme se consumerait rapidement. Privé de nourriture, l'oiseau meurt au bout de trois jours, tandis qu'un animal à sang froid et à respiration faible, comme le serpent, peut vivre quatre ou cinq mois, sans nourriture.

Les mœurs et les instincts constituant la fonction générale qui embrasse toutes les fonctions particulières, le résultat final du fonctionnement de tous les organes, le produit total de l'organisation, les oiseaux sont aussi supérieurs aux poissons par leurs mœurs et leurs instincts qu'ils leur sont supérieurs par leur structure et leur organisation. Les actes d'un oiseau sont plus variés, mieux enchaînés et d'une portée plus longue; ils s'appellent et se déroulent pendant toute une saison. L'oiseau cherche compagne, construit un nid, y dépose des œufs, les couve, veille à leur développement, nourrit ses petits et les assiste lorsqu'ils sont capables de voler. Ses mouvements sont moins machinals et ses instincts beaucoup plus élevés que ceux des êtres des classes précédentes, comme nous le montrent ses cris joyeux ou plaintifs, ses chants variés, son dévouement à ses petits, son attachement à sa femelle et enfin toutes ces manifestations d'orgueil, de rivalité, d'ardeur et de constance qui dénotent une sensibilité remarquablement développée.

VIII. — Les quadrupèdes rentrent dans la 4me classe de l'embranchement des vertébrés qui est celle des mammifères.

Des trois grands chemins de la réaction, l'eau, l'air et le sol, c'est le dernier qui présente le plus d'obstacles à surmonter et de résistances à vaincre. Sur terre, pas un mouvement qui ne soit un contact, un choc, une chute; à chaque pas le corps tombe; chaque enjambée rappelle une force brutale et toujours présente avec laquelle le quadrupède est sans cesse aux prises; c'est une lutte de tous les instants, une lutte corps à corps des molécules constitutives de l'être réagissant avec la masse des molécules attractives terrestres; de là la nécessité pour l'être réagissant de déployer sur terre des modes d'activité beaucoup plus variés que dans l'eau ou dans l'air; de là l'organisation plus élevée des quadrupèdes et leur supériorité sur les oiseaux et les poissons.

Les oiseaux dans l'air, comme les poissons dans l'eau, ont devant eux un espace illimité, grandement ouvert, sans barrières à renverser, sans obstacles à surmonter, sans rien qui puisse s'opposer à leurs mouvements et entraver leur progression. Suspendus dans l'élément qu'ils sillonnent en tous sens, s'élevant presque mécaniquement par l'air dont ils se remplissent, les oiseaux planent sans beaucoup d'efforts dans le ciel ou se jouent au sein des airs ; leur point d'appui, mobile, fuyant sous eux, ne leur oppose aucune résistance et se prête avec la plus grande flexibilité à toutes leurs évolutions.

Le sol, au contraire, multiplie les obstacles aux mouvements ; les animaux terrestres rencontrent des oppositions continuelles. Ce n'est pas leur point d'appui qui se prête à toutes leurs volontés, ce sont eux qui doivent se plier à leur point d'appui, qui doivent se prêter à toutes ses courbures et en épouser toutes les sinuosités. Ils sont forcés de calquer tous leurs mouvements sur les innombrables accidents d'un point d'appui dur et inflexible et de le suivre dans ses moindres irrégularités ; ils doivent adapter leur locomotion aux nombreuses particularités d'un terrain capricieux et perfide.

L'animal terrestre trouve un point d'appui plus ferme que le poisson dans l'eau ou que l'oiseau dans l'air, mais les points d'appui de ceux-ci ne leur font jamais défaut ; ils ne peuvent tomber ou perdre leur équilibre ; ils sont toujours maîtres de leur masse, parce que leurs points d'appui ne leur manquent jamais ; tandis que si le sol se dérobe sous le poids de l'animal terrestre, il ne se possède plus, ses forces de résistance lui deviennent inutiles, il cède à une contrainte violente, il suit une ligne rigide et, tombant sous les lois de la pesanteur par lesquelles s'accélère la vitesse de chute des corps pesants, il est abîmé par cette force accélératrice de l'attraction. On conçoit la terreur indicible qui s'empare de tous les animaux de terre, le bouleversement de tout leur être à l'apparition des phénomènes telluriques, car lorsque le sol tremble et perd sa stabilité, il n'y a plus aucune sécurité pour ces êtres ; il n'y a plus pour eux de salut dans l'Univers, ni de refuge assuré contre la terrible étreinte des forces attractives ; ils se voient de nouveau les jouets des forces aveugles contre lesquelles ils ne peuvent plus rien ; avec l'effondrement de leur point d'appui, ils assistent avec effroi à l'effondrement de tout leur être.

Les poissons et les oiseaux arrivent bien plus aisément à posséder leur masse que les quadrupèdes car, outre qu'ils doivent vaincre la pesanteur, les quadrupèdes doivent encore surmonter les nombreux obstacles que leur oppose leur point d'appui; non seulement ils doivent maîtriser leur masse, mais ils doivent maîtriser le sol; ils doivent veiller sur chacun de leurs mouvements afin d'éviter les obstacles et les dangers que le sol recèle, les précipices, les eaux, les fondrières; à chaque instant ils doivent approprier leurs mouvements à la nature du sol et modifier leurs actes selon les circonstances qui se présentent.

Adhérent au sol par son poids; impuissant à s'arracher à son étreinte; forcé de passer par toutes ses inégalités, d'en descendre toutes les pentes, d'en monter toutes les rampes; heurtant les obstacles; trébuchant dans les excavations; tantôt en mouvement dans le sable friable qui croule sous le pied, tantôt dans la boue tenace à laquelle il adhère, l'être réagissant est en relation étroite et constante avec ce sol; et cette croûte solide qui constitue un point d'appui si inflexible, si malaisé, qu'il sent, qu'il voit, qu'il entend résónner sous ses pas, se grave avec tous ses attributs dans son imagination, avec tout son relief, toutes ses difficultés, tous ses dangers et aussi toutes ses ressources.

Par cette impitoyable force de pesanteur qui les enchaîne au sol sans jamais leur laisser de répit, par cette dure expérience de tous les instants, les quadrupèdes sont en communication directe et intime, en rapports continuels avec le monde extérieur; les impressions ineffaçables qu'ils en reçoivent font leur intelligence si vive, leurs sentiments si profonds, leur vie si large, si mouvementée, si émouvante même. Ce sol fait pour ainsi dire partie de leur être. Ce sol c'est encore eux-mêmes. Ils s'attachent à la terre qui a été le théâtre de leurs efforts, de leurs luttes de tous les jours; ils y songent avec regret, lorsqu'ils en sont éloignés, et la revoient avec transports. Tandis que les poissons et les oiseaux, n'ayant aucun chemin à suivre, ne voyant pas ce qui les soutient, ne le sentant que vaguement, vivant et s'agitant pour ainsi dire dans le vide, n'ont pas de contrée préférée et vont là où il y a du soleil et de la nourriture. Aussi les migrations parmi eux sont-elles fréquentes.

Le vol est à la marche ce que le chemin de fer est à la navigation;

la marche d'un navire exige beaucoup plus d'efforts, de science et de ressources que la marche d'un train. La locomotive ne rencontre aucune résistance et son chemin est tout tracé; le navire est aux prises avec des difficultés sans cesse renaissantes, les vents, les vagues, les écueils, les tourbillons, les courants.

Les mouvements de l'être ailé sont légers, rapides, infiniment variés ; ceux des quadrupèdes sont lourds, pénibles, forcément limités, mais par cela même qu'ils doivent exercer leurs forces contre les obstacles accumulés, ils les augmentent et les multiplient. Les animaux terrestres, qui s'appuient sur une base inébranlable, en arrivent à surmonter des résistances énormes, tandis que les oiseaux ayant peu de prise sur un appui toujours fuyant, ne peuvent déployer de grandes forces; un levier ne peut vaincre de grandes résistances là ou le point d'appui se dérobe. Sur le point d'appui le plus fixe doit naturellement se déployer la réaction la plus grande; sur le soutien le plus ferme doivent nécessairement se développer les plus grandes combinaisons de leviers afin de produire les plus grandes sommes de résistances.

L'être réagissant n'arrive à toute sa puissance qu'à la condition d'embrasser un grand nombre de mouvements combinés. Ce n'est que par le jeu de nombreux ressorts, par l'action simultanée d'un grand nombre de muscles, par un ensemble de mouvements variés et même se produisant en sens contraires pour concourir au mouvement général, que l'être réagissant arrive à faire tomber toutes les oppositions et à prendre possession pleine et entière de sa masse. Les fonctions s'unissent plus étroitement, les actes se resserrent, l'organisme tout entier s'affermit en face d'actions contraires, et toutes ces résistances isolées sont dirigées avec une remarquable unité vers la fin suprême à tout être : l'affranchissement du milieu. Par une pratique longue et incessante, l'être réagissant parvient à rendre les combinaisons de mouvements plus rapides et plus sûres, à manier sa masse avec plus d'aisance et à écarter du jeu des organes toutes les causes de troubles.

Considérez les nombreux instruments employés par le quadrupède pour dominer le milieu, la puissance des forces mises en activité pour maîtriser sa masse, les appareils d'une délicatesse et d'une sensibilité infinie pour le mettre en garde et l'avertir des perturbations extérieures. Considérez les poulies, les soupapes, les leviers qui manœuvrent intérieurement; les tubes, les ligaments qui traversent sa masse en tous sens; les organes récepteurs des excitations, les sens avertisseurs qui veillent à sa conservation. Admirez tout ce déploiement de fonctions par lesquelles il enraye l'action des forces adverses; toute cette richesse d'organisation pour se soulever, se déplacer et s'orienter. Quel chemin parcouru depuis cette monade à la merci du milieu, cet être inférieur d'une réaction nulle, cette sorte de gelée vivante où n'apparaît aucune trace d'organisation, cette glaire oscillante à peine distincte des substances inorganiques jusqu'au puissant quadrupède où tout est ressort et rouages, où les structures extrêmement complexes, où les leviers puissamment agencés, où les mouvements extraordinairement combinés lui assurent un degré remarquable d'indépendance.

Le quadrupède est le plus développé, le plus outillé, le mieux organisé de tous les êtres réagissants décrits jusque maintenant. Comme le bateau à vapeur qui remonte le cours d'un fleuve, ce bloc de matière terrestre est merveilleusement travaillé, aménagé et machiné pour remonter le cours général des choses et s'affranchir des forces qui emportent tout l'Univers. Mais ce n'est plus l'instrument de réaction rigide, froid, inanimé que nous avons vu manœuvrer à la surface des eaux, mais un instrument de réaction sentant, palpitant, souple, élastique, qui se plie, se replie, se contracte, se déploie, s'élance; qui choisit, combine tous ses mouvements pour les ajuster à l'effort à faire, qui sait adapter toute sa masse avec une merveilleuse flexibilité et une admirable précision à toutes les variations du milieu et tous les cas qui se présentent.

Cette étroite solidarité entre toutes les parties de l'animal supérieur explique qu'on ne puisse en retrancher une seule sans léser toutes les autres. Au plus bas degré de la réaction, où il n'y a aucune unité dans l'organisation, on peut couper un être en plusieurs parties et chaque partie constitue un être nouveau; une planaire, par exemple, que l'on divise en dix fragments forme dix êtres différents. Dans une réaction plus élevée où l'organisation est déjà plus centralisée et la division du travail quelque peu développée, on peut encore supprimer certaines parties de l'individu sans grand dommage pour l'ensemble; les pattes de l'araignée, la queue des lézards, les antennes des limaces repoussent si on les ampute. Mais dans les réactions plus hautes le corps réagissant est constitué par des millions de cellules

Le Tigre.

intimement associées et groupées dans des fonctions spéciales bien déterminées; chacun de ces groupes a son rôle marqué dans l'ensemble et ne peut être retranché sans que tous les autres n'en souffrent.

La stabilité d'un corps étant d'autant plus grande qu'il repose sur le sol par une base plus large, les animaux les plus inférieurs reposent sur le sol par toute la masse de leur corps. Ensuite la masse réagissante se hausse sur plusieurs supports et ces supports, à mesure que l'équilibre s'affermit, diminuent en nombre. A mesure que l'unité se fait dans l'organisation, la locomotion se simplifie. Les insectes qui sont les plus légers des corps réagissants ont cependant de nombreux organes de locomotion; ils présentent de six à vingt pattes et souvent trois paires d'ailes. Ce grand nombre de supports est dû au défaut d'unité de leur organisation, car ils n'ont pas de squelette intérieur pour coordonner en un tout les diverses parties de leur corps. Chacun de ces êtres semble constitué par une collection d'individus juxtaposés dans une même enveloppe, tel les mille-pattes ou scolopendre et le cloporte qui ont autant de paires de pattes qu'ils présentent d'anneaux.

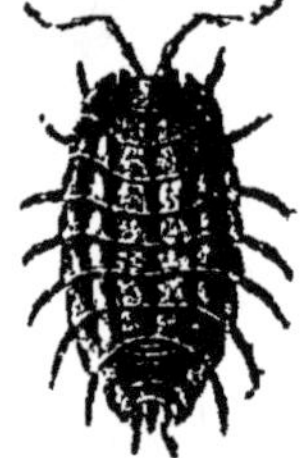

Le cloporte.

Chez les vertébrés, les poissons dans l'eau, les oiseaux dans l'air et les reptiles sur terre sont soutenus par toute la surface inférieure de leur corps dans un équilibre stable, tandis que les quadrupèdes ne sont plus soutenus qu'en quelques points de leur masse par des supports seuls en contact avec le sol; leur progression a lieu sur des extrémités éloignées dont la masse occupe le sommet. Le corps massif et pesant de ces animaux n'est plus soutenu que par quatre supports, mais la base de sustentation étant encore très large, l'équilibre est encore très assuré. Le quadrupède peut même réduire à trois ces points de contact avec le sol sans compromettre son équilibre, car la verticale abaissée du centre de gravité tombe encore dans l'intérieur du triangle formé par les trois pattes; de rectangulaire la base d'appui devient triangulaire.

IX. — Lorsque le corps réagissant, arrivé à ce point élevé de la réaction, acquiert assez de force de résistance et une organisation assez puissante pour rejeter le centre de gravité dans la partie postérieure du corps et se redresser sur un bout dans une attitude verticale, les supports sont réduits à leur minimum, la base de sustentation est ramenée à sa plus simple expression et l'équilibre atteint son point le plus élevé. Alors s'opère la transformation du quadrupède en bipède et le corps réagissant, évoluant sur les deux extrémités les plus éloignées de son corps dans un prodigieux équilibre avec les deux membres antérieurs libérés et déchargés de tout poids, arrive rapidement à une incomparable puissance d'action.

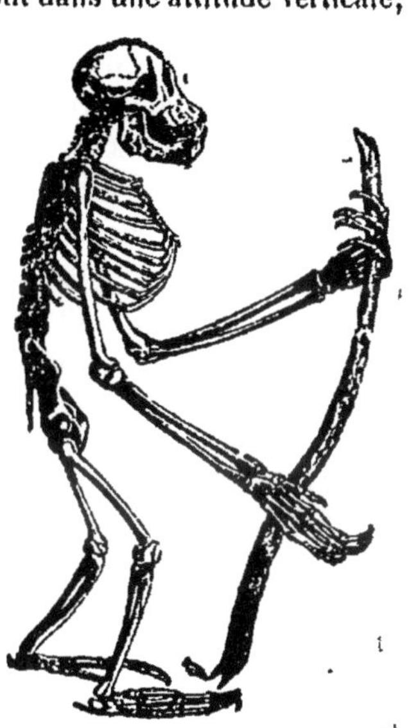

Orang-Outang avec soutien.

Le centre de gravité du quadrupède se trouve entre les deux pattes de devant; c'est là que porte tout le poids du corps. Quelles seraient les transformations nécessaires pour faire du quadupède un bipède? Il faudrait le redresser sur ses deux membres postérieurs pour reporter le centre de gravité entre les deux hanches, de façon que la verticale tombant du centre de gravité rencontrât le terrain compris entre les deux supports; il faudrait donner plus de masse et de solidité aux deux membres servant de soutiens et les entourer de muscles puissants; il faudrait ôter du poids aux deux membres antérieurs et les ramener comme deux balanciers aux deux côtés du corps; il faudrait arrondir la tête et la poser bien d'aplomb sur le tronc. En outre, pour amener le quadrupède à la station verticale, il serait nécessaire de transposer les articulations des quatre membres, de sorte que les genoux deviennent des coudes et les coudes, des genoux; car les deux membres postérieurs qui forment coudes dans les quadrupèdes forment genoux dans l'orang-outang et dans l'homme, de même, les deux membres antérieurs qui forment genoux dans le quadrupède forment coudes dans le quadrumane et le bimane; la jambe de ces derniers se plie à l'inverse du membre correspondant du quadrupède et ainsi pour le bras.

Ce travail d'équilibration de toutes les parties du corps, dans le passage de l'être réagissant à la station verticale, la force de réaction l'a accompli dans le quadrumane et le bimane; elle a corrigé et remanié le quadrupède dans toutes ses parties pour en faire un bipède. Lorsque le centre de gravité se déplace toutes les parties se déplacent dans une même mesure; lorsqu'il naît un nouvel équilibre dans l'évolution des êtres, tous les organes, par une concordance forcée, se modifient dans le même sens. L'ouverture de l'angle facial est en raison du développement des mollets; le singe n'a pas deux pieds et deux mains, mais quatre mains; le gorille n'a pas de véritables jambes, il n'a que des bras; les races humaines inférieures, les Australiens, par exemple, sont dénués de mollets; le véritable nègre a les mollets minces, les bras longs et le front déprimé; à mesure que les muscles jumeaux et soléaires se développent, les mâchoires s'effacent et le front s'avance.

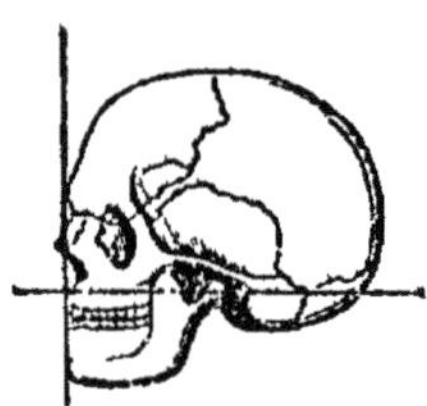
Angle facial.

Par la force d'impulsion qui pousse le corps réagissant à présenter une opposition toujours plus grande aux lois de l'attraction il est arrivé un moment où il s'est redressé dans toute sa taille. Il est parvenu à s'affermir dans cette position, à s'y maintenir pendant des durées de plus en plus longues soit avec un appui, soit sans appui. Cependant les deux forces antagonistes, par leur action inverse et incessante sur le corps, l'ont modifié, travaillé dans toutes ses parties en développant les membres inférieurs servant de piliers,

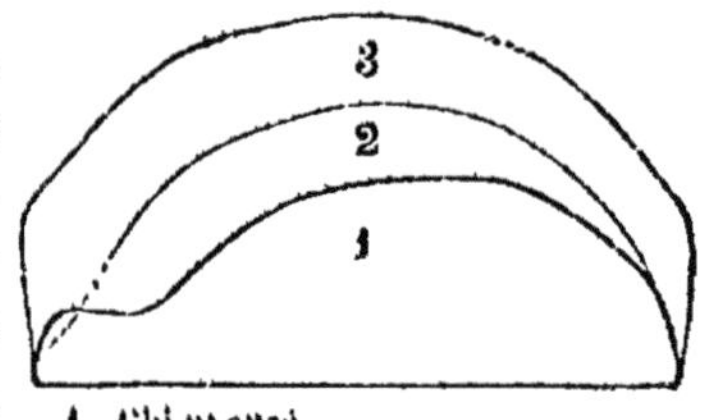

1. Chimpanzé.
2. Crâne de Neanderthal.
3. Crâne actuel de la race blanche.

en les tassant ou en les rendant plus massifs, en amoindrissant les membres antérieurs et en les écartant aux deux côtés du corps, en émondant les parties saillantes de la face. Quand l'équilibre était enfin assuré et que toutes les parties se pondéraient, le corps réagissant était presque celui d'un homme.

Dans cette opposition de plus en plus grande aux forces attractives, dans cette longue évolution du quadrupède qui change peu à peu sa longueur en hauteur pour se maintenir et se mouvoir sur un bout, les surfaces motrices sont réduites au minimum. Lorsque de quadrupède le corps réagissant devient bipède, lorsqu'il acquiert assez de puissance pour reporter sur les deux membres postérieurs le poids que supportaient les quatre membres, lorsqu'il est assez maître de sa masse pour réduire de moitié les points de sustentation, les deux membres antérieurs cessent de servir de supports pour devenir des bras; ils cessent d'être des organes de locomotion et de soutien pour devenir des instruments de préhension. Ces deux membres sont libérés de la pesanteur et, au lieu de servir à surmonter le poids du corps, ils serviront désormais à surmonter les résistances du milieu.

Des quatre membres de l'être réagissant, deux seulement suffiront à porter sa masse et les deux autres seront déliés, libres, affranchis de toute charge, et le corps se maintiendra au-dessus du sol dans une superbe élévation.

Ces deux membres antérieurs, délivrés de la nécessité de supporter et de déplacer la masse du corps, deviennent deux formidables instruments de réaction, deux puissances destructives des forces contraires. C'est à ces instruments nouveaux, c'est à cette puissance complémentaire que l'homme doit uniquement sa prépondérance sur tous les autres êtres; c'est du dégagement de ces deux membres, c'est de leur affranchissement de toute contrainte que date la prodigieuse destinée de cet animal bimane appelé à s'élever bien au-dessus de tous les autres corps réagissants.

De tous les êtres, l'homme est le seul qui n'ait plus besoin de tous ses membres pour surmonter la pesanteur, pour soulever et déplacer sa masse. L'homme n'est supérieur à tous les autres êtres que parce qu'il s'est libéré dans toute la partie antérieure de sa masse, en reportant tout le poids du corps sur la partie postérieure, considérablement affermie et fortifiée.

Ces deux membres antérieurs qui ne sont que des moyens d'appui chez les quadrupèdes, des moyens de vol chez les oiseaux, des rames chez les poissons, sont chez l'homme des instruments d'une incomparable puissance. Ils sont pour la masse des corps environnants ce que les jambes sont pour sa propre masse; ils servent à vaincre la résistance de tous les corps pesants comme les membres inférieurs servent à vaincre la résistance de son propre poids.

L'homme représente le point culminant de la réaction. Il est la réalisation la plus parfaite de cette tendance de tous les êtres à se soustraire à l'action oppressive des forces attractives. Il n'est le plus achevé de tous les êtres que parce qu'il atteint le plus complètement le but auquel ils tendent.

La première et la plus décisive de toutes les étapes est, sans contredit, celle du passage de la réaction statique à la réaction dynamique, lorsque le corps réagissant se dégage des liens qui l'attachent au sol, pour entrer en possession de sa masse, et la soulever et la mouvoir à volonté. La seconde grande étape est, non moins évidemment, celle de l'élévation de tout le poids du corps sur les deux membres postérieurs, et la libération la plus entière des deux membres antérieurs. Après la séparation du corps réagissant d'avec le sol, après son passage de la réaction végétale à la réaction animale, aucune étape plus grande n'a été franchie dans le cours de la réaction que celle marquée par la transformation du quadrupède en bipède, par la surélévation au-dessus du sol du corps réagissant. Lorsque la force des ressorts et la puissance des fibres furent assez grandes pour tirer la masse du corps sur l'une des extrémités, pour la redresser dans un suprême effort et la maintenir sur un bout, l'animal finit, l'homme commence. Dans la première phase, les êtres de la réaction dynamique disposent de tous les êtres de la réaction statique; les animaux se nourrissent des plantes et s'y logent. Dans la seconde phase, le bimane dispose de tous les êtres de la réaction dynamique; il les soumet et les emploie soit à son travail, soit à son entretien et à sa subsistance, depuis les plus petits insectes, les abeilles et les vers à soie, jusqu'à l'énorme baleine et au puissant éléphant.

Toute la partie antérieure du corps s'étant détachée du sol et redressée au-dessus de la partie postérieure devenue la base de sustentation, il en résulte une liberté d'allures, une indépendance de mouvements, une puissance d'action que ne connaissent pas les autres mammifères. Ceux-ci sont courbés sur le sol comme écrasés par le poids de l'attraction ; tous leurs membres sont exclusivement employés à surmonter les forces attractives. Mais lorsque le corps réagissant s'est raidi contre la pesanteur, s'est ramassé dans toutes ses forces pour se redressser sur un bout, il ne touche plus au sol que par ses extrémités les plus éloignées; il ne tient plus que faiblement au point d'appui. Les deux membres antérieurs délivrés de toute charge, solidement attachés au sommet du corps, sont admirablement placés pour tirer à eux, pour soulever, accrocher, projeter, enlever, transporter; ces deux membres, complètement libérés, deviennent deux puissants leviers terminés par de fortes pinces pour vaincre toute espèce de résistance. Sur le corps principal des leviers échafaudés et solidement arc-boutés sur le sol viennent se greffer encore deux systèmes secondaires, et des effets combinés de tous ces leviers résulte une puissance à laquelle rien ne résiste. De nombreux instruments de travail et de solides appareils viennent encore augmenter la puissance de ces deux membres : le levier, la hache, la bèche, la pioche, le marteau, la lime, la scie, le rabot; à ces simples et primitives machines succèdent des machines plus savantes et plus compliquées : la brouette, le treuil, la grue, les poulies. Ainsi l'homme, qui est lui-même un assemblage de leviers, une véritable machine, s'adjoint encore d'autres leviers, d'autres machines pour centupler sa puissance, multiplier la somme de ses efforts et étendre son action sur tout le monde de la pesanteur.

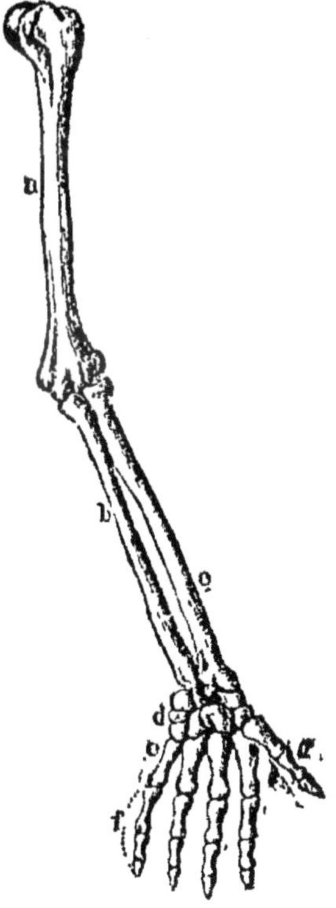

L'homme est une machine qui renferme tous les genres de machines. Aucun être ne fait mieux voir de combien d'articulations le corps est susceptible de se pourvoir et combien de mouvements différents il est capable de combiner. Son corps renferme 150 os et

500 muscles, et la fonction directrice de toutes ces opérations si variées, l'organe qui centralise et fait marcher de front la multitude de ces instruments de réaction, est l'appareil le plus extraordinaire par son développement, par sa complication, par le nombre et l'infinie variété de ses manifestations.

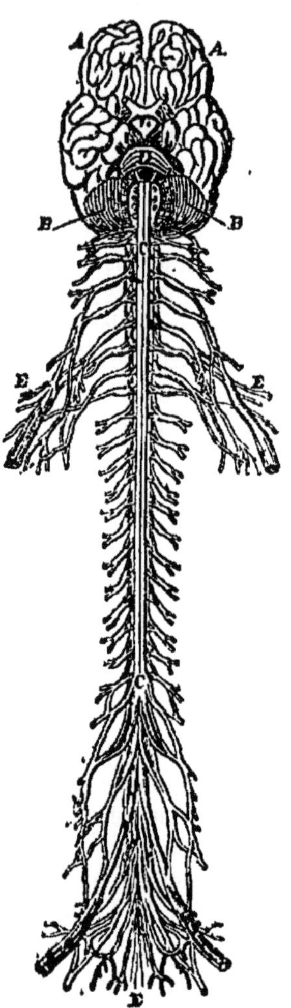

Encéphale et moelle épinière.

Dans l'attitude verticale, la pesanteur est un puissant obstacle à la circulation du sang ; il faut au liquide nourricier de puissants organes contractiles pour opérer son ascension, des soupapes ou valvules pour empêcher sa descente. Le poids du sang est d'environ 15 kilos et, en quelques minutes, la totalité du sang passe par le cœur ; chaque contraction du cœur déplace 44 grammes de sang ; le cœur qui bat 70 fois à la minute déplace donc en un jour 5,850 kilos de sang ; les artères, à leur tour, se contractent et chassent le sang qui les gonfle. Considérez le chemin parcouru depuis la sève froide et incolore qui circule dans le végétal par capillarité et endosmose jusqu'au sang rouge et fumant projeté dans tout l'organisme par les puissantes contractions d'un organe central.

Les êtres les plus simples réagissent dans des milieux d'une grande simplicité ; les êtres les plus élevés réagissent dans les milieux les plus complexes et les plus contraires. La vigne ne se plaît que sur les coteaux, le sapin dans le sable, le saule le long des cours d'eau. Les plantes d'une certaine latitude ne peuvent vivre sous une autre latitude ; aux unes il faut l'humidité, aux autres la sécheresse ; chaque plante a son milieu spécial. Les animalcules inférieurs n'apparaissent que dans certaines circonstances ou dans certains liquides. L'homme, au contraire, vit sous toutes les latitudes et dans les milieux les plus opposés, dans la zone torride ou dans la zone glaciale, sur le sommet des montagnes ou sur le rivage des mers. Contrairement à ce qui existe pour les plantes, les insectes et les reptiles, le climat le plus favorable à la réaction de l'homme est un climat tempéré, tenant le milieu entre les chaleurs et les froids excessifs et c'est dans la période géologique réunissant ces conditions que l'homme a fait son apparition.

Qui pourrait évaluer ce qu'un homme debout représente d'efforts accumulés, de travail consommé, de résistances vaincues, d'oppositions surmontées? Qui pourrait supputer le nombre de siècles qu'il a fallu au corps réagissant pour passer de la plante à l'animal et de l'animal à l'homme? Il paraît si simple de soulever un bras, de lever une jambe, mais on ne conçoit guère ce que cet acte si simple, si naturel, si aisé représente d'efforts antérieurs et de temps ; des leviers ont dû se former, s'agencer, s'articuler ; sur ces leviers une substance élastique a dû s'étendre en fibres serrées et contractiles pour les faire jouer l'un sur l'autre; dans cette substance contractile des fils exci-

Coupe théorique du cœur de l'homme.

a. Artère aorte.
b. Artères pulmonaires.
c. Veine cave supérieure.
d. Veines pulmonaires.
h. Veine cave inférieure.
f. Oreillette droite.
g. » gauche.
l. Ventricule droit.
o » gauche.

tateurs ont dû se ramifier en tous sens et, enfin, ces fils conducteurs de l'électricité ont dû converger vers un centre commun pour donner aux mouvements l'unité et l'ensemble.

L'homme debout représente un travail colossal, un labeur de milliers d'années. Cette matière terrestre, d'abord inerte, qui s'élève et s'organise dans les plantes, qui se meut et s'articule dans l'animal, qui se redresse dans l'homme et pivote sur un bout, cette matière réagissante représente une somme incalculable de résistances vaincues.

De toutes les locomotions, celle de l'homme est la plus éloignée de la natation, parce que de toutes les attitudes des êtres, l'attitude verticale de l'homme est la plus éloignée de l'attitude horizontale des poissons. L'attitude couchée est la plus primitive et la plus simple de la réaction dynamique; l'attitude droite en est la dernière acquise, la plus difficile à conserver et entre ces deux attitudes s'échelonnent toutes les autres. De tous les animaux l'homme est le plus éloigné du poisson, parce que ces deux corps réagissants sont aux deux extrémités de la réaction animale. Tous les êtres nagent naturellement; seul, l'homme doit apprendre à nager; la natation pour l'homme n'est pas un exercice naturel, mais un art. Dans l'eau, l'homme doit abandonner l'attitude verticale qui lui est naturelle pour l'attitude horizontale qui est celle des poissons; il doit se familiariser avec un nouvel équilibre, acquérir de nouveaux mouvements et apprendre à retrouver son centre de gravité déplacé et à le posséder de nouveau.

La station verticale est la plus difficile à atteindre et à conserver parce qu'elle nécessite l'intervention incessante d'une grande quantité de muscles, parce qu'elle demande une organisation complexe et puissante pour la multiplicité des mouvements à exécuter dans cette position.

L'équilibre de l'homme c'est l'équilibre de ces bâtons tenus verticalement sur le dos de la main, équilibre toujours changeant, équilibre instable qui n'est maintenu que par le jeu constant des articulations et des muscles.

L'homme doit sans cesse veiller sur l'équilibre prodigieux d'un poids ainsi surélevé et maintenu par d'aussi grands efforts; sans cesse sa masse flexible doit être tendue avec une énergie constante. Les quadrupèdes peuvent dormir debout et les poissons, au milieu de leur élément; les oiseaux, sur la cime des plus hauts arbres, plongent la tête sous l'aile et s'endorment bercés par les vents et les rafales; les oiseaux des mers, au milieu des vagues, s'abandonnent au sommeil et s'en vont à la dérive, ballottés comme des épaves. Mais l'homme ne peut s'oublier une seconde sans qu'aussitôt sa masse ne vacille et ne croule: il ne peut comme les autres êtres dormir debout; s'il s'abandonne un instant, son corps lui échappe et retombe sous la puissance des forces attractives. Observez une personne accablée par la fatigue qui s'endort sur une chaise. Quoique assis et adossé, quoique appuyé et soutenu, le corps, abandonné à lui-même, ne tarde pas à céder à la pesanteur; les muscles, cessant toute résistance, se relâchent; la tête, entraînée par son propre poids, glisse, se penche de plus en plus et entraîne tout le corps; mais, à ce moment, la personne se sentant tomber, se réveille et réagit contre cette chute; les muscles se sont de nouveau tendus et le corps s'est ressaisi.

L'équilibre de l'homme debout est un équilibre instable; le centre de gravité se déplace à chaque instant par les mouvements des membres et de la tête, et la station verticale n'est assurée qu'aussi longtemps que la projection du centre de gravité ne sort pas de la base d'appui. La station est d'autant plus difficile que la base est plus petite; si l'on se tient sur un seul pied, l'équilibre n'est plus aussi assuré, et si l'on réduit davantage encore la base de sustentation en se haussant sur la pointe du pied, le corps ne pourra se maintenir dans cet équilibre très menacé, qu'en ramenant sans cesse le centre de gravité au-dessus de la base de sustentation par des mouvements des bras et de la jambe restée libre, dont il se sert comme un acrobate de son balancier. Au contraire, on donne une grande stabilité à son équilibre en écartant les jambes, car alors la base de sustentation étant très étendue, la verticale abaissée du centre de gravité sort moins facilement de l'intérieur de cette base.

Un homme qui porte un fardeau sur le dos ne peut conserver la station verticale, car le centre de gravité se trouvant transporté du côté de la charge, il est obligé de pencher le corps en avant pour ramener le centre de gravité au dessus de la base de sustentation. Par la même raison, l'homme qui porte un fardeau sur les bras est obligé de s'incliner en arrière. Le porteur d'eau, qui tient un seau plein dans sa main, rejette son corps du côté opposé et écarte au loin son bras libre. Toutes ces attitudes du corps sont destinées à rétablir l'équilibre dérangé Sur la corde raide, où la base de sustentation est extrêmement réduite, l'acrobate s'adjoint un balancier, longue perche terminée par deux boules; le poids du balancier et celui de l'acrobate réunis déterminent un centre de gravité commun qui n'est ni celui de l'acrobate, ni celui du balancier, de telle sorte que l'acrobate semble tenir dans sa main le centre de gravité du système, et, afin de ramener sans cesse sa projection dans la base d'appui, il le déplace à chaque instant.

Par la seule considération des efforts incessants que nécessite la simple attitude de l'homme debout pour empêcher le corps de tomber sous la puissance des forces attractives; par le seul examen d'un équilibre qui ne peut être conservé que par une intervention continuelle des muscles, on peut juger de la somme d'efforts qu'exigent la marche et la course.

La marche est une suite de chutes successives. Les *jumeaux*, muscles du mollet, se contractent et élèvent le corps sur la pointe du pied; ensuite le corps est porté en avant par la contraction des muscles fléchisseurs de la cuisse, les *psoas*; mais le corps tomberait si l'autre jambe, mue en temps utile, ne s'avançait pour recevoir le corps dans sa chute. L'une des jambes élève le corps sur la pointe du pied, l'autre le reçoit sur le talon.

La même série d'actes se renouvelle à chaque pas; le corps se soulève, puis retombe et de chute en chute il se déplace. Chaque fois qu'il retombe, c'est par l'action des forces attractives; chaque fois qu'il se relève, c'est par le triomphe des forces répulsives accumulées en lui sur les forces attractives terrestres. La marche est une lutte incessante contre la force de pesanteur; pendant que le corps s'arc-boute sur l'un des membres, il se soulève de terre pour retomber ensuite sur l'autre membre qu'il a porté en avant.

L'homme porte tout son poids sur un côté et déplace l'autre sur lequel il pèse ensuite, et ainsi il se transporte par un mouvement de bascule. Mais si, au lieu de marcher par un balancement du corps ou à la façon d'un compas qu'on promène sur une surface, l'homme se meut à pieds joints, dans un rebondissement continuel, chaque chute sera suivie d'un choc, parce que chaque fois le sol arrêtera le corps dans son mouvement vers le centre de la terre; chaque fois le sol fera obstacle à la puissance attractive exercée sur la masse du corps. Observez sur les instantanés tous les états consécutifs d'un coureur; tantôt vous le voyez en suspens au-dessus du sol, tantôt ramené au contact de la terre. Remarquez cette masse pesante successivement élevée et rabaissée; projetée par de puissants ressorts, elle ne retombe que pour rebondir encore: perpétuellement ramenée vers le centre attractif, elle est chaque fois enlevée par la force de réaction à la force de pesanteur qui l'entraînait.

Il y a dans la course et la marche deux mouvements contraires, l'un de haut en bas et l'autre de bas en haut; un mouvement enrayé du corps vers le centre de la terre et un mouvement d'élan, de tremplin ; un mouvement aveugle, fatal et un mouvement calculé, volontaire ; un mouvement forcé, contraint et un mouvement libre, spontané ; et c'est par l'action successive de ces deux mouvements opposés qu'a lieu ce mouvement de déviation qui constitue la course et la marche. La direction que suit toute locomotion est une ligne déviée. Sollicité dans deux directions opposées, le corps prend une direction qui n'appartient ni à l'une ni à l'autre ; il prend un mouvement mixte et la liberté humaine est tout entière dans ce pouvoir de vaincre les forces aveugles, fatales. Aux mouvements contraints, mathématiques des corps inertes succèdent les mouvements libres, volontaires, spontanés des corps animés.

La marche nous paraît aisée et exempte d'efforts, mais c'est également ce que nous pouvons observer dans l'équilibriste qui, sans apparence d'effort, repose sur le sol par des points de son corps autres que ceux sur lesquels il se tient habituellement et marche sur ses mains aussi aisément que sur ses pieds. Il se meut presque aussi facilement le corps renversé que le corps naturellement droit ; ses bras lui servent de supports ; le corps s'accommode de lui-même pour se maintenir dans cette position ; toutes les parties se disposent spontanément pour ramener le centre de gravité sur la verticale qui tombe entre les deux mains et elles se font contrepoids pour maintenir le corps dans cet équilibre. Le gymnaste de profession fait « Renommée » sur une main aussi facilement que nous sur un pied, c'est-à-dire que, pour annuler l'effet de la pesanteur dans cet équilibre d'une extrême instabilité, tout le poids du corps doit être concentré en un seul point étroitement circonscrit et situé précisément au-dessus du bras qui sert de support ; le moindre dérangement dans l'une des parties écarte ce point de concentration, fait sortir la verticale abaissée du centre de gravité hors de la base d'appui comprise dans la surface de la main, de sorte que la pesanteur reprenant toute son action sur le centre de gravité, entraîne la chute du corps. Mais ce n'est que lentement, après des efforts répétés et laborieux, après des essais multiples et infructueux, que le gymnaste est entré en possession de son nouvel équilibre, qu'il s'est rendu maître du jeu de ses muscles dans la position renversée et des mouvements compliqués que cette position exige ; chaque nouveau mouvement nécessite une longue et patiente éducation.

Tous les êtres sont en quelque sorte des équilibristes et l'homme en est le plus grand. L'homme, dans la position naturelle, comme l'équilibriste dans la position renversée, doit sans cesse ramener au-dessus de la base de sustentation le centre de gravité qui, à chaque mouvement, s'en écarte. Comme l'équilibriste, ce n'est que par une longue éducation qu'il est parvenu à lutter musculairement contre les accidents qui troublent son équilibre et menacent à chaque instant de le lui faire perdre.

Si ce jeu des muscles nous paraît si simple et se fait pour ainsi dire de lui-même, c'est parce que tous les mouvements appris finissent par devenir absolument réflexes. Ces actes primitivement volontaires se transforment par l'habitude en actes automatiques dans lesquels la volonté n'a plus aucune part et qu'elle ne peut même plus empêcher. Si le corps trébuche, aussitôt et avant même que la volonté intervienne, tout le corps se dispose pour ressaisir le centre de gravité écarté de la verticale et le soustraire à l'action de la pesanteur ; tous les muscles manœuvrent spontanément pour arrêter le corps dans sa chute et le rattraper.

Il n'en est pas ainsi de l'enfant qui doit apprendre à associer les mouvements de ses muscles, à les combiner, à parfaire leur éducation ; et bien des chutes se produisent avant que le jeu des muscles soit assuré, avant que tous ses ressorts exécutent d'eux-mêmes tous les mouvements nécessaires, avant que la volonté n'ait plus à intervenir. Les jeux de l'enfant sont l'apprentissage de la vie, c'est-à-dire de cette réaction contre la pesanteur qui est la seule raison de notre existence. Il s'initie graduellement à la première de toutes les sciences qui est la science de nous-mêmes. Il s'assimile inconsciemment ce corps de règles et de pratiques qui sert à tous les êtres pour se diriger et se maintenir en équilibre dans toutes les positions. Il apprend à connaître cette chose qui est lui-même et qui lui est étrangère ; il s'efforce de la posséder, de s'en rendre maître. Tous ses mouvements sont des mouvements appris ; les uns après les autres, l'enfant s'est exercé à les exécuter le plus rapidement et le plus sûrement possible. Lentement, successivement il s'est rendu maître du jeu de ses muscles, de leurs contractions successives ou simultanées et des degrés de cette contraction.

Lorsque les enfants s'ébattent, c'est pour apprendre à leur insu à connaître les forces respectives qui agissent sur leur masse. Ils plient, déplient, replient cette masse flexible pour la connaître à fond et la posséder entièrement; ils s'étudient, se soupèsent dans tous leurs membres, se tendent et se détendent dans tous leurs ressorts et c'est en jouant qu'ils apprennent à lutter contre les forces fatales qui entraînent le poids de leur masse et à les enrayer; c'est en se jouant qu'ils opposent leurs forces naissantes aux forces universelles de l'attraction. C'est par les jeux que la réaction pousse l'enfant à ses fins; elle fortifie en récréant. Les jeux sont un entraînement à la résistance et l'enfant, dans ses ébats, poursuit un but dont il n'a pas conscience, la possession de lui-même.

Sous les apparences les plus frivoles se cachent les enseignements les plus graves. Tous ces jeux qui semblent n'avoir pour but que le plaisir, ont en réalité un but plus élevé, celui de nous rendre maîtres de notre corps, de le garer contre toutes les maladresses, de le manier à notre gré. Dès que ce but est atteint, le plaisir en est la suite. Les danses, qui sont les derniers jeux de la jeunesse, sont en quelque sorte le parachèvement de l'équilibre, le couronnement de l'éducation du corps. Dès que l'un des sexes se sent attiré vers l'autre, il éprouve le désir de l'associer à ses jeux. Ces sauteries à deux se manifestent lorsque, sur l'instinct de la conservation personnelle, vient se greffer l'instinct de la conservation de l'espèce; lorsque la réaction dans l'individu arrive à tout son épanouissement, elle tend à se multiplier. L'adolescent est porté vers l'amour comme l'enfant vers ses jeux et, comme l'enfant, il n'a pour but que le plaisir; mais, en réalité, le plaisir, ici encore, n'est pas une fin, mais un effet; le véritable but vers lequel le jeune homme tend inconsciemment, c'est de transmettre sa puissance de réaction arrivée à son complet développement, et cette tendance étant satisfaite, il en résulte un grand bien-être, une satisfaction intime.

Les danses forment la transition entre les jeux de l'enfance et les devoirs plus graves de la famille à fonder. Le corps humain, par son équilibre instable et sa base très réduite, présente les principales propriétés de la toupie. Sa facilité à pivoter sur un bout, à pirouetter sur la pointe du pied le porte aux mouvements giratoires. Toutes les danses, la valse surtout, sont des mouvements de toupies, mais de toupies vivantes, conscientes de leurs évolutions, qui jouissent de se sentir emportées dans un double mouvement de rotation et de translation. La base de sustentation étant réduite à la pointe des pieds, l'équilibre est extrêmement instable. Les deux valseurs enlacés et se soutenant réciproquement fusionnent leurs deux équilibres et, par des mouvements concordants, ramènent sans cesse le centre de gravité commun sur la verticale qui tombe dans l'espace compris entre leurs pieds. Fouettés par la musique ils évoluent comme une seule masse sur la pointe extrême de leurs corps, se soulevant, tournoyant et retombant en cadence.

La patin réduit davantage encore les surfaces motrices; le corps, presque entièrement isolé du sol et comme en suspens, ne tient plus au point d'appui que par de faibles attachés. La difficulté de maintenir une masse aussi élancée sur une base aussi petite nécessite une tension extraordinaire de tous les muscles. La base de sustentation est si réduite, l'instabilité est si grande que l'obstacle le plus mince, une simple baguette, suffit pour amener la projection du centre de gravité en dehors de la base d'appui et faire perdre l'équilibre. En réduisant considérablement l'action de la pesanteur sur le centre de gravité, le patin supprime en quelque sorte le poids du corps; une légère impulsion, et le corps part et fuit presque sans effort comme un nuage léger sous la poussée du vent. Le centre de gravité est d'une mobilité extrême et éprouve des écarts considérables qui menacent sans cesse le prodigieux équilibre du corps. Comme un équilibriste le patineur jongle avec sa masse; à chaque instant elle tombe sous l'action de la force attractive, mais les muscles, toujours en éveil, la ressaisissent, la relèvent et rétablissent son centre de gravité au-dessus de la base d'appui; chaque muscle intervient à son tour et seulement au moment propice, avec une promptitude et une précision remarquables, comme ces raquettes échelonnées qui se rejettent adroitement une balle lancée, sans que jamais elle leur échappe et retombe sur le sol.

Pour progresser, le corps ne tombe, ni ne se relève aussi brusquement que dans la marche, mais il coule, il file, il rase légèrement la surface congelée des eaux, il effleure et ne pose point et semble enfin goûter l'enivrement du vol. Autant le cygne est gracieux et léger lorsqu'il fend majestueusement la surface des eaux tranquilles, autant il est lourd et gauche lorsqu'il marche; autant nos mouvements sont moelleux, suaves et aériens sur la glace polie, autant ils sont pénibles, pesants et saccadés sur le sol rude ou pâteux.

L'homme est de tous les êtres celui qui s'est rendu le plus complètement maître de sa masse, et c'est parce que l'équilibre atteint en lui son plus haut point qu'il est le premier des corps réagissants. Mais ce merveilleux équilibre, il n'a pu l'acquérir sans un travail de tous les instants; il lui a fallu une longue persévérance et une somme colossale d'efforts pour maîtriser sa masse, pour en régler tous les mouvements, pour la dégager progressivement des essais, des tâtonnements inévitables à tout début. L'homme coulé d'un jet serait à l'égard de son corps comme une personne, étrangère à l'art musical, mise en présence d'un instrument de musique dont elle ne saurait tirer qu'un petit nombre de sons confus et discordants. L'homme qui sortirait tout formé du néant, comme Minerve de la cuisse de Jupiter, ne pourrait faire jouer ses nombreux ressorts, ni les accorder pour se soulever et se mouvoir. Il est à remarquer également qu'on perd le mécanisme de son corps comme on désapprend le jeu d'un instrument; les personnes alitées pendant de longues années perdent l'usage de leurs membres.

A chaque pas, à chaque mouvement, nous observons rigoureusement les lois de la mécanique; nous contre-balançons instinctivement l'action de la pesanteur qui attire également vers le centre de la Terre toutes les molécules pondérables qui se trouvent à la surface. Tous, nous faisons de la mécanique sans le savoir en réglant chacun de nos pas, de nos gestes, de nos mouvements les plus spontanés, les plus rapides d'après les exigences des lois de l'équilibre des corps, de façon à annuler l'action de cette force silencieuse et puissante qui nous attire vers la terre.

Les êtres réagissants ont eu de grands efforts à faire et un immense travail à effectuer pour se libérer de toutes les servitudes qui pèsent sur la matière; ils ont eu à se pourvoir de puissants moyens mécaniques et chimiques pour arriver à se soustraire à cette fatale et impérieuse nécessité qui étreint tous les corps et les plie à ses lois. Et c'est assurément un des plus étranges spectacles de l'Univers que cette lévitation donnée aux masses pesantes terrestres qui se sentent soulevées, transportées par une force inconnue aux corps bruts, inconnue aux corps célestes; c'est pour le penseur un grand sujet d'étonnement que ce pouvoir accordé aux corps pondérables de se soustraire aux forces qui régissent tout l'Univers, de suspendre à leur gré les lois de l'attraction universelle.

CHAPITRE XI

Formes de la matière réagissante.

I. — Les minéraux s'accroissent par *juxtaposition* (*juxta*, auprès; *ponere*, poser), c'est-à-dire, par le dehors; les corps réagissants s'accroissent par *intussusception* (*intus*, en dedans; *suscipere*, recevoir), c'est-à-dire par le dedans.

L'accroissement par juxtaposition est dû à l'attraction; l'accroissement par intussusception est dû à la répulsion. Sous l'action des forces attractives, les minéraux augmentent par agrégation; sous l'action des forces répulsives, les corps réagissants augmentent par expansion. Les forces attractives attirent de la circonférence au centre; les forces répulsives repoussent du centre à la périphérie. Les unes agissent par contraction : les autres, par dilatation.

Les formes des minéraux, dues à l'action des forces attractives, sont rigides, anguleuses, géométriques; les formes des corps réagissants, dues à l'action des forces répulsives, sont élastiques, globuleuses, vésiculaires et présentent des courbes irréductibles à toute forme régulière. Le cristal, composé de substance homogène, est limité par des surfaces planes, se coupant suivant des arêtes vives et des angles constants et mesurables ; la plante et l'animal, composés de substances hétérogènes, sont de formes circulaires, rayonnées et de contours arrondis. Si l'on écrase sous le marteau un cristal de calcaire rhomboïdal, la masse se partage en cristaux de plus en plus petits qui sont eux-mêmes des rhomboèdres, c'est-à-dire des parallélipipèdes limités par six losanges ou rhombes parfaitement égaux ; si l'on analyse une plante, un animal, on reconnaît qu'ils sont constitués par la réunion de vésicules ou petits globules pleins appelés *cellules*.

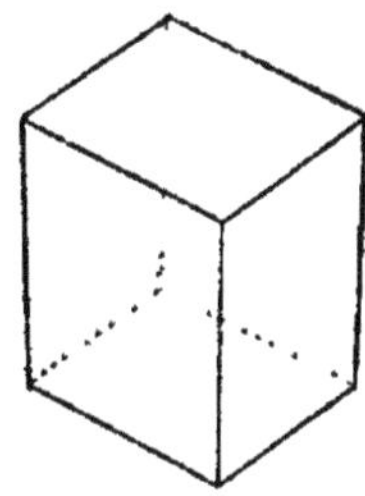

Cristal de calcaire.

Lorsque, des forces attractives, la matière terrestre passe sous l'empire des forces répulsives, ses molécules sortent de leur immobilité pour devenir extrêmement mobiles ; de géométriques et cristallines, elles deviennent globulaires ; de la rigidité du cristal, des formes anguleuses de la géométrie minérale, elles passent à l'élasticité, aux formes plastiques de la réaction, et leur accroissement ne se fait plus par l'extérieur, mais par l'intérieur.

L'accroissement des corps bruts est illimité, car rien ne s'oppose à ce que les forces attractives qui ont déterminé quelques molécules à s'agréger ne continuent indéfiniment à en superposer d'autres semblables. La taille des corps réagissants est, au contraire, strictement limitée, car ces masses réagissantes s'accroissent par l'action des forces répulsives et elles cessent de croître lorsque ces forces répulsives qui les animent ne parviennent plus qu'à contre-balancer les forces attractives.

L'accroissement des corps réagissants est en raison de la densité des milieux où ils réagissent ; dans les trois couches à peu près superposées — solide, liquide et gazeuse, — qui constituent notre globe, le développement des corps réagissants va en diminuant, parce que les résistances à vaincre vont en augmentant. Les végétaux, qui croissent dans la couche solide, présentent un déploiement considérable et parviennent à des hauteurs inconnues à tous les autres corps réagissants car, solidement fixés dans la croûte solide et n'ayant pas à porter leur masse, ils peuvent acquérir un accroissement énorme sans compromettre leur équilibre. Dans la couche liquide, les corps réagissants atteignent encore, malgré leur instabilité, un développement énorme parce que, grandement allégés et puissamment soutenus par un élément presque aussi dense qu'eux, ils peuvent faire équilibre à des poids considérables sans nuire à leur puissance de réaction; la baleine est énorme en volume comme le baobab en taille; le baobab par sa stabilité comme la baleine par sa légèreté spécifique sont les deux colosses de la réaction terrestre. Les êtres qui réagissent dans la couche gazeuse, et particulièrement les oiseaux, étant le moins soutenus, présentent la taille la plus exiguë, l'accroissement le plus limité; la force de pesanteur y est si écrasante qu'un développement semblable à celui que permet le sol ou l'eau y est impossible. Les végétaux, semblables à des pyramides solides et fermement assises, doivent à leur grande stabilité leurs majestueuses proportions; les animaux terrestres, semblables à des constructions frêles et hardies, doivent à leur grande instabilité une croissance très limitée.

Un minéral, une pierre, soumise à une seule force, n'a ni haut, ni bas parce que le bas peut devenir indifferemment le haut et vice versa. La plante a un haut et un bas parce que, sollicitée par deux forces opposées, l'une qui agit de haut en bas, l'autre de bas en haut, elle croît dans deux directions opposées.

La distinction entre le haut et le bas du corps est d'autant plus prononcée que l'être réagissant est plus élevé dans la réaction. Pour reconnaître à quel degré de la réaction un être appartient, il suffirait de le retourner, car plus il s'élève dans la réaction, plus le haut et le bas du corps se différencient dans leur opposition croissante avec la terre, et plus les différences entre le haut et le bas du corps sont accentuées, plus la position retournée est contraire, illogique, impossible. De même le radeau peut se placer indifféremment sur l'une ou l'autre face; mais, dans le steamer, la différenciation entre la partie inférieure et la partie supérieure est si grande, ces parties sont si opposées en tous points, que l'une ne peut prendre la place de l'autre sans paralyser tous les organes et rendre nulle la navigation.

Une pierre, ne réagissant pas, n'a ni haut ni bas et se retourne indifféremment sur l'un ou l'autre côté. La plante, qui réagit, a un haut et un bas, mais la réaction de la plante n'est pas si avancée que pour établir une ligne infranchissable entre sa partie supérieure et sa partie inférieure; retournez une plante dans la terre, les racines deviennent des branches et des feuilles, et les branches deviennent des racines. Les animaux inférieurs ne peuvent plus se placer indifféremment sur l'une ou l'autre face, et plus on s'élève dans l'échelle animale plus le dessous se distingue du dessus et prend une conformation compliquée; la différence entre le dessous et le dessus est

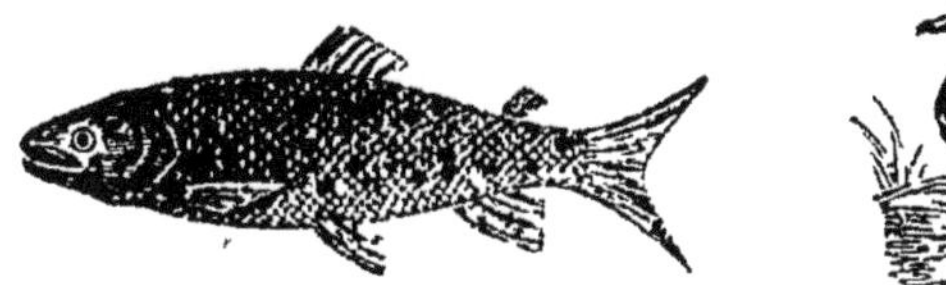

beaucoup plus remarquable dans un oiseau ou un quadrupède que dans un reptile ou un poisson.

Le mécanisme se trouve tout entier du côté par où le corps est attiré, par où il oppose sa résistance, et plus le corps réagit plus le mécanisme est compliqué. Tous les leviers qui composent le squelette

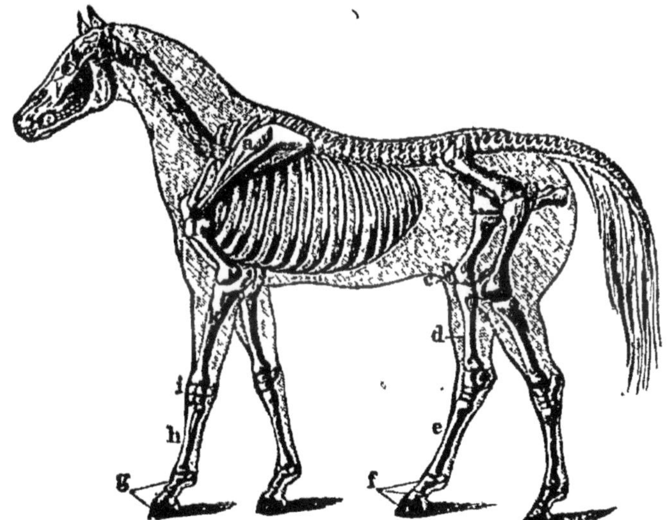

sont disposés dans le sens de la résistance, c'est-à-dire dans la partie intérieure du corps. Le côté attiré prend un développement extraordinaire et subit des modifications d'autant plus considérables qu'il oppose une résistance plus grande à la pesanteur. Le côté du corps tourné vers le centre attractif est travaillé, labouré, creusé, tourmenté, découpé; tous les ressorts, tous les appendices sont rattachés de ce côté; tandis que le côté opposé, le dos, est ras, plat, uniforme, sans aucune division, sans aucun relief. Combien d'insectes et de mollusques renversés sur le dos, sont paralysés et meurent dans cette position parce que, de ce côté du corps, ne se trouve aucun moyen de se soustraire à l'action de la pesanteur.

Dans l'homme, l'être le plus élevé de la réaction, il n'y a plus aucune analogie entre le bas et le haut du corps; la différenciation de ces deux parties est extrême. Aussi l'homme, qui est revenu à l'attitude droite des plantes, ne peut plus comme elles se tenir indifféremment sur l'un ou l'autre bout; la partie supérieure et la partie inférieure ne pourraient plus se transformer l'une dans l'autre.

La réaction statique donne au corps réagissant un haut et un bas, mais ne lui donne ni gauche, ni droite, ni avant, ni arrière. — Par la réaction dynamique ou le déplacement de sa masse, le corps réagissant entre en possession de quatre formes ou dispositions nouvelles en sus du haut et du bas.

La plante, corps réagissant, se distingue du minéral, corps non réagissant, par un haut et un bas; l'animal, corps réagissant mobile, se distingue de la plante, corps réagissant immobile, par la gauche et la droite, l'avant et l'arrière.

L'animal présente un côté gauche et un côté droit parce que, pour se mouvoir, il est formé de deux moitiés accolées qui se font contrepoids dans la progression et se soutiennent tour à tour; l'une soutient le poids de la masse pendant que l'autre avance et réciproquement. Le côté droit et le côté gauche sont dus au mouvement de bascule par lequel l'animal se déplace; il offre une structure double qui lui permet un libre développement latéral d'organes locomoteurs : nageoires chez les poissons, ailes chez les oiseaux, pattes chez les animaux. Le corps réagissant, pour se déplacer, se dédouble et les deux parties se balancent alternativement, dans la progression, autour d'un centre; l'une des parties fait levier pendant que l'autre se soulève. Formé de deux masses juxtaposées qui se font équilibre, le corps réagissant est porté tantôt par l'une, tantôt par l'autre.

Cette duplicité de forme est due au mouvement alternatif dans l'un et l'autre sens. C'est ce qui explique que les êtres inférieurs, dépourvus de moyens de locomotion, n'ont ni gauche, ni droite. Ils sont de

Étoile de mer (zoophyte).

forme circulaire comme les plantes et on les appelle « radiés » ou « rayonnés ».

Cette duplicité de forme est d'autant plus accentuée qu'on s'élève davantage dans la réaction; elle est plus remarquable dans le quadrupède que dans le poisson et plus prononcée dans l'homme que dans le quadrupède. Les deux moitiés latérales qui semblent s'être réunies sur la ligne médiane pour former l'homme, lui donnent une symétrie bilatérale parfaite. L'homme est parfaitement double, parce que son mouvement de progression est double; le corps se hausse sur l'un des membres tandis qu'il penche sur l'autre; l'un des côtés obéit à la force de pesanteur pendant que l'autre y résiste. Dans sa marche, les deux forces antagonistes agissent chacune sur une moitié du corps; elles s'opposent l'une à l'autre; par un véritable mouvement de bascule, une partie du corps s'élève pendant que l'autre descend. Cette dualité des forces qui a fait la dualité de la forme en hauteur du végétal est donc aussi la cause de la dualité latérale de la forme animale.

La plante, par la même raison qu'elle n'a ni gauche, ni droite, n'a ni avant, ni arrière. Il y a nécessairement un côté du corps vers lequel le corps réagissant sera sollicité à se mouvoir lorsqu'il passera de la réaction statique à la réaction dynamique, lorsqu'il quittera la position verticale pour la position horizontale. Ce point du corps vers lequel se porteront tous ses efforts et qui déterminera le sens des mouvements c'est celui par où lui arrivera le stimulus.

Chez la plante, le *stimulus* est extérieur; elle tend vers la lumière qui pénètre en elle par toutes ses faces, mais si c'est toujours la même face qui est tournée vers la lumière, cette face recevra un plus grand développement que toutes les autres; toute la vitalité de la plante se portera du côté par où lui arriveront les rayons lumineux.

Chez l'animal le *stimulus* est intérieur et il s'efforce de rapprocher ses orifices d'absorption des substances propres à former ce *stimulus* intérieur. Toutes les molécules constitutives de l'animal s'orientent vers la partie d'où leur arrivent les forces nécessaires à leur réaction; toutes leurs impulsions tendent vers la cavité d'absorption; les muscles convergent vers ce point du corps et les organes des sens et de préhension, à mesure qu'ils se forment, viennent entourer l'orifice d'absorption.

Certains infusoires qui se nourrissent par toute la surface du corps, c'est-à-dire par endosmose comme les plantes, n'ont ni avant, ni arrière. Dans un degré plus élevé de la réaction, une cavité se forme qui sert à la fois pour l'absorption et pour l'expulsion. Lorsqu'enfin le corps réagissant est entièrement percé par le tube digestif, l'une des extrémités de ce tube, celle qui sert à l'expulsion, reste simple, nue et dénuée de tout accessoire, tandis que l'extrémité opposée, celle qui sert à l'absorption se complique extraordinairement et se munit d'un puissant outillage. Cette ouverture se pourvoit de muscles puissants et nombreux et de leviers solides pour se fermer et s'ouvrir. Elle se remplit de nombreuses petites meules pour broyer, d'incisives pour déchirer, d'une petite pelle charnue, musculeuse pour remuer les aliments, les retourner, les triturer, les pousser sous les petites meules et, enfin, les projeter à l'intérieur. Elle se tapisse de papilles et elle se munit de glandes pour liquéfier les aliments et les dissoudre. Cette cavité s'entoure en outre de tous les sens postés en éclaireurs, en avertisseurs des substances convoitées, et de griffes, bec, ongles, venins pour s'en emparer. Cette concentration en un même point des principaux organes, nous montre que c'est la bouche qui a déterminé la direction des forces impulsives ; c'est dans cette partie du corps que se trouve le véritable point d'application des forces qui tirent le corps de son immobilité. La traction du corps se faisant toujours dans le même sens, tous les organes se sont disposés pour agir dans ce sens et, de cette disposition des organes, résultent l'avant et l'arrière.

Toutes les forces, tous les efforts de l'être réagissant se portant de plus en plus vers cette ouverture par où il incorpore les aliments ; toute sa puissance, tous ses moyens d'action se concentrant toujours davantage sur ce point, il en résulte que cette partie du corps par où il absorbe se distingue de plus en plus de la partie par où il expulse, à mesure qu'il avance en réaction. Mais, en même temps que le corps réagissant tend vers l'attitude verticale, les orifices d'absorption tendent également à occuper le sommet du corps et s'élèvent peu à peu ; le fardeau de la locomotion retombe de plus en plus sur l'arrière qui devient la partie inférieure du corps.

Cette évolution est visible dans toute l'échelle animale. Chez les êtres inférieurs, l'avant ne diffère pas sensiblement de l'arrière ; un

Ver de terre.

ver coupé en deux forme deux vers distincts Chez les poissons, les deux parties sont nettement différentes et le fardeau de la locomotion tombe principalement sur la queue ; c'est la queue qui, en frappant l'eau de droite et de gauche, imprime un mouvement de poussée au corps. Il en est de même pour les reptiles qui peuvent se redresser sur la partie postérieure de leur corps. Chez les quadrupèdes, l'arrière supporte la plus grande partie du corps ; c'est sur cette partie que la plupart de ces animaux se déchargent de leur poids ; leur attitude favorite dans le repos partiel est de s'asseoir sur la partie postérieure. Enfin, chez l'homme, la partie antérieure du corps s'est entièrement déchargée sur la partie postérieure ; par suite, celle-ci a formé le bas du corps, l'autre, le haut du corps.

Dans cette évolution de la matière réagissante, on constate une assymétrie croissante dans les formes, à mesure que l'être réagissant s'élève en réaction. Le monde minéral est tout symétrique, tout géométrique. Dans le monde végétal, assymétrie entre le haut et le bas.

Dans le monde animal, assymétrie de plus en plus grande entre le haut et le bas du corps, en même temps qu'une deuxième assymétrie entre l'avant et l'arrière. Dans l'homme, assymétrie entre le haut et le bas, entre l'avant et l'arrière, et tendance visible à une troisième assymétrie entre la gauche et la droite.

Aussi longtemps que les efforts et les forces du corps réagissant furent également répartis sur les deux moitiés latérales du corps, la gauche et la droite restèrent parfaitement symétriques, — symétrie superficielle cependant qui n'existe pas dans les 'organes internes ; — mais si, par suite de la situation nouvelle qui est faite au corps réagissant par son accession à l'attitude verticale, un côté prédomine sur l'autre; si l'un prend une plus grande aptitude au travail; s'il est plus souvent et plus savamment exercé, tandis que l'autre reste habituellement inoccupé, ce côté préféré recevra nécessairement un plus grand développement. Cette prépondérance d'une partie sur l'autre pourrait amener, dans la suite des temps, une troisième assymétrie dans le corps réagissant, en produisant une différenciation progressive entre le côté gauche et le côté droit : de sorte que, dans des réactions à venir dont nous ne pouvons nous former aucune idée, le corps réagissant le plus élevé ne présenterait plus aucune symétrie dans son organisation.

Plus la réaction se développe, plus le travail se divise ; la division du travail est donc un indice des progrès de la réaction, un signe de perfection. Le cerveau commande aux mouvements volontaires, mais l'hémisphère gauche commande principalement aux œuvres d'agilité et d'adresse ; or tout le côté droit du corps est sous la dépendance de l'hémisphère gauche, tandis que le côté gauche relève de l'hémisphère droit. Il est plausible que c'est par cette spécialisation toujours plus grande du travail que l'homme n'est plus *ambidextre* comme les autres êtres. Cette division à outrance du travail physiologique qui a fait les deux sexes, qui a fait le haut et le bas du corps, l'avant et l'arrière et qui, en opposant le pouce aux autres doigts, a influé prodigieusement sur l'adresse et multiplié les moyens d'industrie, serait donc également cause qu'une main est plus adroite, plus dextre que l'autre.

II. — L'homme, dans toutes ses parties, est entièrement disposé pour surmonter l'attraction terrestre comme le steamer pour surmonter les forces océanesques. Si l'on ôte la terre au corps réagissant il n'a pas plus de raison d'être qu'un navire sans l'océan; il n'a plus de sens, plus de destination.

Une pierre est complète par elle-même. L'existence d'une pierre n'implique pas nécessairement l'existence d'un globe planétaire; elle est une par elle-même et elle peut se concevoir indépendamment du globe. Mais l'existence d'un être réagissant suppose inévitablement un centre attractif. Un être ne peut se concevoir sans la terre qui le porte et c'est d'autant moins concevable que l'être est plus élevé dans la réaction.

La terre est l'élément fondamental du corps réagissant comme l'eau par rapport au navire; c'est la partie principale sans laquelle toutes les autres seraient sans raison d'être. De même que le navire a reçu sa forme en vue de l'élément sur lequel il réagit, de même l'être vivant est approprié au globe qui le porte; il est modelé, façonné pour le globe comme un outil est façonné pour la main dans laquelle il fonctionne.

Si nous pouvions voir les oiseaux dans le ciel des antipodes, à travers la terre devenue transparente, ils nous sembleraient voler sur le dos. Otons-leur la terre, en imagination. Otons-leur tout centre d'attraction. Supposons qu'ils continuent à voler dans leur élément sans avoir la terre entre eux. Les oiseaux des antipodes seront

opposés par les pieds aux oiseaux de notre ciel; les uns voleront renversés par rapport aux autres; mais lesquels d'entre eux voleront renversés, lesquels voleront naturellement? lesquels seront en haut, lesquels seront en bas? Où sera le dessus, où sera le dessous? N'ayant plus de centre d'opérations, n'ayant plus de base d'action, les oiseaux des deux antipodes se confondront, se mêleront, et ce sera le chaos des formes et l'anarchie des mouvements; ils s'agiteront sens dessus dessous dans un pêle-mêle, dans un désordre, dans une confusion inexprimables, parce qu'ils ne correspondront plus à rien, parce qu'ils ne signifieront plus rien. Mais replacez la terre entre eux, ils cesseront de se débattre dans leur inextricable embrouillement: avec le centre d'attraction reparaîtra l'ordre, la régularité, l'harmonie dans les mouvements et les formes.

La terre peut se comprendre sans les êtres, mais les êtres ne peuvent se comprendre sans la terre. Le centre d'attraction est leur raison d'être et le pôle directeur de tous leurs mouvements. De même que l'aiguille aimantée se tourne toujours vers le Nord vers lequel elle est attirée, de même les êtres se tournent invariablement vers le centre attractif. Sous toutes les latitudes ils présentent la même face à la terre. Tout en eux est orienté vers ce corps central qui les attire. Toutes leurs molécules sont polarisées vers le centre d'attraction.

La terre est un centre où tout converge, où tout aboutit, autour duquel évoluent toutes les forces réagissantes. Toujours les êtres réagissants quittent la terre et toujours ils y reviennent et toujours lui présentent le même côté du corps. La terre est un point de ralliement pour les masses terrestres rompues ou dispersées; c'est le centre commun qui imprime une même direction à tous leurs mouvements, qui les fait agir tous dans le même sens.

De tous les corps terrestres, l'être réagissant est le plus dépendant de la planète et celui qui s'y rattache le plus étroitement. Comme un rouage arraché d'une mécanique, l'homme, sans la terre, ne peut rien par lui-même et est impuissant à se donner le mouvement. Il est bâti sur la terre et il lui doit sa structure et sa forme, comme l'aérostat doit sa forme à l'élément dans lequel il se meut, comme le navire doit sa manière d'être à l'océan sur lequel il réagit.

Pour mieux étreindre cette vérité ou, plutôt, pour mieux la mettre en relief, donnons libre cours à l'imagination. Supposons que l'homme subitement séparé de la masse terrestre par la force centrifuge, — il suffirait que la vitesse de rotation de la terre fût vingt fois plus grande — soit projeté dans ces espaces interstellaires où, comme dans les histoires fabuleuses et les contes de fées, habiteraient des génies, des intelligences pures, des êtres immatériels. Imaginez l'homme sans la terre. Figurez-le-vous dans ces espaces où il n'y a ni haut, ni bas, ni longueur, ni largeur. Figurez-vous l'émoi que jetterait dans le camp des génies, dans le monde des purs esprits, l'apparition de cet étrange bolide, de cette masse bizarrement découpée, irrégulièrement taillée, curieusement ouvragée, arrondie à un bout, aplatie aux autres, creusée dans toute son épaisseur, percée d'orifices, de conduits, de tubes, remplie de cavités, de fentes, d'anfractuosités et qui, dans sa flexibilité et ses cassures, se plie, se déplie et se replie. Voyez ces intelligences pures, leur frayeur passée, s'enhardir jusqu'à se rapprocher de ce corps insolite, jusqu'à l'examiner de près, en s'appelant, en s'interrogeant, en montrant la plus vive surprise au spectacle de cette curieuse mécanique; se questionnant sur ce produit bizarre, sur l'objet de son mécanisme, sur son mode d'emploi, avides de connaître comment il fonctionne et pour quelle fin et, finalement, se décidant à en appeler aux lumières d'un génie supérieur pour résoudre cette vivante énigme. Voyez ce génie prenant l'homme et le plaçant dans sa position naturelle sur le premier monde qui passe; et, comme une pierre détachée d'un édifice dont la configuration s'explique par sa réintégration à la place qu'elle occupait, comme un rouage replacé dans le mécanisme dont il faisait partie, l'homme s'explique par la planète, centre d'attraction.

L'homme, dernière forme de la réaction, est pétri par toutes les causes qui ont agi sur le corps réagissant à travers les siècles, et par les milieux qu'il a successivement occupés et qui l'ont amené au point où il se trouve; la forme humaine est sortie de toutes les autres formes; l'homme n'est qu'une pierre de l'édifice total.

Ainsi viennent successivement au jour les formes de la réaction. Chacune d'elles, prise séparément, semble originale et unique dans son individualité, mais rapprochée de celles qui la précèdent et de celles qui la suivent, elle apparaît comme un produit naturel du passé et comme un milieu où s'élaborent les formes à venir. Les lignes primitives se modifient imperceptiblement, et ainsi s'achève à travers les temps la métamorphose de l'être ancien en un être nouveau.

La matière qui constitue l'être vivant est identiquement la même que celle qui constitue le globe terrestre, mais la plus grande partie de la matière terrestre obéit à la pesanteur, une petite partie seulement y résiste, et ces deux manières d'être font leur seule différence, causent leur seule distinction. Cette matière terrestre réfractaire à la pesanteur est celle qui se constitue en corps distincts, dans lesquels elle est disposée, groupée, distribuée pour surmonter l'action attractive de toutes les autres molécules terrestres; de l'assemblage des leviers, des tubes, des articulations qui constituent ses moyens de résistance, dérive la forme du corps réagissant.

La forme n'est que la manière dont les molécules se disposent pour résister à la pesanteur, et ces molécules constitutives étant plus savamment ordonnées à mesure qu'elles résistent davantage, la forme totale se complique d'autant.

Du mode de réaction dérive le mode de groupement des molécules et du groupement des molécules dérive la forme de l'être réagissant. L'oiseau qui réagit habituellement sur l'eau a le corps disposé en forme de carène et les pattes en forme de rames.

La forme d'un être est la résultante de toutes les formes particulières des pièces qui constituent l'ensemble. Le mode de réaction fait l'agencement des diverses pièces composantes; selon que la réaction consiste dans la reptation, dans la natation, dans le vol ou dans la marche, les diverses pièces se disposent dans le sens le plus favorable à la résistance et de la disposition de ces pièces résulte la forme générale du corps.

La forme est toute secondaire, toute relative, car elle résulte de l'organisation et l'organisation à son tour résulte du degré de réaction. Le changement de réaction amène le changement d'organes et le changement d'organes modifie la forme du corps. L'insecte, pour passer de l'état de larve à l'état parfait, c'est-à-dire pour passer d'une réaction inférieure à une réaction supérieure, se défait de sa peau, de ses membres, de l'enveloppe extérieure de sa tête, de son crâne et de sa mâchoire, de sa filière, de son estomac et d'une partie de ses poumons. Si l'homme n'avait suivi l'insecte dans toutes ses métamorphoses, comment aurait-il jamais pu reconnaître la chenille dans le papillon? Comment aurait-il deviné le même animal dans deux êtres si différents de forme, de structure et de genre de vie? La chenille n'a ni pattes, ni ailes, elle rampe; le papillon vole et marche. La chenille a la bouche d'un insecte broyeur; le papillon, la bouche d'un insecte suceur formée d'une trompe déliée et enroulée sur elle-même.

Les formes sont transitoires et elles passent avec les causes qui les ont fait naître. La forme n'est qu'un mode passager, une manière d'être de la matière réagissante et, en réalité, elle est indifférente par elle-même.

Il importe peu qu'un moteur, soit-il même un moteur animé, ait telle ou telle forme si l'effet désiré est obtenu. Lorsqu'on invente un moteur, on ne considère pas la forme qu'on va lui donner, mais les mouvements qu'on veut en obtenir ; on n'a en vue que le travail qu'on veut lui faire accomplir. Les inventeurs ne se sont pas dit : « Nous allons faire la locomotive », comme le créateur de la Bible dit : « Nous allons faire l'homme » ; ils n'avaient en vue que d'obtenir un genre particulier de mouvement en enfermant, dans un même espace, de l'eau, du feu et de la vapeur, en faisant réagir ces divers éléments l'un sur l'autre pour donner l'impulsion à un piston, qui commande à des roues, lesquelles à leur tour emportent des charges dans leur mouvement. A l'agencement qui a produit ce résultat ils ont donné le nom de « locomotive », mais l'agencement aurait pu être tout autre et s'appeler encore « locomotive ». De même la résistance à la pesanteur a produit une machine solaire, un moteur électro-magnétique composé de solides, de liquides et de gaz lesquels, en se combinant pour produire un certain travail, ont donné l'agencement que nous appelons « homme ».

L'homme ne peut se figurer qu'il aurait pu être autrement conformé qu'il n'est, comme si sa forme était préétablie, comme si elle préexistait à son apparition sur la terre. Ce groupement moléculaire qui nous apparaît sous la forme verticale aurait été tout autre si les circonstances et les milieux qui l'ont produit avaient été autres ; et s'il existe sur les autres planètes des êtres arrivés au même degré de réaction, on peut admettre qu'ils sont bâtis sur un plan tout différent.

Le type humain n'est pas un type arrêté d'avance et stéréotypé. Les matériaux de notre corps ne se sont pas disposés dans un ordre préalablement médité. L'homme n'est pas le résultat d'un plan, d'un dessin. La forme n'est pas immuable ; elle s'est modifiée suivant les circonstances et les milieux et se modifiera encore.

Si nous considérons attentivement la composition de la figure humaine, nous remarquons dans la partie inférieure une fente ou cavité pour recevoir les matériaux de réparation et dans laquelle sont

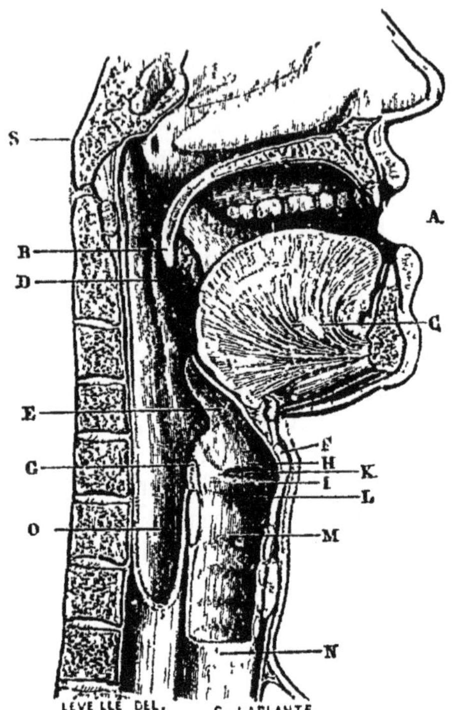

Appare'l du gout.

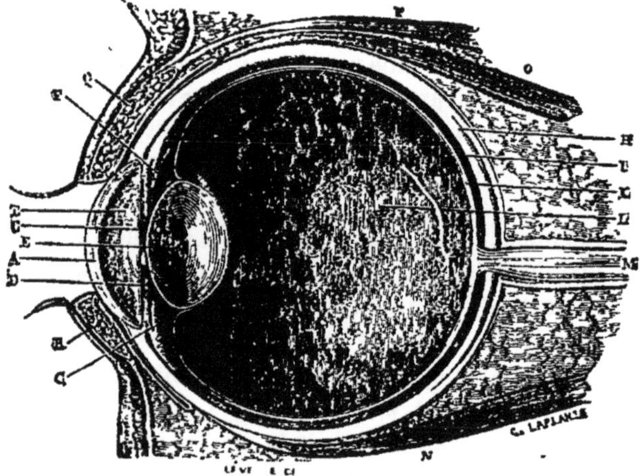

Ap[areil de la vue.

de petites meules pour les diviser, les broyer et les triturer et des glandes pour les dissoudre.

Surplombant cette ouverture, un entonnoir tubulé pour recevoir les corpuscules odorants et pour le tirage du foyer intérieur. Au-dessus de cet entonnoir, deux petits corps lenticulaires mobiles pour la réception des images des corps environnants. Et, enfin, de chaque côté de la face, une petite conque en spirale pour recueillir les ondes sonores.

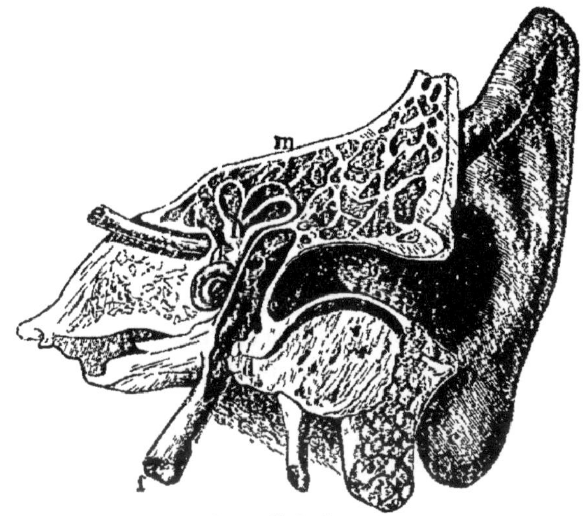

Appareil de l'ouïe.

La figure humaine forme un ensemble de divers organes, disposés dans un certain sens, qui ne nous étonne pas parce qu'il n'a jamais varié et qui nous semble même ne pas pouvoir être constitué autrement. Mais, si chacun des deux petits entonnoirs qui forment les narines était mis de chaque côté de la tête à la place des deux cornets acoustiques, et ceux-ci à la place des organes olfactifs ; si la cavité qui forme la bouche était mise sous le front et les deux petits globes qui forment les organes de la vue dans le bas de la figure, considérerions-nous encore comme un homme un être dont les organes semblables aux nôtres auraient été intervertis ? Ne considérerions-nous pas comme monstrueuse une figure ainsi disposée dans un ordre différent !

Et cependant, en y réfléchissant, c'est notre figure actuelle qui nous apparaîtrait monstrueuse si les organes qui la constituent avaient été de tout temps accolés dans un autre sens, de même que notre main actuelle, avec ses doigts d'inégales grosseurs et de différentes longueurs, nous semblerait affreuse si nous avions toujours eu les doigts de la main tous bien égaux, régulièrement taillés, formés dans le même moule, moulés dans la même forme.

La figure humaine, faite d'organes arrangés dans un certain ordre, pourrait être tout autre par suite d'un arrangement différent. Nous ne pouvons nous imaginer que la bouche pourrait être ailleurs que là où elle se trouve, et cependant elle peut changer de place lorsque les circonstances l'exigent. Le nombril est une bouche cicatrisée ; lorsque nous étions dans le sein de notre mère, notre bouche était située au milieu de l'abdomen ; c'est par le cordon ombilical que notre organisme recevait sa nourriture dans ce milieu spécial.

La figure est l'ensemble des organes de la vue, de l'ouïe, de l'odorat et du goût. C'est la fonction de chacun de ces organes qui a fait la figure et, lorsque l'un de ces organes, par suite de diverses circonstances, se développe ou s'atrophie, la figure change de forme. Les herbivores, qui doivent étreindre l'herbe des prairies et l'arracher et la broyer pour s'en nourrir, ont des mâchoires plus saillantes que les carnivores, lesquels se bornent à déchirer leurs proies.

Si l'homme n'a plus de gueule, mais une bouche ou simple fente, si ses mâchoires sont presque complètement effacées, c'est parce qu'en se redressant sur les deux extrémités postérieures, les deux membres antérieurs devenus libres ont remplacé les mâchoires dans l'acte de la préhension des aliments.

L'homme n'est pas le plus élevé d'entre les êtres, parce qu'il a une

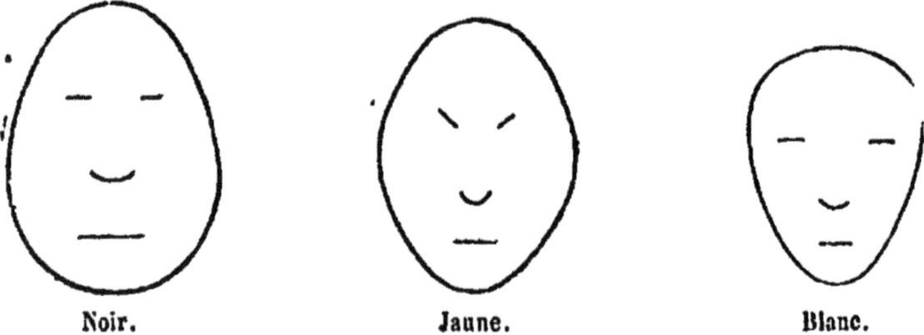

Noir. Jaune. Blanc.

face auguste et les yeux dirigés vers le ciel. Cette sublimité de la face est un effet et non une cause. Si la face humaine a perdu sa bestialité, elle le doit à l'absence de gueule, et cet effacement de la gueule est une modification due à l'affranchissement de la pesanteur. A mesure que l'homme a perdu l'habitude de happer les aliments, les mâchoires se sont atténuées et la gueule s'est réduite à une simple fente dans la face. En même temps que les mâchoires se retiraient, le front s'avançait par suite de la centralisation toujours plus grande des mouvements dans cette partie du corps et des opérations de plus en plus compliquées qui y ont leur siège. La tête de l'animal est toute mâchoires; la tête de l'homme tend à devenir tout front.

Non seulement ces détails, ces particularités de la forme humaine ne persistent pas, mais la forme elle-même passera et fera place à une forme plus compliquée. L'homme n'est que l'une des formes transitoires que le corps réagissant emprunte et qu'il délaisse tour à tour dans son évolution vers une réaction toujours plus haute; elle sera modifiée, remaniée et enfin abandonnée comme celles de ces reptiles fossiles que la pétrification nous a conservées.

Tous les hommes ont la même forme, possèdent des traits communs, présentent un caractère typique et il est totalement indifférent au point de vue général de l'Univers que les uns aient des os un peu plus longs, d'autres un peu plus courts, que les uns aient des muscles un peu plus gros, d'autres un peu plus minces. Et cependant, les hommes en général ne s'attachent qu'à ces détails qui les distinguent les uns des autres. Ils n'accordent d'importance qu'à ces variations infinitésimales qui différencient les individus et constituent leur personnalité. Ils ne s'arrêtent qu'à la superficie des choses et ne remarquent que ce qu'il y a de plus accidentel dans les faits, de plus passager dans les phénomènes : les lignes plus ou moins régulières, les contours plus ou moins arrondis, les angles plus ou moins fermés, les traits plus ou moins accentués. Ils ne saisissent que les différences fugitives, vaporeuses, presque insaisissables. Ils ne s'attardent qu'aux particularités dernières, incapables d'approfondir leur nature et d'apercevoir, non ce qui les distingue les uns des autres, mais au contraire ce qui leur est commun avec tous les corps réagissants. Ils voient la forme, mais ne voient pas le fond. Et voilà pourquoi ils parviennent si difficilement aux faits généraux dans lesquels se confondent tous les faits particuliers, aux idées d'ensemble qui illuminent la masse des idées de détail, aux phénomènes fondamentaux sans lesquels on ne peut entrevoir les grandes vérités.

Aussi longtemps que l'homme passa son existence au sein des menus faits journaliers qui l'entouraient, insouciant des grandes causes dont ils découlaient ; aussi longtemps qu'il ne considéra que les phénomènes particuliers au globe qui le portait, ignorant complètement ce qui se passait en dehors, ce monde fut le centre de l'Univers. L'homme ne voyait que la terre dans l'immensité, il ne reconnaissait qu'un seul monde dans les cieux et les plus grandes vérités astronomiques étaient méconnues. Mais lorsqu'il s'avisa de jeter ses regards en dehors de la terre, lorsqu'il s'éleva au-dessus d'elle pour la considérer de loin, confondue dans l'ensemble des autres astres, lorsqu'il se plaça à un point de vue général, de grandes vérités lui apparurent. Les détails qui l'absorbaient tout entier se perdirent dans l'éloignement. Il n'aperçut plus que les grandes lignes du système général de l'Univers. La gravitation universelle se découvrit à son esprit et il reconnut l'énormité des erreurs dans lesquelles il se complaisait.

De même l'homme n'arrivera à une saine idée de lui-même que lorsqu'il cessera d'être absorbé par sa propre personnalité, que lorsqu'il s'élèvera au-dessus de lui-même et se considérera de loin, confondu dans la masse des autres êtres ; et alors l'être humain, cessant d'être centre absolu, ne lui apparaîtra plus que comme un détail dans l'ensemble. Mais l'homme, généralement encore dominé par l'instinct de la conservation, se complait dans la pensée que les différences particulières qui le distinguent des autres individus de son espèce, persisteront éternellement. Sa grande préoccupation est d'être rassuré sur la persistance de ces détails et de savoir si chaque forme individuelle se conservera à tout jamais. Il ne voit que lui dans le temps et l'espace et tout le reste lui importe peu. Il est incapable de faire abstraction de lui-même pour ne considérer que la généralité des êtres.

Plus l'homme se trouve sous la puissance de sentiments irraisonnés, plus son propre être se trouve démesurément agrandi. Plus il est absorbé dans sa propre personnalité, plus il se fait illusion sur la place qu'il occupe dans l'Univers. Il est impuissant à s'élever au-dessus de lui-même pour parvenir aux vues d'ensemble qui, seules, donnent la rectitude du jugement et empêchent l'esprit de s'égarer dans les particularités.

Parlez au paysan inculte des rapports qui relient l'homme à l'arbre, de leurs ressemblances et de leurs différences quantitatives et qualitatives; établissez des points de comparaison entre ces deux corps réagissants placés aux deux extrémités de la réaction et montrez-lui la filiation de l'un à l'autre, il rira d'un rire niais, parce que son intelligence bornée est impuissante à combler l'intervalle qui sépare ces deux corps éloignés, parce que ses facultés peu cultivées le rendent incapable de saisir la chaîne des rapports qui les relie entre eux. Dans le cercle étroit des préoccupations journalières qui assurent sa conservation et celle de sa famille, dans l'horizon restreint de ses considérations particulières, il ne peut s'élever au-dessus de sa condition pour embrasser dans un seul regard l'universalité des êtres et arriver à reconnaître sa véritable place parmi eux. Absorbé exclusivement dans sa petite vie par le plus puissant des instincts, l'instinct de la conservation personnelle, il croit l'Univers attentif à ses faits et gestes, et la mort, la destruction finale, l'anéantissement de tout son être est sa grande terreur, sa grande douleur, sa seule grande préoccupation. Il lui est totalement impossible de se désintéresser de lui-même, d'oublier qu'il est homme, de se dépouiller de cet orgueil humain, de ce sot, de cet obsédant, de cet éternel « moi » qui se dresse devant chaque phénomène pour le rattacher aux actes de la vie humaine, de chasser ce misérable amour-propre qui lui fait voir dans les éclipses un signe de menace, dans l'arc-en-ciel un signe d'apaisement, dans la lune et le soleil des lampes pour l'éclairer.

S'il y avait un être autant au-dessus des hommes que nous sommes au-dessus des mouches, les hommes seraient pour lui ce que les mouches sont pour nous. Il ne verrait aucune différence entre eux, et quand il en aurait vu un, il les aurait vu tous.

Nous devons être cet être. Nous devons oublier ce que nous sommes et nous trouver sur cette planète comme sur un monde étranger. Nous devons considérer nos semblables en naturalistes curieux découvrant une espèce inconnue. Alors, et seulement alors, les phénomènes terrestres nous apparaîtront dans leur vraie signification; les faits rentreront dans leurs véritables proportions et de grandes vérités se feront jour.

III. — La forme corporelle est aux êtres ce que le lit est au fleuve. Ce qui fait le fleuve ce ne sont ni les rives, ni les accidents des terrains qui bordent son cours, mais ce sont ses eaux. Or, toutes les eaux sont semblables entre elles. Les eaux d'un fleuve sont de même composition que les eaux de tous les autres fleuves.

On ne distingue les fleuves entre eux que par les contours que leurs rives ont imprimés au mouvement des eaux, que par la forme de leur tracé, la configuration de leur cours. On ne distingue également les êtres que par les modifications que leurs formes ont subies dans le cours de la réaction, car la forme corporelle n'est pas plus l'être que les rives ne sont le fleuve.

De la poussée des eaux et de la résistance des terrains est née la forme sinueuse ou rectiligne, ample ou étroite des cours d'eaux, comme de la poussée des forces impulsives et de la résistance des milieux réagissants sont nées les formes diverses des êtres. De même que dans la figure ci-contre nous voyons une plante aquatique, la sagittaire, sous trois formes différentes selon les circonstances qui l'ont modifiée, de même la natation, le vol et la marche sont trois mouvements très différents appartenant à trois milieux distincts, et les formes sont corrélatives à ces milieux.

1. Feuille submergée.
2. Feuille aérienne.
3. Feuille nageante.

De même que tous les cours d'eaux sont formés d'une même eau, de même il n'existe dans tous les êtres qu'une force unique, dont les manifestations varient en raison du nombre et de la nature des organes qu'elle actionne. Le nombre et la nature des organes varient en raison de la résistance à la pesanteur et la forme, à son tour, dérive de la disposition des organes. La force motrice d'une rivière employée à actionner des machines le long de son cours reste toujours identique à elle-même. C'est l'espèce de machine qui détermine l'espèce de mouvement. C'est du genre de rouages que résulte le genre de travail. Selon les différentes sortes de machines rencontrées sur son parcours, cette force motrice élèvera des fardeaux ou abaissera des marteaux, mettra des scies en mouvement ou des meules en rotation. Dans chaque être la force de réaction engendre des effets différents selon la nature et l'arrangement des organes qui constituent cet être. Il n'existe qu'une seule force, mais ses manifestations varient en raison de la composition et de la structure des organes, c'est-à-dire en raison du mode de réaction.

L'activité de cette force, toujours semblable à elle-même, se déploie dans la diversité des êtres. Chaque progrès de la réaction amène un nouvel arrangement dans les molécules constitutives, conséquemment des modifications dans la forme corporelle; et l'on peut suivre dans la filiation des êtres la marche et les développements de cette force de réaction. Ses formes seront autres selon qu'elle luttera dans l'eau, dans l'air ou sur le sol. Elle s'ingénie par tous les moyens à soulever des poids plus ou moins grands, et tous les êtres ne sont que des variétés de leviers plus ou moins puissants, qui prennent leur point d'appui ou sur l'eau ou sur l'air ou sur le sol, pour balancer la force d'attraction de la terre. Ramassés dans les poissons, ces leviers sont déployés dans l'oiseau, étagés dans l'homme.

C'est l'eau des rigoles, des ruisseaux, des rivières qui forme l'eau des fleuves. C'est la vie des plantes, des insectes, des petits animaux qui alimente la vie des êtres plus puissants. Dans tout ce qui vit on ne doit voir que les manifestations d'une même force. Entre la force qui anime une plante et la force qui anime un animal, il n'y a qu'une différence de degré. Les animaux comme les plantes ne sont que les modifications plus ou moins agrandies d'une force unique. Cette force qui se déploie en chaleur et en lumière dans l'Univers, c'est la même force qui végète dans la plante, qui sent dans l'animal et pense dans l'homme.

Sous la diversité des êtres on retrouve l'unité de la force qui a été fractionnée autant de fois qu'il y a de corps réagissants. Localisées, véritablement isolées, ces forces partielles sont douées d'actions individuelles et spontanées et apparaissent à l'esprit comme les degrés, les modes ou les moments divers d'une force unique. Elles nous montrent la constance et la nécessité de cette force impulsive à travers les époques et les milieux. En réalité, c'est toujours le même être qui nous apparaît sous les variations de la forme; c'est toujours le même être qu'on retrouve dans la diversité des temps et des circonstances avec les mêmes tendances et les mêmes aspirations.

L'être réagissant, comme le fleuve, est composé d'éléments qui se renouvellent incessamment pendant que la forme persiste. C'est toujours le même fleuve, mais ce ne sont jamais les mêmes eaux;

c'est toujours le même être, mais ce ne sont jamais les mêmes éléments. Ce sont des flots de force vive qui passent et se succèdent sans interruption, et un être dont les éléments ne se renouvellent plus est un être mort, et un être mort est semblable à un fleuve tari. A la mort, les forces de tous les êtres se confondent, et la nature est le grand océan dans lequel ils perdent leurs formes et leur personnalité. Leurs restes mortels, privés de réaction, rentrent dans la circulation universelle. Ils se confondent dans la masse commune, dans laquelle ils ne se distinguent plus les uns des autres, et où ils perdent leurs noms et leur individualité.

CHAPITRE XII

Génération et gestation.

I. — A son origine, l'être humain se présente sous la forme d un germe imperceptible, et de la conception à l'âge de cinquante ans il absorbe en moyenne 8,000 kilos de nourriture solide et 32,000 kilos de nourriture liquide. On voit à quelles immenses proportions atteindrait l'être humain s'il ne faisait aucune perte dans le cours de son existence.

Rien ne s'oppose à ce que l'accroissement des corps non réagissants soit illimité, mais, si l'accroissement des corps réagissants n'avait pas de terme, il arriverait un moment où la force de réaction ne pourrait plus triompher des forces attractives; celles-ci reprendraient tout leur empire sur les corps qui leur résistent et les condamneraient de nouveau à une immobilité complète. Le corps réagissant, ayant pour fin la résistance à la pesanteur, ne pourrait s'accroître indéfiniment sans être bientôt réduit à l'impuissance, sans retomber sous la domination des lois qu'il combat. Un excès de croissance empêcherait la réaction de l'animal en lui donnant un poids à soulever supérieur à sa force de résistance.

Dès que leur masse a atteint un volume compatible avec leur degré de résistance, les corps réagissants cessent de s'accroître pour se multiplier; toutes les forces et tous les éléments affluents sont convertis en forces et en éléments de multiplication. A la force générale et unique de l'attraction, la force de réaction oppose le nombre; à la puissance de l'unité, elle présente tous les degrés de la résistance, depuis l'humble mousse jusqu'au plus puissant des mammifères.

De ces deux grandes forces qui se disputent la matière de l'Univers, la force de pesanteur est une, la force de réaction est multiple, morcelée, fractionnée à l'infini ; la force de pesanteur est générale, la force de réaction est particulière à certains corps et localisée dans les masses répulsives ; la pesanteur est invariable, la force de réaction est graduée et variable ; la force de pesanteur est constante, la force de réaction est intermittente et temporaire.

Par cette merveilleuse puissance de la multiplication, les forces limitées, isolées, intermittentes de la réaction peuvent lutter avec avantage contre les forces générales, éternelles et immuables de l'attraction. Les plantes produisent des millions de germes chaque année. Une seule morue peut produire en une fois 600,000 œufs, c'est-à-dire qu'elle jouit de la faculté prodigieuse de multiplier 600,000 fois sa force acquise, sa puissance de réagir. Or, tous ces germes ne peuvent se développer et s'accroître qu'aux dépens des éléments constitutifs de la planète. On voit donc quelles grandes quantités de matière terrestre cette puissance de multiplication arrache chaque année à la domination des forces attractives ; on voit avec quelle inéluctable certitude la matière pondérable se soustrait peu à peu aux lois de la pesanteur. Ces 600,000 combattants nouveaux que la morue jette à chaque ponte dans la lutte contre la pesanteur, — en supposant qu'ils arrivent tous à leur complet développement, — élargissent nécessairement le champ de la réaction, en appelant à la résistance une plus grande partie de la matière terrestre. Les êtres ne peuvent se créer de rien ; ils doivent nécessairement emprunter à la planète les matériaux de leur développement, et plus ils se multiplient sur toute la surface de la terre, et plus ils appellent à eux les molécules matérielles des gaz, des liquides, des solides pour les faire entrer dans la lutte contre la pesanteur. Plus la puissance de la réaction augmente sur la terre, plus l'action de la pesanteur diminue sur la matière terrestre. Les plantes, en se multipliant, élèvent à elles la matière minérale et la soustraient à l'action de la pesanteur. Les animaux, en se multipliant, élèvent à eux les végétaux et les appellent à une résistance plus grande. Et ainsi, par la puissance de la multiplication, s'élève incessamment le niveau de la réaction.

Si l'on considère qu'il fut un temps où la pesanteur dominait sans partage sur toute la matière terrestre, et si l'on considère maintenant les innombrables espèces d'êtres réagissants qui remplissent les airs, les eaux et couvrent la surface de la terre de l'Équateur aux pôles, on devra bien reconnaître que l'action de la pesanteur a baissé sur la terre dans d'immenses proportions. Sur toute la surface planétaire, l'attraction est débordée et battue en brèche par une force antagoniste de plus en plus prépondérante, qui se multiplie sous des formes innombrables, qui dispute à la pesanteur et lui arrache chaque année une plus grande partie de la matière planétaire. Par cette formidable puissance de la multiplication, la réaction procède à l'envahissement progressif des différentes couches terrestres et réduit les forces attractives à une impuissance croissante.

II. — On observe dans le champ de la réaction trois modes de multiplication : la multiplication par fissiparité ou scissiparité, la multiplication par gemmiparité et la multiplication par sexiparité.

On entend par génération fissipare ou scissipare, la segmentation, la scission, la division accidentelle ou naturelle de l'individu organique en plusieurs parties dont chacune devient un individu semblable à lui. Dès qu'un excès de croissance fait dépasser à l'individu son volume normal, il se reproduit par division, c'est-à-dire que la masse se divise, se partage en deux ou plusieurs masses réagissantes qui se développent à leur tour jusqu'au terme marqué par leur degré de résistance. Le poids de la masse excédant la force de réaction est réparti sur deux ou plusieurs individus.

La multiplication naturelle par fissiparité ou scissiparité ne se rencontre que chez un petit nombre d'êtres de la réaction inférieure : les infusoires, les hydres, les planaires. Mais la multiplication artificielle par le même mode peut s'accomplir chez tous les végétaux et un

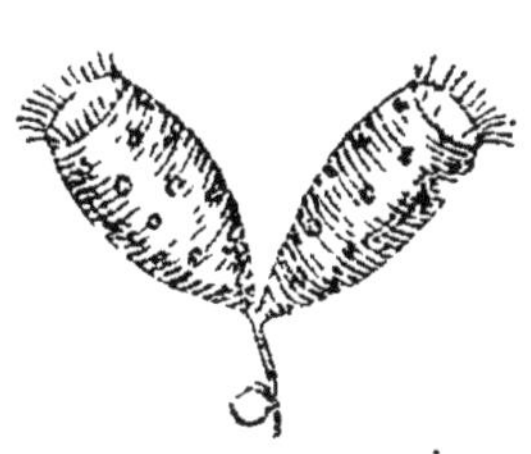

grand nombre d'animaux ; chez les végétaux, par bouture ; chez les animaux, par division. Nous avons vu qu'un ver de terre coupé par le milieu produit deux individus de même espèce.

La génération fissipare naturelle apparaît sous forme d'un étranglement qui, se poursuivant dans une direction déterminée, s'achève par la séparation complète de la masse en deux parties. Les quatre figures ci-dessus nous montrent, dans ses diverses phases, la fissiparité longitudinale de l'infusoire appelé *Vorticelle microstome.*

On entend par génération gemmipare, la génération par gemmes, espèces de bourgeons qui naissent à la surface des individus. Les cryptogames dans le règne végétal et les zoophytes dans le règne animal présentent surtout ce mode de génération. Les gemmes se développent sur les côtés du corps de l'animal sous forme de tubercules arrondis qui, peu à peu, se transforment en individus semblables à celui qui leur a donné naissance ; ils s'en séparent par étranglement et par division, pour se développer et se reproduire à leur tour de la même manière.

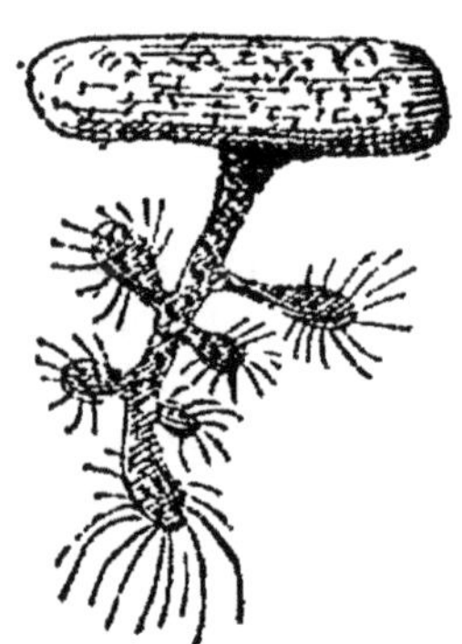

Hydre d'eau douce portant cinq gemmes à différents degrés de développement.

A mesure que la réaction grandit, les structures et les fonctions se développent et se spécialisent. Cette division du travail, poussée à ses dernières limites, a pour résultat de dédoubler la plus importante de toutes les fonctions, celle de la génération, et de la répartir sur deux individus distincts. L'organe de la reproduction, en se scindant, forme deux organes séparés que l'on distingue en organe mâle et organe femelle. L'organe femelle produit un germe ou vésicule sphérique appelé *ovule* ou *œuf;* l'organe mâle produit une substance liquide ou pulvérulente qui féconde le germe de l'organe femelle et lui donne le pouvoir de se développer.

Dans beaucoup d'animaux invertébrés où la division du travail n'est pas poussée aussi loin, les organes mâle et femelle sont portés par le même individu, tels les vers intestinaux, les annélides, les mollusques. Chez les végétaux, l'hermaphrodisme est la règle, et la séparation des sexes, l'exception.

On conçoit que les êtres qui ont à fournir une longue carrière pour s'affranchir entièrement de la pesanteur doivent, au début, offrir le moins de prise possible à l'action de cette force de pesanteur. Ces êtres supérieurs, qui ont à franchir de nombreuses étapes, qui doivent acquérir de nombreux moyens de résistance pour surmonter une opposition croissante des forces attractives, ne peuvent arriver au terme de leur longue évolution qu'en partant d'un point imperceptible pour s'élever graduellement en masse et en puissance et surmonter peu à peu toutes les résistances. Tandis que dans les réactions inférieures, où les êtres restent au bord de la carrière sans y entrer, ils peuvent, sans rencontrer de grandes difficultés, naître presque tout formés et être jetés de toutes pièces dans la lutte.

Dans les Monères, dans ces petites masses albumineuses qui se reproduisent par division, dès que le poids de la masse excède la force de résistance, le corps se sépare en deux parties pour former deux êtres distincts. Dans les degrés supérieurs, où la réaction ne se fait que par un long et laborieux entraînement, où les organes de la résistance, les appareils extrêmement nombreux, tous les instruments de la lutte ne se forment qu'avec une extrême lenteur, il serait de toute impossibilité au corps réagissant de se diviser en deux masses distinctes. Mais, dès que le corps réagissant a acquis son volume normal, le surcroît de nourriture est dérivé vers un organe spécial qui émet des cellules ou germes. Ces germes, partant de la réaction la plus faible, s'élèvent insensiblement à la plus haute réaction que leur milieu et leur organisation comportent; ils passent par toutes les phases que la réaction a suivies dans son élévation et se munissent peu à peu de tous les organes propres aux résistances à vaincre.

Un homme debout représente un grand déploiement de forces auquel il n'est arrivé que lentement et progressivement. Si l'être humain était créé de toutes pièces, coulé d'un seul jet, il ne pourrait soutenir sa masse, ni la posséder, ni la mouvoir ; il serait incapable de remuer une jambe, un bras, ni même un doigt. Arrivé à ce point de la réaction, le corps réagissant doit subir un long entraînement préalable pour maîtriser sa masse et la posséder ; il doit débuter par surmonter les plus petites résistances pour arriver à les surmonter dans leur grandeur et leur multiplicité. Un homme debout implique une lente formation et une longue initiation ; il est parti du point le plus réduit pour s'accroître progressivement en masse et en puissance. Le germe d'un homme ne se distingue pas du germe d'une plante, même au plus fort microscope. Le germe c'est la réaction réduite à sa plus simple expression ; il ne présente guère de trace d'organisation, ni de résistance.

La réaction, à tous ses degrés, part du même point. Tout être vivant à son origine se présente sous la forme d'une cellule, et toutes ces cellules-œufs qui, au début, ne peuvent pas être distinguées les unes des autres, deviennent par les progrès de leur organisation, mousse ou homme, chêne ou baleine.

Le chêne ne pourrait surgir soudainement de terre pour apparaître tout formé, mais il se montre d'abord sous la forme réduite d'un germe que contient le gland. Il part d'une résistance nulle pour s'élever peu à peu contrairement à la pesanteur, et à mesure qu'il s'élève, il se fortifie dans son équilibre. Il multiplie ses attaches dans le sol et augmente sa surface dans l'air. Il met plusieurs siècles à parvenir au plus haut développement que ses moyens de résistance comportent.

Les insectes accomplissent leur réaction en plusieurs étapes appelées *métamorphoses*. Ils sortent d'une réaction nulle pour s'élever à des réactions de plus en plus élevées et changent de moyens de résistance et, par conséquent, de forme et de structure, selon les divers degrés de leur réaction. Ils n'arrivent à supporter la pesanteur sur terre qu'après l'avoir surmontée dans l'eau; et dans l'air, qu'après l'avoir surmontée sur terre. La natation, la reptation, le vol sont des réactions échelonnées qui exigent une organisation progressive et des forces croissantes. La chenille, espèce de petit reptile, devient le papillon, insecte volant. Avant sa métamorphose la libellule est une larve aquatique sans pattes, ni ailes. Les cousins vivent dans l'eau, pendant la première période de leur réaction, sous forme de petites chenilles hérissées très agiles; la nymphe du cousin n'est qu'une forme transitoire par laquelle l'insecte passe de la réaction aquatique et du régime herbivore à la réaction aérienne dans laquelle il vit exclusivement du sang des animaux. Ces étapes successives sont parfois très longues; le hanneton vit trois ans dans la terre à l'état de larve. Pour parvenir au terme de leur réaction, les insectes doivent transformer leurs moyens de résistance par un travail lent, pénible, laborieux qui coûte la vie à un grand nombre d'entre eux. Le temps que l'insecte passe à l'état de nymphe est en général une période d'inertie, d'immobilité, de contraction, d'emmaillottement et, en quelque sorte, de mort apparente, où toute circulation, toute respiration a presque complètement disparu.

La métamorphose est pour ainsi dire une seconde naissance, dans laquelle l'insecte s'engendre lui-même. Pour transformer son organisation primitive en une organisation plus outillée, il lui faut de la chaleur et des forces en abondance. Plus il y a de chaleur et de nourriture, plus est réduite la durée de chaque état de l'insecte sous form de chrysalide ou de nymphe. Les larves, d'une extraordinaire vor cité, absorbent des quantités considérables d'aliments pour suffire au développement des nouveaux organes; la chenille peut avaler en un jour trois fois son poids de nourriture.

Si les êtres inférieurs, chez lesquels la résistance est si faible et l'organisation si simple, ne parviennent au terme de leur réaction qu'avec d'extrêmes difficultés et au milieu de vicissitudes sans nombre, on conçoit que des êtres plus élevés en organisation et d'une réaction plus haute, ne pourraient plus être abandonnés à eux-mêmes dans leurs étapes successives. On conçoit qu'ils ne pourraient plus, comme les êtres inférieurs, triompher des forces hostiles environnantes au milieu des crises dangereuses que les renouvellements de l'organisation amènent. Il leur serait de toute impossibilité, livrés à eux-mêmes, de franchir les divers degrés de leur réaction et de surmonter les résistances innombrables qui s'opposeraient à leurs transformations successives; ils seraient incapables de trouver par eux-mêmes, dans le milieu ambiant, l'immense énergie mécanique nécessaire à leur développement. A ces êtres, appelés à une organisation si haute, il faut de toute nécessité un milieu spécial, où toutes les conditions favorables à leur développement se trouvent réunies. Pour faire éclore le germe d'un poulet, pour transformer un œuf en os, en chair, en plumes, en membres, la chaleur du milieu ne suffit plus; il faut une chaleur plus haute, constante et mesurée que l'animal peut seul donner, que la réaction ne peut trouver qu'en elle-même. Ce germe est impuissant à trouver en lui-même, ou dans l'espace environnant, les conditions nécessaires à son développement. Il resterait éternellement plongé dans son état inerte et inorganique s'il ne trouvait dans la prévoyance et la sollicitude de son espèce les énormes quantités de force mécanique nécessaires à sa formation. Sans l'aide de forces auxiliaires l'être réagissant supérieur ne pourrait triompher de l'hostilité des forces ambiantes.

Les êtres de la réaction la plus élevée subissent les mêmes métamorphoses que les êtres de la réaction la plus inférieure, mais l'importance et le nombre de ces métamorphoses et les quantités de forces nécessaires à ces évolutions exigent un milieu encore plus spécial et plus approprié que celui des animaux ovipares. Dans ce milieu répulsif offrant des garanties extraordinaires et strictement fermé aux influences contraires, les forces arrivent nombreuses, sans interruption et l'être en formation peut accomplir toutes ses métamorphoses à l'abri de toutes les perturbations extérieures, de toutes les variations de température et de toutes les causes de trouble qui pourraient retarder ou compromettre son évolution. Les êtres supérieurs subissent leurs métamorphoses au sein même des forces réagissantes, au centre des puissances répulsives, au milieu de la chaleur animale.

La vie embryonnaire des êtres supérieurs offre une succession non interrompue de métamorphoses cachées. Ces métamorphoses ont lieu pendant la vie utérine, c'est-à-dire avant la naissance, chez les mammifères. Parfois l'animal passe de la cavité utérine dans une poche sous-abdominale où s'achève son développement, ainsi qu'on l'observe chez les marsupiaux.

Les métamorphoses du plus élevé des êtres sont infiniment plus nombreuses que celles des insectes, car l'être humain est formé de toutes les classes d'êtres qui l'ont précédé, tandis que les insectes ne représentent qu'un ou deux degrés de la réaction. L'homme, avant d'arriver à la forme qu'il conservera toute sa vie, passe par tous les caractères du poisson, du reptile et de l'oiseau; de même que l'insecte, avant d'être fixé dans sa forme dernière, passe par tous les états de l'insecte moins parfait. Mais les transitions, qui sont visibles et bien tranchées chez l'insecte, sont invisibles et insensibles chez l'homme.

La vie de chaque être apparaît comme une récapitulation des métamorphoses qui ont marqué le développement des êtres qui lui sont inférieurs. Conséquemment l'homme, le plus élevé d'entre les êtres, résume dans sa vie une période immense qui comprend le développement total de la réaction statique et dynamique.

La force de réaction de l'homme a été acquise par une longue ligne d'êtres réagissants. Cette force de résistance lui a été transmise par les innombrables générations d'êtres qui se sont succédé sur la terre depuis que la vie y est apparue. La gestation est une récapitulation des états antérieurs.

Voici trois germes de vie, trois vésicules sphéroïdales, trois cellules qui ne se distinguent pas les unes des autres, et cependant, ces trois germes représentent trois grandes étapes de la vie, les trois grands chemins de la réaction : les eaux, les airs, le sol; de l'un sortira un poisson, de l'autre un oiseau et du troisième un homme.

Le poisson résume dans son évolution toutes les réactions inférieures.

L'oiseau débute comme le poisson, par l'extrême point de la vie. Il passe par tous les degrés inférieurs de l'organisation, et, aux divers degrés de sa vie embryonnaire, il est successivement, au moins d'une manière virtuelle, polype, mollusque, insecte, poisson. Il franchit cette dernière étape, où le poisson s'est arrêté dans sa forme et dans son organisation, pour évoluer jusqu'au degré supérieur où il se fixe à son tour.

L'homme entre dans la réaction par le même point inférieur que les deux germes précédents, et parcourt le même chemin. Mais il dépasse le poisson et ensuite l'oiseau; il s'élève dans toute l'échelle de la réaction, jusqu'à ce qu'il soit arrêté à son tour dans son ascension, jusqu'au terme qu'il ne pourra plus franchir, jusqu'au point culminant de la réaction où il est seul à atteindre.

Les êtres inférieurs représentent donc d'une manière permanente les états transitoires de l'embryon des êtres supérieurs.

III. — Entre l'être réagissant et le fleuve en mouvement, entre ces deux matières terrestres emportées par deux tendances opposées, il y a plus d'un rapprochement à faire, plus d'une utile comparaison à tirer, et nous allons encore nous servir des points de contact qu'ils nous offrent pour montrer que, dans le corps réagissant comme dans le fleuve, le principe moteur est en même temps le principe formateur.

Le fleuve obéissant à sa force d'impulsion s'est frayé un passage à travers tous les obstacles, soit en les contournant, soit en les surmontant; le fleuve s'est donné à lui-même son lit, ses rives, son cours jusqu'à la mer.

A l'origine, le fleuve n'avait pas de forme déterminée; les eaux se perdaient dans la terre ou s'étendaient en vastes amas sans cours régulier. Au début, lorsqu'il commença à se donner un cours, ses eaux ne poussaient pas très loin ; trop faibles d'impulsion et trop peu abondantes pour forcer les obstacles qui s'opposaient à leur passage, les eaux s'arrêtaient bientôt ; elles se perdaient dans le sol, s'évaporaient dans l'air et s'épuisaient rapidement dans ce travail. Lorsque enfin les flots arrivèrent plus nombreux par les renforts qu'ils reçurent en cours de route, ils purent suffire aux pertes subies, faire mieux leur trouée et accomplir un plus grand travail. Et ainsi le fleuve se développait, se creusait et s'allongeait en avançant par petites étapes. Par sa force d'impulsion toujours plus grande, les obstacles cédaient et le sol s'ouvrait. Les accidents de son cours, sa forme sinueuse, tourmentée témoignent des efforts, des innombrables tentatives qu'il a faites pour se frayer une voie, pour obéir pleinement à la force qui lui donnait l'impulsion ; tous ses détours, toutes ses sinuosités, toutes ses bifurcations sont autant de directions qu'il a prises, reprises et abandonnées tour à tour. Le fleuve, à court d'eau, s'arrêtait ; mais les flots qui venaient après, trouvant la voie toute tracée, le passage ouvert, le chemin aplani et déblayé dans toute son étendue, passaient rapidement et aisément, sans encombre et sans arrêt, là où les premiers flots avaient consacré un temps énorme et un travail considérable ; ils ne faisaient que des pertes insignifiantes dans ce long parcours où les premiers flots s'étaient usés. Mais le moment arrivait également où ces nouveaux flots ne trouvaient plus d'issue, où, bloqués et forcément arrêtés par les obstacles, ils devaient, à leur tour, s'ouvrir un passage, se tracer un cours ; à leur tour, ils se trouvaient aux prises avec des difficultés sans nombre et n'avançaient plus qu'avec de grands efforts et une extrême lenteur.

L'homme, comme ces flots qui entrent dans un lit tout creusé, trouve, au point initial de sa conception, une forme toute prête à le recevoir ; le chemin qu'il doit parcourir est tout tracé, et il s'élève rapidement jusqu'au point culminant de la réaction où ses ancêtres innombrables, étape par étape, ont mis tant de milliers d'années à atteindre. Mais, arrivé à ce point élevé, il s'arrête dans son ascension, et lui aussi doit développer ses moyens de résistance et travailler à son élévation. Il doit reprendre la réaction au point où l'ont laissée ses devanciers pour étendre sa sphère d'action et augmenter sa force d'expansion et, à son tour, il léguera à ceux qui suivront le fruit de ses luttes et de ses efforts.

L'être se crée de lui-même, comme le fleuve se forme par sa propre puissance. De même que les molécules d'une eau tranquille, sollicitées par la force de pesanteur, se placent toutes de niveau et forment une surface unie ; de même, les molécules organiques, sollicitées par une force antagoniste de la pesanteur, se placent toutes de la manière la plus propice pour annuler cette action de la pesanteur.

Une plante, un animal, un homme sont les développements d'une loi ; ils ne sont pas plus la réalisation d'une idée, d'un dessein, d'un plan que le tracé d'un fleuve. C'est parce qu'elles obéissent aux lois de la pesanteur que les eaux d'un fleuve contournent ou franchissent tous les obstacles, qu'elles triomphent de difficultés sans cesse renaissantes, qu'elles se dirigent à travers des pays immenses semés de forêts et de montagnes pour parvenir à l'océan, pour atteindre les régions les plus basses de la terre. C'est parce qu'elle obéit à des lois contraires que la matière réagissante passe à travers les différentes couches terrestres, en changeant d'organisation, en modifiant sa forme selon les circonstances et les milieux ; c'est pour remonter le cours des choses, entraînée par une tendance irrésistible, qu'elle s'épuise en efforts, en tentatives innombrables pour atteindre au summum de l'équilibre.

Un fleuve qui oblique à droite, qui descend à gauche, qui accomplit de nombreux tours et détours, ne va pas au hasard, mais, dans tous ses mouvements, il est régi par des lois constantes et invariables. Un fleuve qui coule, c'est un fleuve qui tombe et, en vertu des lois de la pesanteur, le fleuve tomberait verticalement vers le centre terrestre, avec une vitesse mathématiquement calculée, si aucun obstacle ne l'arrêtait dans sa chute ; mais le sol, s'opposant constamment au passage du fleuve vers le centre du globe, est cause que cette chute, au lieu d'être verticale et directe, est déclive et indirecte, et, par ce fait, se trouve compliquée par les innombrables accidents qui influencent le cours d'un fleuve et le détournent, à chaque instant, de sa direction naturelle. Le fleuve, qui ne tend plus directement vers le centre attractif, mais indirectement, par des voies détournées, obéit toujours, comme la cascade qui tombe, à la loi de l'attraction, mais cette loi mathématique et simple est ici extraordinairement compliquée par la multiplicité des circonstances secondaires et fortuites qui rendent tout calcul impossible ; elle se trouve incroyablement embrouillée par une infinité de détails inaperçus, de particularités imprévues qui rendent illusoire toute détermination exacte de la direction du fleuve et de sa vitesse.

Le fleuve, continuellement contrarié dans sa tendance vers le centre d'attraction, sans cesse entravé dans sa marche par les irrégularités du sol et les résistances qui se présentent en cours de route, semble se diriger au hasard, mais si l'intelligence pouvait connaître toutes les forces et tous les obstacles en jeu, toutes les puissances et toutes les résistances en action, toutes les causes de perturbation et de dérangement dans la marche naturelle du fleuve, le problème ne serait pas insoluble. Cette intelligence saurait soumettre au calcul la force, la vitesse et la direction du fleuve; elle saurait déterminer son itinéraire et la durée employée par les eaux pour parcourir une distance donnée. En un mot, cette intelligence, en possession de tous les éléments du problème, pourrait déterminer mathématiquement la course du fleuve, aussi aisément que nous calculons la chute d'un corps vers le centre de la terre ou la durée et la vitesse des oscillations d'un pendule (1).

Les molécules de la matière réagissante obéissent à des lois tout aussi certaines, avec cette différence que leur force d'impulsion est diamétralement opposée à celle qui entraîne les molécules liquides. Le hasard, pas plus qu'une intelligence, n'intervient dans la formation des êtres. Il y a des lois aux mouvements des êtres comme il y en a aux mouvements des eaux, et la puissance impulsive de ces êtres est aussi leur puissance formatrice.

Une intelligence, pour ainsi dire infinie, qui n'aurait jamais vu la terre et qui ignorerait absolument l'existence d'êtres vivants à sa surface, mais à qui l'on ferait connaître la densité de cette planète, l'intensité de la pesanteur à sa surface, la nature des éléments qui la composent, la résistance des milieux et la quantité de chaleur et de lumière reçue par la terre, pourrait trouver, avec toutes ces données, le résultat de la vie à la surface terrestre. Elle parviendrait à déterminer les arrangements, les réarrangements et les groupements de

(1) C'est le calcul qui nous a révélé la route parabolique que suit un projectile dans l'atmosphère, car, lorsqu'on tire le canon dans une direction horizontale, le boulet, sans cesse dévié de cette direction par la force de pesanteur, va frapper au-dessous du point visé d'une quantité exactement égale à celle de sa chute par la verticale dans le même espace de temps, c'est-à-dire que, pendant son trajet, il est descendu d'une quantité exactement égale à celle qu'il aurait mise à descendre dans la même durée si on l'avait simplement laissé tomber.

molécules dans leur opposition croissante à la force attractive, les différentes sortes d'équilibre prises par le corps réagissant dans le cours de son évolution. Elle pourrait calculer le degré de réaction atteint et en conclure la station verticale. Elle devinerait l'homme sans même savoir qu'il existe. L'être vivant n'étant, en somme, que le produit de la planète qui le porte, le résultat de toutes les causes qui ont agi sur lui à travers les temps et les milieux, il ne serait pas difficile à une intelligence, en possession de toutes ces causes, de découvrir les raisons légitimes de toutes les variations que présente l'être réagissant et de ramener à une seule formule la multiplicité des phénomènes dont il est le siège.

Au milieu des variations sans nombre que nous présentent les êtres, on peut suivre le même corps réagissant poursuivant sa lutte contre l'attraction terrestre à travers les temps et les milieux. C'est toujours le même être qu'on retrouve, dans la diversité des époques et des circonstances, exprimant les mêmes aspirations, manifestant les mêmes efforts. Le poisson, le reptile, l'oiseau, le quadrupède, le quadrumane, le bimane ne sont que des modifications d'un même être considéré comme type, que les transformations successives d'un seul être idéal et abstrait.

L'espèce humaine est pour ainsi dire composée de toutes les espèces qui l'ont précédée, comme le steamer contient en lui toute la collection des bâtiments nautiques par lesquels il a passé avant d'arriver à sa forme actuelle. Si l'homme s'exprime par l'unité, tous les autres êtres s'exprimeront par des fractions d'unité d'autant plus petites que leur réaction sera moindre.

L'homme occupant le sommet de la réaction, et la plante, son point le plus bas, procèdent également d'une cellule, ayant les mêmes caractères généraux, les mêmes fonctions. Le germe humain recommence toute la réaction et dépasse successivement tous les autres êtres, dans sa marche évolutive, pour atteindre à la hauteur où se trouve l'espèce dont il est issu.

IV. — Combien de centaines de siècles n'a-t-il pas fallu pour faire du sang fumant avec la sève froide des végétaux, pour transformer en muscles extensibles les fibres rigides du bois ? Par le mécanisme de la digestion ces centaines de siècles sont réduites à quelques heures. Il ne faut pas un jour au laboratoire animal pour réduire la sève en sang, les fibres végétales en muscles.

Combien de milliers d'années n'a-t-il pas fallu au végétal pour se faire animal, à l'animal pour se faire homme? Par le mécanisme de la génération, ces milliers d'années sont réduits à quelques mois. Il ne faut que quelques heures à l'homme, qui se nourrit exclusivement de végétaux, pour transformer, par l'opération des organes de la génération, ces éléments des plantes en germes humains, et ces germes, dans leur développement, parcourent en quelques mois toute la réaction comprise entre la plante et l'homme.

Cette longue série d'étapes qui marque les progrès de la réaction, l'embryon humain, entouré de toutes les conditions les plus favorables, la franchit en quelques mois ; trouvant à son entrée dans la réaction une chaleur constante, un milieu tout préparé, des forces abondantes et choisies, il parcourt en une courte période le trajet que ses ancêtres, livrés à eux-mêmes et aux prises avec toutes les forces contraires, n'ont effectuées que lentement, par petites étapes et dans les conditions les plus défavorables.

La génération et la gestation ne sont qu'une reproduction de la réaction, mais dans des proportions infiniment réduites et avec une immense économie de temps et d'efforts. Ces deux phénomènes reproduisent toute l'évolution du corps réagissant dans sa lutte contre la pesanteur à travers les temps et les milieux, mais dans des conditions tellement favorables, dans un milieu si avantageux, avec des ressources si nombreuses que cette évolution ne subit plus d'arrêt et ne souffre plus aucune difficulté. Ce travail organique offre une certaine analogie avec la production de l'industrie moderne, car lorsque les machines n'existaient pas encore, les épingles et autres produits industriels ne se fabriquaient que lentement, laborieusement, péniblement, mais, lorsque les puissants outillages modernes furent créés, ces objets, travaillés dans des conditions infiniment meilleures, se fabriquèrent en grand nombre, avec une merveilleuse rapidité et une incroyable facilité.

Par le mécanisme de la digestion, l'homme élève à la réaction la plus haute les réactions inférieures; par le mécanisme de la génération, il multiplie ces réactions ainsi élevées. Le végétal s'empare du minéral pour l'élever à la réaction statique. L'homme reprend ce travail d'élaboration, se saisit de la plante et la porte au summum de la réaction en se l'assimilant; le surcroît de nourriture est dérivé vers les organes de la génération qui le transforment en germes. En quelques jours, la matière inorganique passe dans la réaction statique par l'action des plantes, s'élève dans la réaction dynamique par l'action de l'homme, se transforme en germes humains par les opérations intérieures, et chacun de ces germes représente la force de résistance acquise par la lente et longue évolution de la matière réagissante. Par les opérations des laboratoires végétal et animal, la matière terrestre arrive en peu de jours à la plus haute puissance de réaction, puissance qu'elle n'a acquise qu'après des temps incalculables lorsque, livrée à elle-même, elle devait se frayer un passage à travers les obstacles accumulés et surmonter des résistances sans cesse renaissantes.

Ainsi l'homme, en se multipliant, en envahissant peu à peu toute la terre, élève sans cesse le niveau de la réaction terrestre en appelant à lui les réactions inférieures et en centuplant par sa puissance de reproduction leur force de résistance. L'homme, c'est la matière terrestre dans sa plus grande force de résistance, et inconsciemment, il multiplie cette force de résistance sur toute la surface planétaire et soulève chaque année une plus grande partie des molécules constitutives de la terre contre la force de pesanteur. Il accomplit chaque année, sans le savoir, un travail formidable, et, en poursuivant ses fins particulières qui toutes se résument dans la jouissance, il accomplit, sans s'en douter, cette fin générale et dernière qui est l'anéantissement des forces attractives terrestres par les forces de réaction.

Tous les êtres travaillent isolément et inconsciemment à une même tâche qui est la prédominance des forces réagissantes sur les forces attractives, mais l'homme est le maître ouvrier de cette armée de travailleurs et celui en qui viennent aboutir tous les efforts épars et isolés de tous ces lutteurs des eaux, des airs et de la terre. L'homme est l'instrument le plus puissant de la réaction et le plus redoutable antagoniste de l'attraction. Il est semblable à ces outillages perfectionnes qui fabriquent, avec une immense économie de temps et d'efforts et à un grand nombre d'exemplaires, des œuvres que les machines primitives ne produisaient qu'imparfaites et grossières, à de longs intervalles et avec beaucoup de peines.

Tout être livré à ses propres forces ne peut s'élever que difficilement et lentement dans la résistance à l'attraction terrestre. La matière terrestre, dans sa réaction, s'élève rapidement jusqu'à l'homme, mais elle s'arrête là ; à partir de l'homme ses progrès sont imperceptibles. Mais, s'il existait un être qui serait à l'homme ce que l'homme est aux plantes, l'homme pourrait s'élever d'un coup à une réaction infiniment plus grande en s'incorporant à cet être supérieur. Il n'est pas dans le pouvoir de l'homme d'élever le niveau de sa propre réaction, mais il est dans ses moyens d'élever le niveau des réactions inférieures et de l'étendre sur toute la terre. La destinée humaine est d'absorber les réactions inférieures comme les fleuves absorbent les rivières et comme les rivières absorbent les ruisseaux; les réactions inférieures montent à l'homme comme les petits cours d'eau vont au fleuve.

Lorsqu'il n'y avait pas encore de plantes à la surface de la terre, les lois de l'attraction universelle y dominaient sans compétition. Ce n'est qu'avec une extrême lenteur et par des efforts innombrables que la matière terrestre est parvenue à se soustraire à ces lois et à atteindre à cette suprême indépendance que l'homme incarne. Mais, par la puissance génératrice de l'homme, la matière asservie s'élève aujourd'hui rapidement à cette haute indépendance; par le don de multiplication la matière réagissante envahit la terre comme une marée montante. Tandis que la force d'attraction reste immuable, la force de réaction gagne tous les jours du terrain et étend continuellement sa puissance, et l'on ne peut prévoir jusqu'où elle portera la lutte contre la pesanteur et sous quelles formes nouvelles elle apparaîtra dans son évolution future.

CHAPITRE XIII

L'amour sexuel et l'amour maternel.

I. — Dans la réaction inférieure, un seul organe accomplit toutes les fonctions de respiration, d'assimilation, d'excrétion et de reproduction, mais, à mesure que la réaction grandit, le travail se spécialise de plus en plus et se répartit sur un grand nombre d'organes.

Non seulement, par l'importance des opérations, le travail se subdivise toujours davantage dans l'être réagissant, mais il arrive un moment où cet être lui-même ne peut plus suffire à la tâche; les opérations trop étendues pour un seul être se scindent et se partagent entre deux organismes distincts. Le travail se spécialise et de là naissent les organes; les organes eux-mêmes se divisent et de là naissent les sexes.

La génération constituant la plus importante fonction de la réaction, et un seul individu n'étant plus à même d'embrasser les opérations multiples qu'elle comprend, cette fonction se dédouble. Ce dédoublement d'une fonction fait la duplicité des sexes. L'être réagissant se décharge d'une partie de ses opérations sur un double de lui-même. Le travail de la production se scinde et fonctionne séparément dans deux êtres distincts.

C'est uniquement par le dédoublement des organes génitaux et la spécialisation de leurs fonctions qu'apparaît un être réagissant supplémentaire. Cette entrée en scène d'un individu auxiliaire n'est pas sans animer singulièrement la lutte contre la pesanteur, et sans donner à la réaction de la matière terrestre des aspects nouveaux, imprévus et surprenants.

Dans les réactions inférieures, la participation de deux individus dans les opérations de la réaction n'est pas nécessaire, mais dans les réactions supérieures, les deux sexes sont indispensables. Devant une opposition croissante et des charges de plus en plus accablantes, le soulagement pour l'être réagissant d'une partie de ses fonctions s'impose. L'être réagissant se dédouble nécessairement lorsque le travail devient trop écrasant. La séparation des sexes, qui est l'exception dans les degrés inférieurs de la réaction, est générale dans les vertébrés. Comme deux coursiers attelés au même timon, deux êtres au lieu d'un se partagent la tâche à effectuer. Il faut deux squelettes pour porter les organes de la génération, deux systèmes de leviers pour soutenir le poids de la réaction.

Le mâle et la femelle, qui ne sont qu'un par leurs organes de reproduction, sont deux par tous les autres organes. Les organes de la génération sont les seuls dont ils jouissent en commun. Sans ces organes, la duplicité du corps réagissant n'aurait pas sa raison d'être. Seuls, les organes de la génération ne se trouvent pas tout entiers sur le même être; seuls, ils sont répartis sur deux organismes distincts, et ce dédoublement d'une fonction est la seule raison de la duplicité des sexes. C'est le seul organe scindé, le seul qui soit partagé entre deux êtres distincts; hormis celui-là, le mâle et la femelle sont en tout semblables et se répètent dans tous les autres organes. C'est le seul organe dédoublé; tout le reste est double. Les organes visuels, auditifs, digestifs et respiratoires de la femelle sont en tout semblables aux organes visuels, auditifs, digestifs et respiratoires du mâle. Réunissez les organes de la génération sur le même individu, tous les autres feront double emploi; il y aura un être de trop; l'un des deux sexes, inutile répétition de l'autre, pourra être supprimé. Le mâle et la femelle ne doivent d'être deux qu'à leurs organes de reproduction. Ils ne sont unis par d'autres rapports que par ceux que leurs organes générateurs ont entre eux.

L'être réagissant s'étant scindé dans l'un de ses organes, il en résulte qu'il n'est plus complet par lui-même; il n'est plus qu'une partie de lui-même; il se complète dans l'autre individu. Le mâle ne retrouve son unité que dans la femelle; les deux sexes tendent l'un vers l'autre par les deux moitiés d'un organe qui tend à se reformer. Ces deux organes, les seuls qui différencient les sexes, sont dans une étroite dépendance. Ils sont combinés pour fonctionner de concert et la forme de l'un entraîne celle de l'autre. L'un des deux sexes porte cet organe extérieurement, en saillie ; l'autre, qui doit couver le germe, le mûrir et l'amener à son éclosion, porte son organe replié en lui-même.

II. — La génération ayant pour fin la multiplication des forces de résistance, la domination des forces de réaction sur les forces attractives, on conçoit que les forces répulsives, la lumière et la chaleur, doivent jouer un rôle actif dans cette opération et que ce rôle sera d'autant plus prépondérant que la réaction sera plus élevée.

La lumière et la chaleur interviennent activement dans la multiplication de la réaction la plus inférieure. Les fleurs, organes génitaux des plantes, sont placées au sommet et sur la circonférence de l'organisme végétal, de façon à se trouver sous l'influence directe des rayons solaires pour les concentrer et les réfléchir sur les organes de la fécondation. Ces fleurs présentent toutes les couleurs, hormis le noir qui absorbe tous les rayons sans en réfléchir aucun.

La floraison des plantes s'accompagne d'une production de chaleur qui s'élève parfois jusque 22° de température. On a même pu constater que dans le *colocasia odorata* le spadice avait acquis la température énorme de 43°, de sorte que cette température s'élevait de 22° au-dessus de celle de l'air ambiant.

Lorsque le corps réagissant, en passant de la réaction statique à la réaction dynamique, acquiert une température propre, les organes génitaux fonctionnent sous l'action de cette température intérieure, moins variable que la chaleur extérieure.

La fécondation des plantes s'opérant par la chaleur extérieure, les organes de la fructification se déploient au dehors sur la périphérie et le sommet. La fécondation des animaux s'opérant par la chaleur intérieure, les organes se retirent de la surface et se replient en eux-mêmes au sein de leur chaleur propre ; ils s'enfoncent dans les parties les plus profondes, les plus épaisses du corps là où la température est la plus grande.

Quoique la fécondation des animaux n'ait plus lieu par la chaleur solaire, mais par leur chaleur propre, cependant, dans la généralité des animaux, la reproduction ne peut s'opérer que dans les saisons chaudes, principalement après une période d'inactivité, lorsque les forces répulsives, qui font le printemps et raniment la végétation, succèdent aux forces attractives qui font l'hiver et suspendent les réactions inférieures. L'homme, revêtu de substances isolantes qui retiennent fort bien sa chaleur, trouvant en toute saison une nourriture abondante, n'ayant pas à craindre l'action déprimante de l'hiver grâce à ses foyers, l'homme, exceptionnellement, peut se reproduire en tout temps. Dans les animaux, de même que dans les plantes, le phénomène de la génération s'accompagne de chaleur; le rut, le prurit vénérien, le coït sont accompagnés d'ardeur.

La fructification dans les plantes s'opère par les seules forces physiques. La chaleur et la lumière solaires développent les organes de la fructification; la pesanteur et les vents opèrent la fécondation. Dans beaucoup de plantes, le fuchsia par exemple, les étamines surmontent le pistil, de sorte que le pollen, au moment où il s'échappe de l'anthère, tombe nécessairement, en vertu de son propre poids, sur le stigmate. Dans les plantes monoïques, telles que le noyer, le maïs, les fleurs mâles occupent l'extrémité des branches, tandis que les fleurs femelles sont situées au-dessous. Dans les espèces végétales où les fleurs mâles et les fleurs femelles sont portées par des arbres distincts et parfois très éloignés l'un de l'autre, les organes de la fécondation sont mis en communication par le vent qui porte le pollen des fleurs mâles sur le stigmate des fleurs femelles; les insectes concourent également à ce rapprochement des germes. C'est encore par l'action de la pesanteur et des vents que les germes arrivés à maturité se détachent de la branche; par la pesanteur ils s'enfoncent dans le sol pour y germer; par les vents ils se répandent sur les campagnes environnantes; par les eaux ils se déposent sur les rives.

Mais, à mesure que la réaction se possède mieux et devient plus maîtresse d'elle-même, elle opère par ses propres forces; à mesure que l'être réagissant s'affranchit des forces physiques extérieures, il intervient de plus en plus activement dans les opérations dont il est le siège. L'animal n'attend plus comme les plantes que la nourriture vienne à lui, il va à la nourriture. De même il recherche les conditions les plus favorables au phénomène de la fécondation, il les provoque même et il évite l'influence des forces contraires. Les reptiles déposent leurs œufs dans le sable brûlant ou les exposent au soleil. Les poissons passent de l'océan dans les fleuves dont ils remontent le cours afin de choisir l'endroit le plus favorable à l'éclosion de leurs œufs. L'oiseau se substitue au soleil dans l'incubation des germes qu'il a produits; il remplace la chaleur ambiante par sa chaleur propre mieux mesurée et plus constante. Les sexes se transportent l'un au devant de l'autre pour mettre en contact les produits séparés de leurs organes de reproduction; ils se font eux-mêmes vents, soleil, pesanteur avec beaucoup plus de garanties et de chances de succès.

Les plantes produisent des germes par millions, et de ces millions de germes abandonnés à eux-mêmes, livrés à tous les hasards du milieu, pas un seul peut-être ne rencontrera les conditions favorables à sa germination et à son développement. La fécondité des poissons est égalcment prodigieuse, mais le plus grand nombre des germes produits périt faute de protection suffisante. Les oiseaux ne produisent les germes de vie que dans des proportions beaucoup moindres, mais mieux pourvus et mieux protégés, la plupart d'entre eux échappent aux causes de destruction et survivent. L'homme, qui représente la plus haute des réactions, ne produit qu'un seul rejeton, mais ce germe entouré des conditions les plus favorables et soustrait à toutes les influences du milieu extérieur arrive avec le plus de certitude à son complet développement.

III. — Dans la réaction statique, les êtres réagissants encore incorporés à la terre, identifiés avec ce qui les entoure, n'ayant aucun sentiment d'eux-mêmes, ignorent leur sexe. Le mâle et la femelle n'ont pas conscience de leurs fonctions. Leurs amours sont en quelque sorte mécaniques, entièrement réflexes, et les forces physiques interviennent activement dans leurs opérations de reproduction.

Dans les degrés inférieurs de la réaction dynamique, les amours, quoique conscientes, sont froides, sans animation, sans passion. Chez les poissons, le mâle et la femelle sont presque aussi étrangers l'un à l'autre qu'un mâle et une femelle d'espèces différentes. Ils ne s'accouplent même pas; la femelle dépose ses œufs dans l'eau et le mâle les couvre de sa laitance. Leur rôle se borne là, et c'est encore une force physique, la chaleur solaire, qui est chargée du soin d'amener les œufs à leur éclosion.

Dans les réactions supérieures la fécondation, par suite des exigences de température, ne se fait plus extérieurement, mais intérieurement, au sein même de l'ovaire. Chez la plupart des poissons et des amphibies, l'œuf n'est fécondé qu'après avoir été pondu. Chez beaucoup de reptiles, chez tous les oiseaux et les mammifères l'œuf est fécondé au centre de la chaleur animale, dans le corps même de la femelle.

On peut opérer artificiellement la fécondation chez les plantes et chez les êtres inférieurs de la réaction dynamique, mais cette fécondation artificielle n'est plus possible chez les êtres supérieurs. La fécondation artificielle chez les végétaux consiste à transporter le pollen des plantes à fleurs mâles sur le stigmate des plantes à fleurs femelles. La fécondation artificielle chez les poissons, consiste à s'emparer d'un mâle et à presser légèrement sur son ventre pour en faire sortir la laitance; l'on fait tomber celle-ci dans l'eau qui contient les œufs pondus par la femelle.

Par suite des nécessités de la réaction, des difficultés croissantes qu'elle rencontre, des forces de plus en plus grandes qu'elle exige dans ses opérations, la fécondation, — le phénomène capital de la réaction, — n'est plus abandonnée à l'action des forces physiques, mais s'accomplit dans une étuve appropriée, dans un foyer spécial, au sein même de la chaleur animale, à l'abri de toutes les influences extérieures. Dans les réactions supérieures, plus rien de ces importantes opérations n'est laissé à l'imprévu, n'est livré au hasard du milieu, mais elles sont soumises, dans leurs moindres détails, à des règles constantes et précises. L'être réagissant ou plutôt la force de réaction elle-même, assez puissante pour se suffire et se maintenir par ses propres forces, assez bien outillée pour créer les conditions nécessaires à la bonne exécution de ses opérations, n'a plus besoin de recourir aux forces ambiantes.

Les œufs ne quittant plus le sein de la femelle avant la fécondation, c'est donc dans le corps même de la femelle que le mâle est amené à devoir couvrir les œufs de sa laitance. Cette simple modification dans les opérations de la fécondation, a cependant pour résultat de jeter une note singulièrement vive et ardente dans ces opérations, jusqu'ici si froides, si mécaniques même; elle a pour effet de les animer jusqu'à les rendre émouvantes, jusqu'à les dramatiser, car le besoin génésique du mâle ne s'adresse plus à des corps bruts, froids, inertes, passifs que nous représentent les œufs, mais au vase même qui les contient. Le mâle, dans son instinct, va à ce quelque chose de vivant, de palpitant que nous représente la femelle, à cette forme animée, ardente, volontaire comme lui, qui se prête ou se dérobe, qui se livre ou résiste et, ainsi, excite, irrite et centuple la puissance des désirs et donne à ce besoin instinctif un stimulant énergique, irrésistible. Le mâle n'a plus pour fin les œufs, mais la femelle qui les contient; son instinct n'a plus pour objet le germe, mais le vase d'élection. Il en est arrivé à prendre le moyen pour la fin elle-même, le contenant pour le contenu.

Le besoin génésique d'un poisson est au besoin génésique d'un mammifère, ce que la faim d'un herbivore est à la faim d'un carnivore. Le ruminant va à l'herbe des prairies paisiblement, presque machinalement, sans ardeur, sans empressement, sans animation; froide, inerte, insensible, cette herbe, objet de sa faim, ne remue, ni ne se dérobe. De même les désirs amoureux du poisson se satisfont froidement, presque automatiquement, par le dépôt de sa laitance dans l'eau qui contient les œufs.

Mais il n'en est plus de même dans les degrés supérieurs de la réaction; les désirs amoureux du mammifère, comme les appétits d'un fauve, sont impérieux, effrénés, et se donnent cours d'une façon émouvante et parfois terrible. Ce qui apaise la faim du lion est vivant, palpitant, plein de sensibilité et de vie, pourvu de puissants ressorts et de membres agiles pour se dérober à sa poursuite. Le fauve doit guetter sa proie pendant des journées entières. Il a recours à des ruses nombreuses, à des feintes multiples pour s'en approcher. S'il l'aperçoit, il s'émeut puissamment; il la poursuit, haletant, hors de lui; il s'élance, bondit sur elle avec un déchaînement de passions inouïes; il la saisit en rugissant et se repait avec volupté de ce sang chaud, de cette chair palpitante, de ces entrailles fumantes; il savoure la possession de cette proie longtemps convoitée et enfin saisie, et qui se débat plaintive sous sa griffe. Si, par hasard, un autre de ses congénères survient et convoite la proie, des grondements terribles annoncent une lutte à mort.

La satisfaction du besoin de manger est purement mécanique dans les herbivores; elle est émouvante, passionnante, dramatique dans les fauves. De même l'acte de la fécondation, si automatique dans les plantes, si froid dans les animaux inférieurs, devient presque de la frénésie dans les êtres supérieurs.

Cette suprême accolade de deux êtres, dans laquelle se confondent leurs désirs, leurs sensations, leurs sentiments, engendre les passions de l'amour sexuel, ses joies et ses douleurs, ses ravissements et ses fureurs. Pour atteindre à ce réceptacle que porte la femelle et y déposer le principe fécondant, le mâle s'anime jusqu'à l'exaltation. Les animaux les plus doux, les inoffensifs herbivores deviennent féroces pour la possession des femelles et se les disputent jusqu'à la mort.

Le mâle pénètre dans la femelle, sa chair palpite dans sa chair, et cette communion intime dans les opérations, cette fusion interne des organes mâle et femelle resserrent étroitement les liens qui relient les deux sexes. De même que la coordination des actes entre les différents organes d'un même individu s'est faite de plus en plus grande, de même la coordination des actes entre mâle et femelle se fait toujours plus étroite; les sexes unissent leurs efforts dans un but commun. Le mâle et la femelle ne sont plus, en quelque sorte, étrangers l'un à l'autre, semblables à des individus d'espèces différentes comme chez les poissons; ils ne sont plus ennemis et ne s'entredévorent plus comme chez les insectes; mais, vivement attirés l'un vers l'autre, ils se recherchent, ils se plaisent de compagnie, ils associent leurs luttes, leurs efforts et multiplient l'un envers l'autre les manifestations de sympathie et de dévouement. L'amour que chaque être porte à soi-même sort de ses limites étroites, s'agrandit et enveloppe deux êtres. L'instinct de la conservation personnelle se reporte sur un autre être comme sur un second soi-même. L'amour personnel agrandi fait l'amour sexuel.

Dans la classe supérieure à celle des poissons, chez les reptiles, les amours sont encore peu animées, elles sont languissantes comme toutes leurs autres fonctions. Mais déjà, chez les oiseaux, les amours revêtent un caractère de douceur, d'attachement et de coquetterie fort extraordinaire, et offrent un aspect des plus curieux et des plus animés aux époques de l'appariation. Les mâles, par des chants variés, par la splendeur de leur plumage, s'efforcent de charmer la femelle désirée et de l'éblouir à l'envi; d'autres essayent de la séduire, de la captiver par de gracieux manèges, par des exercices de haute voltige sur les branches élevées des arbres. Même chez ces êtres timides et généralement peu belliqueux les combats entre mâles sont acharnés, parfois sanglants — surtout chez les gallinacés; mais chez eux aussi les amours sont des plus tendres et des plus touchantes.

L'homme lui-même est soumis à cette toute-puissance de l'amour, et il met au service de ses instincts toutes les ressources de sa haute intelligence et de sa grande ingéniosité. Les hommes se battent pour la femme par les moyens redoutables que leur industrie et leur science ont mis en leur possession. Ces deux hommes du monde, d'une grande éducation, d'une instruction soignée, postés à distance avec le pistolet au poing, qui se tuent dans toutes les formes de la politesse la plus exquise, et ces deux buffles sauvages qui se battent corps à corps, avec toute la furie animale, au moyen de leurs armes naturelles, sont mus par le même instinct, avec cette différence que les deux premiers adversaires ont dépouillé leur instinct de sa bestiale férocité pour le couvrir du brillant vernis de l'éducation ; mais la fin poursuivie est la même des deux côtés : la possession de l'être désiré. On pourrait même ajouter que l'histoire des hommes est en grande partie l'histoire de leurs amours. Jusqu'au fond de leurs plus grandes guerres, il n'y a souvent qu'une question de femme, car deux grands mobiles dominent la vie des hommes comme celle de tous les autres êtres : l'instinct de la conservation personnelle et l'instinct de la conservation de l'espèce.

IV. — L'enfant nouveau-né est tout entier livré à l'instinct de sa propre conservation. A la naissance, cet instinct subsiste seul à l'exclusion de tout autre sentiment.

L'enfant nouveau-né n'est poussé vers la femme que par l'instinct de sa propre conservation. Il ne cherche dans la femme que les organes nourriciers. Il ne connaît de sa mère que les mammelles. Les mammelles, c'est toute sa mère. Il est étranger à tout le reste et, lorsque sa mère se révèlera peu à peu et lui deviendra familière, il ne l'appellera encore que par le nom de maman, corruption du mot mammelles. C'est encore cette partie de l'organisation maternelle qui lui servira à désigner l'ensemble.

Lorsque l'enfant a acquis tout son développement, le surcroît de nourriture se détourne vers les organes de la génération. Lorsque son existence a fini d'éclore, d'autres existences éclosent en lui. Lorsque l'organisme a fini de s'épanouir, la vie y surabonde et se manifeste sous la forme d'un besoin qui est tout l'opposé du besoin de se nourrir, car la faim est une sensation de vide, de pénurie, tandis que l'appétit sexuel est une sensation de plénitude, de surabondance, un besoin d'expansion.

L'adolescent, entièrement développé et pouvant se suffire par lui-même n'est plus poussé vers la femme par l'instinct de sa propre conservation, mais par l'instinct de la conservation de l'espèce. L'enfant nouveau-né, excité par un vide qui se produit en lui, aiguillonné par la faim, cherche instinctivement la femme pour assurer son existence. L'adolescent, stimulé par un excès de forces, par l'expansion de tout son être, se rapproche également de la femme, mais pour assurer l'existence de l'espèce. A l'âge de 20 jours, l'homme ne voit dans la femme que les organes nourriciers; à l'âge de 20 ans, il n'a surtout en vue que les organes de la fécondation. Le rôle de la mère finit; le rôle de l'amante commence. L'instinct de la conservation personnelle fait la mère; l'instinct de la conservation de l'espèce fait l'amante.

A sa naissance, l'enfant est porté vers la femme par un mouvement tout réflexe, tout machinal. Il n'a aucun sentiment distinct de ce qui l'attire. Il est insensible à tout ce qui n'est pas le suc nourricier. Sur cette table rase, dans cette nature encore vierge de tout sentiment, n'apparaît qu'une manifestation simple et isolée vers la conservation de sa petite existence.

Mais de l'enfance à l'adolescence, de l'instinct de la conservation personnelle à l'instinct de la conservation de l'espèce, les nombreuses facultés de l'enfant se sont éveillées; la nature toute entière s'est révélée à son intelligence; l'Univers s'est ouvert devant lui. Il s'est assimilé une immense somme de connaissances variées; il est entré dans un monde riche en sensations diverses; et c'est avec l'immense cortège de ses idées, de ses sensations, de ses aspirations multiples, de ses transports juvéniles qu'il va pour la seconde fois à la femme.

La puberté est une véritable seconde naissance, mais ici la femme n'est plus l'objet d'un instinct machinal, tout réflexe, mais d'un instinct entouré de brillantes facultés, secondé par une puissante intelligence, servi par une grande richesse d'imagination et appuyé par toute l'éloquence du regard, par toute la force persuasive du geste, par toutes les ressources du langage, par toute la chaleur des sentiments. Autour du nouvel instinct se sont développées de nombreuses facultés qui comparent, analysent, jugent, scrutent, s'étonnent et admirent. Toutes ces puissances nouvelles, cet instinct les met en œuvre. Toute cette richesse de sentiments, cet instinct la fait servir à son but. Et c'est au milieu de cet épanouissement de tout son être, au milieu de l'enivrement de tous ses sens, au sein de tous les enchantements que donnent les fleurs, les chants, les parfums, la musique, la poésie que l'homme, de nouveau, va à la femme, poussé par l'instinct de la conservation de l'espèce.

Toute notre vie se passe dans la satisfaction de ces deux instincts ; la satisfaction de l'instinct de notre selve-conservation dans le boire et le manger; la satisfaction de l'instinct de conservation de l'espèce dans l'amour. La poésie, le roman, le théâtre, les religions elles-mêmes roulent tout entières sur ces deux instincts.

La poésie, le roman, le théâtre, — par la peinture et la mise en scène de dangers, de drames, de catastrophes, — les religions, — qui nous parlent de la mort et de l'immortalité, — s'adressent à notre instinct de selve-conservation. C'est cet instinct, diversement impressionné, qui nous inspire les sentiments de terreur, de pitié et d'horreur, et comme l'homme est le seul être qui sache que la destruction l'attend, c'est aussi le seul être religieux.

L'instinct de la conservation de l'espèce forme le fond de toutes les scènes amoureuses: les enlèvements, les unions, les séparations. C'est cet instinct qui nous inspire les sentiments de haine, de dévouement, de jalousie, d'exaltation et qui, plus fort que l'instinct de notre propre conservation, nous inspire l'esprit de sacrifice.

Il y a donc deux évolutions dans la réaction: l'évolution de l'individu et l'évolution de l'espèce. L'évolution de l'individu n'est qu'un cas particulier, un épisode de l'évolution de l'espèce. Celle-ci se fait infiniment plus lentement et plus laborieusement que l'évolution individuelle. L'individu qui ne se voit pas grandir, bien moins encore verra progresser son espèce.

L'amélioration et l'extension de l'espèce, c'est-à-dire la poussée en avant de la matière réagissante terrestre, se font par le concours de tous. L'espèce se développe comme l'individu et chaque individu concourt à son développement. Chaque individu apporte sa pierre à l'édifice. Chaque individu coopère à l'extension croissante de son espèce, à la marche en avant de la réaction. Tout être, depuis le dernier des végétaux jusqu'au premier des animaux, tout être, dans la mesure de ses moyens, travaille au grand œuvre. Tous s'emploient à fortifier la puissance de la réaction, à la consolider dans ses positions acquises, à étendre son action sur la terre, au fond des mers et au sein de l'atmosphère. Fleurir, nicher, faire des petits, tel est le but de toute existence. Perpétuer son espèce est la fin de l'homme comme celle de tous les autres êtres. C'est pour cette fin qu'il bâtit des villes comme ces oiseaux qui, à chaque printemps, accourent des pays lointains pour bâtir des nids et élever de nouvelles générations.

V. — L'amour maternel, comme l'amour sexuel, n'apparaît dans l'être réagissant que lorsque la réaction commence à rencontrer de sérieuses difficultés. De même que les germes des êtres supérieurs ne sont plus abandonnés à l'action des forces ambiantes, mais sont mûris par des forces spéciales et dans des milieux uniquement créés pour eux; de même ces germes, une fois éclos, ne sont plus livrés à leurs propres forces comme les petits des réactions inférieures, mais continuent à recevoir de l'organisme mère des forces nombreuses, des soins particuliers et une aide puissante dans leur réaction naissante, jusqu'à ce qu'ils soient en état de réagir par leurs propres forces.

Dans la réaction statique, l'être réagissant, entièrement passif, n'a aucun contrôle sur lui-même; il subit presque indifféremment l'action de toutes les forces contraires. Dans la réaction dynamique, nous voyons l'être réagissant intervenir de plus en plus activement dans sa propre conservation et dans l'exécution des opérations dont il est le siège. Doué de mobilité, l'être vivant recherche les conditions favorables à son développement et fuit les influences contraires. Il pourvoit activement à son alimentation, recherche la nourriture, la choisit et la porte à une cavité où elle reçoit une préparation convenable à sa destination. Il prévoit les dangers qui pourraient menacer sa conservation, et prend les dispositions les plus propres pour s'assurer une longue existence et le libre exercice de ses forces.

Cette intervention de plus en plus grande de l'être réagissant dans l'exercice de ses fonctions, à mesure que les obstacles augmentent, finit même par s'étendre à des existences autres. Cette sollicitude, cette vigilance qu'il montrait pour sa propre conservation, il la reporte sur des êtres distincts. Il craint pour eux comme il craignait pour lui. Il veille sur eux comme s'ils étaient lui-même. Il pourvoit à tous les besoins de ces êtres, dont il est la souche, jusqu'à ce qu'ils soient en état de se suffire et de se soutenir par leurs propres forces.

L'instinct de la conservation de l'espèce n'est qu'un développement de l'instinct de la selve-conservation. L'amour maternel vient se greffer sur l'amour personnel. Aux sentiments égoïstes succèdent les sentiments altruistes.

L'amour maternel, le plus élevé d'entre les sentiments de l'être animal et même de l'être humain, est un produit des luttes de la matière terrestre contre la force de pesanteur. L'amour maternel se développe parallèlement avec les difficultés croissantes de la réaction. Les êtres adultes, en possession de toutes leurs forces, prêtent aide et assistance aux forces naissantes; ils les secondent dans leurs efforts pour triompher des forces contraires.

Là où la résistance à la pesanteur est presque nulle, l'amour maternel n'existe pas, et, à mesure que la résistance aux forces attractives se prononce, l'amour maternel prend un plus grand développement. L'amour maternel a pour destination de fortifier, d'étayer la réaction dans son élévation croissante.

Là où toute l'énergie de l'individu en formation et en voie de développement est absorbée par le travail qui s'accomplit en lui, il est incapable d'assurer sa propre conservation, de se suffire à lui-même et de venir à bout des forces contraires. Pour s'élever des degrés inférieurs de la réaction aux degrés supérieurs, des quantités si énormes de force mécanique sont consommées que l'individu ne dispose plus d'aucune énergie pour réagir par lui-même; toute sa puissance s'épuise dans ce grand travail d'élaboration et de développement de ses nombreux instruments de réaction. Si les êtres anciens ne secondaient l'être nouveau, s'ils ne suppléaient à sa faiblesse et ne mettaient à sa disposition le surplus des immenses forces répulsives dont ils jouissent, il serait incapable de surmonter les difficultés accumulées sur sa route et de s'affranchir par lui-même des forces antagonistes.

VI. — La plante se développe sous la seule action des forces physiques. Le soleil mûrit le germe; la pesanteur détache le fruit et le fixe dans le sol, soit que le vent l'emporte dans les champs, soit que les eaux l'entraînent et le déposent sur les rives; la pluie sustente cet embryon de la plante qui trouve autour de lui toutes les forces nécessaires à son développement, tous les matériaux nécessaires à son accroissement ; abandonné à lui-même, il se suffit et arrive par ses propres forces à toute la réaction dont il est susceptible.

Dans les degrés inférieurs de la réaction dynamique où les structures et les fonctions, peu développées, n'exigent pas de grandes forces mécaniques, la chaleur solaire suffit comme pour les plantes à assurer l'évolution complète de l'être réagissant. Les œufs de l'insecte arrivent à leur éclosion parfaite sous la seule influence de la température ambiante. Aussitôt né, l'insecte dispose de l'énergie nécessaire pour faire face aux difficultés qui se présentent et pour subvenir à ses besoins. Livré à lui-même, il parvient par ses propres forces et par de véritables étapes ou métamorphoses à la plus haute organisation qu'il lui est donné d'atteindre.

Ces êtres inférieurs ne connaissent, non plus que les plantes, l'amour maternel. De même que les plantes entourent leurs germes d'une substance spéciale, l'albumen, destiné à les nourrir; de même les insectes se bornent à déposer une provision d'aliments près de leurs œufs, puis abandonnent ceux-ci à leur sort et meurent.

L'amour maternel ne commence à se manifester que là où les réactions naissantes sont insuffisantes à se soutenir par leurs propres forces, au milieu des difficultés accumulées.

En général, les poissons déposent leurs œufs le long des côtes, dans des endroits peu profonds, où le soleil puisse aisément les échauffer. Mais, aussitôt après avoir été fécondés par le mâle, les germes sont abandonnés; les petits, en sortant de l'œuf, sont aptes à se nourrir eux-mêmes.

Les serpents, les tortues, les crocodiles, les lézards, les couleuvres creusent, dans le sable, à l'exposition du midi, un trou dans lequel ils déposent leurs œufs. Ils laissent à la chaleur solaire le soin de les faire éclore; mais ils veillent avec sollicitude sur ce dépôt et en éloignent les intrus.

Dans un degré plus élevé de la réaction où la résistance à la pesanteur est plus grande et où, par suite, les structures et les fonctions sont plus compliquées, la chaleur solaire ne suffit plus pour amener le germe à son développement complet. La chaleur animale, résultant de la combustion respiratoire, est seule assez abondante et assez constante pour fournir toute l'énergie nécessaire à l'éclosion des œufs. Pour se développer, l'œuf de poule exige une température presque constante, 20 jours durant, de 35° à 40°.

Les oiseaux, qui montrent un développement remarquable de l'amour sexuel, se montrent, pour les mêmes raisons, tout aussi extraordinaires dans l'amour maternel. L'oiseau bâtit un nid pour sa progéniture et couve ses œufs avec une ardeur, une passion extrême. Il semble se complaire délicieusement dans cette occupation, et son assiduité y est si grande qu'il en oublie le boire et le manger. Sa faiblesse, suite de privations, est parfois si grande qu'il peut à peine voler.

Tous nous avons pu constater combien ces êtres, si timides et si craintifs dans le cours ordinaire de l'existence, sont audacieux et agressifs dans la période de l'incubation et de l'éclosion des œufs. Dans une sorte de folie héroïque, ils n'hésitent pas à attaquer des ennemis beaucoup plus forts lorsqu'il s'agit de défendre leurs petits. On voit la mère poule, les plumes hérissées, les yeux courroucés, se précipiter sur d'énormes molosses, alors même qu'aucune démonstration de la part de ceux-ci puisse justifier cette violente agression. L'instinct de la conservation de l'espèce arrive ici à un tel point d'exaltation qu'il prime l'instinct de la conservation personnelle. L'oiseau se jette au devant du danger qui menace ses petits. Il pousse le dévouement à ses jeunes jusqu'à leur sacrifier sa propre existence.

Ces mères rassemblent leurs petits sous leurs ailes et leur fournissent la chaleur qui leur manque, jusqu'à ce qu'ils soient chaudement couverts par le duvet et les plumes. Elles leur procurent la nourriture, jusqu'à ce qu'ils soient en état de la chercher, et ne les abandonnent que lorsqu'ils sont en possession de toutes leurs forces. Mais aussitôt que les petits sont en état de se suffire par eux-mêmes, on voit disparaître cette sollicitude des parents. Parfois même, ces tendres sentiments font place à des sentiments hostiles. Les oiseaux de proie chassent leurs petits, quand ils sont grands, et les poursuivent, lorsque la région où ils vivent est trop pauvre pour les nourrir tous. L'instinct de la conservation de l'espèce prend fin, pour faire place à l'instinct de la conservation personnelle, qui reparaît.

Le corps des oiseaux est disposé à merveille pour l'incubation *externe*; la température élevée dont ces êtres jouissent, le chaud duvet dont ils sont couverts leur facilitent cette fonction. D'autre part l'augmentation des charges de leur locomotion aérienne, la nécessité d'échapper à leurs ennemis par la rapidité du vol ne permettaient guère l'incubation *interne* ou gestation.

La formation des êtres plus élevés encore dans la réaction, exige une étuve à température élevée, constante, et ce foyer spécial, c'est le corps même de la femelle. Les œufs ne quittent plus le milieu où ils se sont formés et où le principe mâle vient les féconder. L'œuf, fécondé dans l'intérieur du corps de la femelle, se fixe dans une cavité appelée *utérus*, dans laquelle il parcourt les diverses phases de son développement. La femelle couve les germes dans son propre sein et, au moyen du placenta et du cordon ombilical, leur fournit des forces abondantes et sans cesse renouvelées.

Nous voyons avec la plus grande évidence l'amour maternel apparaître et se développer avec les exigences de température. Dans la réaction inférieure, chez les plantes, nous voyons les fleurs concentrer les rayons solaires sur le germe pour l'amener à maturité. A un degré plus élevé, dans la réaction dynamique, le germe est exposé au midi dans l'eau ou dans le sable brûlant. Dans des réactions plus hautes encore, la chaleur solaire est remplacée par la chaleur animale extérieure et, enfin, dans la réaction la plus élevée, par la chaleur animale intérieure.

Dans ces réactions supérieures, où l'oppression des forces antagonistes est si accablante, où la formation des réactions naissantes est si pénible et si laborieuse, l'amour maternel prend un développement extrême et supplée à chaque instant à la faiblesse des rejetons. Là où la résistance à la pesanteur est très grande, l'amour maternel est très développé, et là où l'amour maternel est le plus développé, les mères sont pourvues d'appareils spéciaux, les mammelles, où s'élaborent les forces destinées à leurs nouveaux-nés.

Dans la réaction la plus élevée, les êtres sont appelés *mammifères*, parce qu'ils sécrètent une matière spéciale destinée à sustenter leurs rejetons lorsqu'ils commencent à vivre de la vie extérieure. Les organes digestifs de la mère débouchent en quelque sorte au dehors, et le nouveau-né reçoit de ces organes maternels les aliments dissous et digérés, qu'il n'a plus qu'à s'assimiler. Non seulement le germe se forme et se développe dans la chair et le sang maternels, mais encore de ce sein maternel jaillit, au moment de la parturition, une source de vie, un lait tiède et substantiel; cette nourriture rendue assimilable, dont la mère abreuve son fruit, est tirée de son propre sang. Au dedans, le fruit vit de la vie maternelle et, lorsque le fruit vient au monde, cette vie maternelle se déverse au dehors par les glandes mammaires.

Tout corps vivant ne peut se nourrir que par absorption et endosmose ; toute nourriture pour être assimilée doit donc être préalablement liquéfiée. Les plantes trouvent leurs aliments liquéfiés, dissous par les pluies et peuvent directement se les assimiler sans travail préparatoire. Mais les animaux, qui ne trouvent en général leurs aliments qu'à l'état solide, ont besoin d'un appareil compliqué pour diviser mécaniquement ces aliments solides et les amener à l'état liquide ; tel est l'objet des mâchoires avec leur double rangée de meules pour la trituration, et du système digestif avec ses glandes pour la dissolution des aliments.

L'enfant nouveau-né ne vit encore que d'une vie végétative et, comme la plante, il ne peut s'assimiler que des aliments liquides. Mais l'organisation du mammifère, au moment de la parturition, n'est pas complètement achevée. Le mammifère nouveau-né n'est pas encore en complète possession des appareils compliqués destinés à ramener les aliments de l'état solide à l'état liquide. La nourriture triturée, dissoute, lui parvient à l'état liquide par les glandes mammaires. Le petit du mammifère n'a plus qu'à aspirer la substance alimentaire, ainsi liquéfiée, du corps maternel disposé pour sustenter deux organismes.

Dans le sein maternel, toutes les fonctions de relation, de digestion, de circulation et de respiration de l'embryon sont celles de la mère; hors du sein maternel il a déjà sa respiration et sa circulation propres, mais les fonctions de digestion, de relation et de locomotion sont encore celles de la mère; sa mère digère, marche et prévoit pour lui. Ainsi, lors même qu'il est entièrement séparé de l'organisme mère. l'enfant ne vit pas encore d'une vie propre; il vit de la vie dont il est issu. Il n'est pas encore complet par lui-même, mais sa mère vient le compléter et suppléer aux organes et aux forces qui lui manquent pour réagir par lui-même; elle vient renforcer ses faibles forces jusqu'à ce qu'il puisse se suffire.

Plus la réaction est élevée, plus l'être réagissant éprouve de difficultés à y atteindre. Les petits des mammifères sont impuissants par eux-mêmes à balancer les forces contraires et à les dominer. L'homme nouveau-né est le plus faible, le plus misérable, le plus impuissant de tous les êtres réagissants à leur naissance. Le petit de la femme a l'enfance la plus longue, la plus pénible et la plus critique. Le poisson, en sortant de l'œuf, court à la recherche de sa nourriture. Le caneton, aussitôt sorti de sa coquille, se jette à l'eau et nage. Les petits de la chèvre, de la jument, se tiennent debout presque aussitôt nés et gambadent. A l'âge où l'homme est encore à la mamelle, les plus puissants des quadrupèdes sont déjà tout formés et abandonnés à leurs propres forces. A l'âge de 10 mois le taureau est apte à se reproduire. A cet âge où le petit de l'homme vient à peine d'être sevré, la pouliche donne déjà à téter. Ces énormes bêtes font souche à l'âge où l'enfant sait à peine se tenir debout et marcher.

Dans aucun être nouveau-né la faiblesse, l'impuissance n'est aussi grande que dans le premier âge de l'homme, parce que l'effort à faire, l'équilibre à atteindre, les résistances à vaincre, les forces consommées, l'organisation à développer sont plus considérables que dans toute autre réaction. Le petit enfant se traîne, rampe sur le sol. Il ne parvient à se tenir debout qu'à l'aide d'un appui. Lorsqu'il commence à marcher, c'est d'un pas chancelant. L'équilibre ne s'obtient qu'avec de grandes difficultés, et des chutes fréquentes se produisent avant qu'il arrive à se rendre complètement maître de sa masse.

Que deviendrait ce petit être livré à lui-même comme les petits des êtres inférieurs ? Qu'en adviendrait-il s'il n'avait sa mère pour le porter, le nourrir, l'initier au difficile équilibre de la station verticale, le soulager du poids accablant de la réaction, et l'aider à se dégager de l'étreinte des forces contraires pendant les longues années que dure son developpement ? Que pourrait cette réaction naissante contre la coalition des forces opposées, si elle n'était secourue et protégée par la coalition des réactions mères ?

L'opposition croissante que rencontre la matière terrestre dans sa résistance de plus en plus grande à la pesanteur explique l'amour maternel ; l'amour maternel explique la famille et la famille explique la tribu ou la nationalité. Les sociétés ont pour base l'instinct de la conservation de l'espèce, car les unions entre sexes donnent lieu à la formation de sociétés domestiques qui, à leur tour, donnent naissance aux états. La famille est une coalition de forces réagissantes, une association de deux êtres pour soutenir le poids des réactions et en partager les charges ; la tribu, la nation ne sont que des associations de familles.

CHAPITRE XIV

Le sommeil et la mort.

I. — La réaction de la matière terrestre contre la pesanteur est causée par les forces répulsives : la chaleur et la lumière solaires. L'absence de chaleur produit le froid et amène l'hiver ; l'absence de lumière produit les ténèbres et amène la nuit.

La terre est animée d'un double mouvement : d'un mouvement de révolution sur elle-même et d'un mouvement de translation autour du soleil. Ces deux mouvements, en interceptant ou en diminuant les rayons solaires successivement dans les différentes parties du globe, augmentent la puissance des forces attractives et diminuent celle des forces réagissantes.

Les forces antagonistes de la réaction et de l'attraction se balancent ; quand l'une descend, l'autre monte. Le premier mouvement du globe amène le jour et la nuit ; le second, l'été et l'hiver. Avec la nuit et l'hiver : les ténèbres, le froid. Avec les ténèbres, le froid : le sommeil, l'hibernation, la mort. Chaque fois que, pour un point donné, le soleil disparaît ou s'éloigne, la réaction bat en retraite devant les forces attractives. A chacune de ces phases, la réaction recule, et les êtres réagissants en général sont de nouveau rejetés dans la dépression, l'immobilité, l'inertie de la matière non réagissante. Pour la presque totalité des êtres, la nuit amène une suspension de la réaction et fait trêve à la lutte contre les forces attractives ; pour la grande majorité des êtres, l'hiver c'est la cessation momentanée ou définitive de la résistance à la pesanteur, c'est l'engourdissement, l'hibernation, la mort.

La chaleur des êtres inférieurs dépendant de la chaleur ambiante, leur réaction est abolie ou suspendue dès que la chaleur extérieure disparaît. Les plantes annuelles et les insectes meurent à l'approche de l'hiver : les arbres et les animaux hibernants tombent engourdis à l'apparition des premiers froids.

En hiver, l'arbre ne respire plus, ne vit plus, ne réagit guère plus que le minéral. Mis en mouvement par un grand corps en vibration dans l'espace, l'arbre revient au repos aussitôt ces vibrations interceptées. Recevant directement du soleil sa force de réaction, cette force tarit dès que le soleil se cache ; et dès que les forces répulsives le quittent, le végétal retombe sous le joug des forces attractives, forces destructives de tout mouvement.

Les animaux inférieurs ne produisent pas une chaleur assez abondante pour se rendre complètement indépendants des causes extérieures de refroidissement. L'activité de leurs fonctions est essentiellement subordonnée à la quantité de chaleur qu'ils reçoivent du dehors; lorsque les forces répulsives se retirent, leur résistance à l'attraction tombe aussitôt. Les chéloniens, les sauriens, les ophidiens, les batraciens passent la période du froid dans une espèce de demi-mort, de suspension partielle de la vie appelée *sommeil d'hiver* ou *hibernation*.

A l'approche de l'hiver, les grands végétaux retombent dans l'inertie du règne minéral ; les animaux hibernants retombent dans la vie végétative. Ces animaux passent d'une vie de mouvement et de grande activité à la vie obscure, latente et immobile des plantes ; le pouls qui pouvait donner 90 et 100 pulsations par minute, n'en marque plus que 8 et 10; la consommation d'oxygène est réduite au 4/10 de ce qu'ils consommaient en pleine réaction.

Les animaux à sang chaud ne dépendant plus de la chaleur extérieure, mais disposant d'une chaleur propre, ne subissent plus passivement l'action paralysante du froid. Les êtres supérieurs, suppléant à la diminution de la chaleur extérieure par l'augmentation de leur chaleur interne, s'affranchissent des conditions du milieu et peuvent affronter les froids les plus rigoureux.

Au-dessous de zéro, la plante cesse de réagir. L'homme résiste encore à des abaissements de température inférieurs à 50° sous zéro Quelques mammifères, cependant, font exception et tombent en léthargie à l'approche de l'hiver, car, une fois les sources de leur alimentation taries et ne pouvant pas, comme les oiseaux insectivores, partir pour les pays ensoleillés, ils ne tarderaient pas à périr de froid et d'inanition s'ils n'avaient la faculté de vivre de la vie végétative pendant la période hivernale; la couche de graisse amassée pendant la bonne saison suffit pour entretenir le système circulatoire et respiratoire; la respiration devient presque imperceptible et, par suite du ralentissement de la combustion intérieure, toutes les autres fonctions se ralentissent dans la même mesure. Ces mammifères hibernants sont les chauves-souris, les hérissons, les loirs, les hamsters et les marmottes.

Lorsque les forces répulsives cessent d'arriver à la terre, toute la nature terrestre retombe sous la puissance des forces attractives; l'atmosphère se contracte; les vapeurs se condensent en brouillards, en nuages; les nuages tombent en neige, en grêle; les eaux s'immobilisent, se durcissent en glaces; les mers elles-mêmes passent de l'état liquide à l'état solide; les plantes meurent ou tombent engourdies; les animaux inférieurs et les animalcules périssent ou sont paralysés. Même dans les réactions les plus élevées, chez les animaux à sang chaud, les manifestations de la vie se ralentissent, car la fonction capitale de la réaction, la reproduction, est abolie, hormis chez l'homme. En hiver les forces attractives dominent, et ces forces destructives de tout mouvement arrêtent la réaction de la matière terrestre et la refoulent.

II. — De même que la chaleur, la lumière est un puissant stimulus de la matière réagissante, et l'absence de cette puissance

Sensitive le jour.

Endormie à minuit.

excitatrice produit un arrêt dans la réaction. Toutes les plantes éprouvent un mouvement marqué au coucher du soleil ; les fleurs se ferment, les feuilles s'infléchissent. On peut même endormir une feuille seule en la plaçant dans l'obscurité à l'exclusion de toutes les autres. Le sommeil des plantes consiste dans une certaine rigidité de leurs divers organes. Au lever du soleil, la réaction végétale, de nouveau stimulée, se réveille, les folioles se relèvent et les feuilles prennent une tout autre disposition que pendant la nuit.

Ce mouvement de retraite, au coucher du soleil, est plus marqué encore dans le monde de la réaction dynamique. Aussitôt le grand corps excitateur disparu, il y a suspension de la réaction dans le règne animal ; les animaux cèdent aux forces attractives; ils cessent toute résistance à la pesanteur.

Le sommeil, comme l'hibernation, est une rétrogradation de la réaction. Si la plante, privée de la force incitatrice, semble redescendre dans le règne inorganique, dans ce monde de la pesanteur d'où elle est sortie, l'animal, privé également de cette force, semble aussi retomber dans le monde végétal d'où il s'est élevé. La plante engourdie est semblable au minéral; elle ne respire plus, ne se nourrit plus, ne vit plus. L'animal endormi est semblable au végétal; il ne semble plus vivre que de la vie végétative; il gît inerte, sans volonté, sans intelligence, sans aucun sentiment de lui-même, aussi impersonnel, aussi inconscient que la plante. Dans la plante, il ne reste plus que le minéral; dans l'animal, il ne reste plus que la plante.

Les interruptions dans les radiations solaires donnent lieu à des arrêts, à des pauses, à des suspensions de la réaction pendant lesquelles plus rien ne bouge, pendant lesquelles règne le silence de la mort. Cette immobilité générale, cette paix profonde, témoignent de la lassitude universelle après les luttes journalières. La réaction vaincue se recueille, se recompose et rassemble de nouvelles forces pour les luttes à venir.

Aussitôt que l'homme sent la fatigue, c'est-à-dire la diminution des forces de réaction, il fléchit; l'inaction le gagne; les ressorts très tendus se relâchent insensiblement. Aussitôt que cesse l'antagonisme des forces de réaction, les forces attractives reprennent leur empire sur le corps réagissant; l'inertie survient; les membres cèdent à la pesanteur; le cerveau, centre directeur des mouvements, s'engourdit;

la circulation générale se ralentit; la température du corps descend, la vie baisse rapidement, et l'homme, de tous les êtres le plus réfractaire à la pesanteur, ne vit bientôt plus que de la vie du végétal; les organes végétatifs fonctionnent seuls en lui.

Les êtres réagissants se retrempent dans ce repos; ils se remettent pour ainsi dire sous pression. Ils s'épuisent dans la lutte; ils se rechargent dans l'inaction. Les nuits sont les haltes de la réaction, qui reposent le lutteur et raniment ses forces épuisées. A la réapparition des puissances incitantes les êtres se roidissent de nouveau contre les forces qui les oppressent. C'est une levée générale de tous les corps réagissants, un soulèvement par toute la terre des forces de réaction. Et encore une fois, à la surface terrestre, recommence le rebondissement continu des êtres innombrables qui se soulèvent, retombent et se relèvent encore dans une lutte continuelle contre les puissances attractives, jusqu'à ce que de nouveau épuisés, ils fassent une nouvelle trêve.

La réaction s'élève et retombe à chaque révolution de la terre. Chaque jour, elle se déploie dans les mers, dans les airs, sur toute la terre; puis elle se retire, elle se replie sur elle-même. Comme un mouvement de marée, la réaction avance et recule successivement dans un double mouvement alternatif et journalier; comme le flux et le reflux de la mer, elle envahit et abandonne tour à tour le champ de la lutte. Ces hauts et ces bas de la réaction résultent du double mouvement planétaire. L'hiver, la nuit : domination des forces attractives, immobilité, inertie, torpeur, inconscience; l'été, le jour : domination des forces répulsives, volonté, conscience, mouvement, activité.

Le sommeil est un recul, un point mort dans la réaction; une moitié de notre existence se passe dans la vie végétative, l'autre moitié, dans la réaction dynamique. Les corps réagissants ne peuvent se soustraire perpétuellement aux effets de ces causes destructives du mouvement; ils ne peuvent se maintenir constamment au même niveau de résistance. Après avoir lutté tout le jour sous l'influence stimulante des forces répulsives, ils cessent toute opposition lorsque ces forces se retirent; ils s'abandonnent à la force de pesanteur qui sollicite tous les corps au repos. Sans relâche, la terre pèse sur eux de tout son poids; sans leur laisser de répit, les forces attractives terrestres combattent leur résistance, les épuisent et, finalement, les terrassent ; à la nuit tombante, ils s'affaissent et jonchent la surface planétaire.

Tandis que dans l'Univers, les forces répulsives disparaissent et réapparaissent, les forces attractives, au contraire, ne cessent ni ne diminuent; mais tandis que les forces de réaction se développent et croissent en puissance, les forces antagonistes restent fixes et invariables. La pesanteur conserve toujours la même intensité à la surface terrestre, mais l'être réagissant grandit en résistance. Ainsi le bâtiment des mers multiplie sa résistance et se fortifie dans les positions conquises, pendant que l'océan reste toujours semblable à lui-même.

La pesanteur est universelle parce qu'il n'y a pas de matière sans pesanteur; mais la réaction ne s'étend pas à toute la matière, elle est bornée aux corps organiques. La pesanteur est éternelle, car elle n'est jamais suspendue dans les corps; la réaction est temporaire, car elle cesse par la mort. La pesanteur est immuable, elle ne varie pas dans un même lieu; la réaction est variable, car elle est plus grande dans l'état de veille que dans le sommeil; plus grande dans un animal que dans une plante.

La force de réaction, mobile, multiple, intermittente, s'oppose à une force inflexible, solitaire, éternelle. La pesanteur est une, immuable, universelle; la force de réaction est fractionnée, variable, localisée. La pesanteur nous apparaît avec un caractère de constance, de généralité, de perpétuité; la réaction, avec un caractère de particularité, de variation, d'intermittence.

Les forces morcelées, isolées, temporaires de la réaction ne peuvent se maintenir indéfiniment contre des forces générales, toujours présentes, toujours agissantes, toujours invariables; les forces particularisées de la réaction s'épuisent finalement dans leur résistance contre cette pression continuelle et universelle de la pesanteur; et, lorsqu'un corps réagissant n'est plus soutenu ou excité par les forces répulsives, il cesse toute résistance et retombe sous l'empire de la pesanteur; de personnel, il devient impersonnel; d'actif, il devient passif.

La réaction est faite d'efforts, de tensions continuelles. Dans le sommeil, tout effort est suspendu; c'est l'inaction, la détente. Le sommeil est un arrêt, une suspension de la réaction; la pesanteur n'a jamais de pause, jamais d'interruption. Les forces de réaction s'usent et prennent fin; les forces attractives ne s'affaiblissent, ni ne finissent.

Les êtres réagissants sollicités par deux forces antagonistes vont de l'une à l'autre. Ils oscillent sans cesse entre deux forces contraires qui les possèdent tour à tour. Ballottés entre la veille et le sommeil, entre l'action et l'inaction, entre le mouvement et l'inertie, ils vont des forces incitantes, conscientes et volontaires, aux forces dépri-mantes, aveugles et fatales.

L'être réagissant se trouve dans une situation forcée et militante. Il ne peut subsister qu'en faisant violence aux forces attractives. Il ne peut se maintenir contre ces forces contraires qu'un temps limité. Il se débat dans les étreintes de l'attraction jusqu'à ce que la fatigue survienne, c'est-à-dire jusqu'à ce que les forces répulsives qui l'animent lui fassent défaut. Tous les jours il s'affaisse, accablé sous son propre poids. En se couchant, chaque être se décharge du poids de sa masse; il dépose son fardeau pour le reprendre au lever du soleil.

Comme Sisyphe condamné à rouler éternellement en haut d'une montagne un rocher qui retombe sans cesse, ainsi chaque être passe son existence à soulever une masse pesante qui tous les jours lui échappe.

III. — La durée d'existence de tout être est étroitement liée à la durée d'activité de la fonction de reproduction; la vie de chaque être est calculée sur le temps nécessaire à la propagation de l'espèce.

La fonction de reproduction est la fonction capitale de la reaction parce qu'elle est la seule qui ait pour fin la conservation de l'espèce, tandis que toutes les autres fonctions n'ont pour fin que la conservation de l'individu. Par son importance, le travail de la reproduction exige le luxe de deux êtres, la collaboration de deux individus; ce travail, par lequel ils sont deux, est leur seule destination, leur unique fin.

L'individu ne vit que pour l'espèce; il n'existe qu'aussi longtemps qu'il lui est utile, or l'organe de la reproduction est le seul qui sert à l'espèce et quand cette fonction prend fin, toutes les autres fonctions ne tardent pas à prendre fin également. L'organe de la reproduction est le centre d'activité organique; il sert de pivot à tous les autres et, lorsque cet organe sur lequel se concentre toute l'activité vitale a rempli sa mission, il s'atrophie, et tous les autres organes, qui gravitent autour et ne fonctionnent que pour lui, s'atrophient également. L'individu n'arrive à toute sa plénitude que lorsque cet organe entre en fonction et il décline lorsque cet organe ne fonctionne plus.

La fructification est le summum de l'organisation végétale; c'est vers la fructification que tend toute son activité, que convergent toutes ses forces. La formation des germes est le faîte de la réaction des plantes. Quand la fécondation est achevée, les étamines, les corolles, le calice, ayant accompli leurs fonctions s'altèrent, se flétrissent et disparaissent. Pendant de nombreuses années les grands végétaux se reproduisent, parce que pendant de nombreuses années ils se développent et grandissent en réaction.

Les organes de la génération n'apparaissent dans l'insecte que lorsqu'il est parvenu à la plus haute réaction qu'il lui est donné d'atteindre; dans l'état de larve, qui est l'état le plus prolongé de la vie de l'insecte, il est dépourvu d'organes générateurs. Quand l'insecte arrive au terme de sa réaction, il se reproduit; il lègue à l'espèce sa force acquise, le résultat de ses luttes, de ses efforts; et lorsque cette fonction est remplie, c'est-à-dire au bout de peu de jours, de quelques heures même, l'insecte meurt. L'insecte, dans sa dernière métamorphose, ne vit qu'un temps, le temps des amours. Depuis sa naissance jusqu'à sa mort, l'insecte passe des réactions inférieures aux réactions supérieures, jusqu'à la plus haute qui sert à la propagation, terme de son existence.

Il suffit pour se convaincre que la propagation est la fonction principale d'un être de la réaction la plus élevée, de suivre attentivement le développement de cet être. On constate que toutes les fonctions qui ne comprennent pas celles de la reproduction sont des fonctions subordonnées, que tous ces organes secondaires, à l'usage exclusif de l'individu, apparaissent dès la naissance et s'exercent jusqu'au développement complet du corps réagissant, pour préparer l'entrée en fonction de l'organe le plus important, l'organe de l'espèce. Ce n'est que quand tous les organes des sens ont achevé leur développement et quand l'organisation est entièrement achevée, que la fonction procréatrice fait son apparition. Les organes de l'individu précèdent l'organe de l'espèce dans la vie, ils le suivent dans la mort. La fonction de reproduction apparaît la dernière et disparaît la première; tous les autres organes préparent sa venue et la suivent dans sa retraite.

Tout nous montre que l'organisation générale du corps a pour fin la formation des organes de la génération, car lorsque ces organes deviennent caducs et inutiles à l'espèce, tous les autres organes, qui ne semblent fonctionner que pour ceux-là, qui ne sont que des auxiliaires ou des comparses, n'ayant plus de raison d'être, deviennent caducs à leur tour et disparaissent un à un.

Toute notre organisation, toutes nos fonctions ont pour but la conservation de nous-mêmes, et notre propre conservation a pour unique fin la conservation de l'espèce. L'être ne se développe, ne vit que pour la conservation de l'espèce, et l'extension de l'espèce c'est l'extension de la réaction. Par les fonctions digestives, qui assurent notre propre conservation, nous élevons à la plus haute des réactions, les réactions inférieures; par les fonctions de la reproduction, qui assurent la conservation de l'espèce, nous multiplions ces réactions ainsi élevées.

IV. — Lorsque tous les organes ayant pour fin notre propre conservation sont entièrement développés, l'organe destiné à la conservation de l'espèce entre en activité. Nous n'entrons en possession de toutes nos forces de réaction que lorsque cet organe, qui couronne toute notre organisation, fonctionne, et nous commençons à perdre nos forces de réaction lorsqu'il cesse de fonctionner : l'ouïe s'affaiblit, la vue s'obscurcit, les organes digestifs et respiratoires s'alanguissent, les muscles se relâchent, les jambes fléchissent, la mémoire se perd, toutes les facultés déclinent ; c'est la vieillesse avec sa décrépitude et ses infirmités.

Nous ne vivons pas pour nous-mêmes, nous vivons pour l'espèce ; notre fin n'est pas en nous, elle est dans l'enfant. Voyez la femme ; la maternité est le but évident et nécessaire de toute son organisation, comme la fructification chez les végétaux, comme la reproduction chez les insectes.

La femme n'est pas faite pour elle-même ; elle est faite pour l'enfant. Tous les organes par lesquels la femme est femme ne fonctionnent que pour l'enfant ; les glandes mammaires, les organes sexuels, qui sont le fond de la nature féminine, ont l'enfant pour leur seul but ; en dehors de l'enfant, ces organes n'ont plus aucune signification, ils n'ont plus de raison d'être. Otez à la femme ses organes de reproduction et de nourrice, sera-t-elle encore femme? Et qu'est-ce qu'une femme qui n'est plus femme? Ses seins, son vagin, son utérus ou matrice constituent seuls sa nature feminine, et ce sont précisément les seuls de tous ses organes qui ne fonctionnent pas pour elle-même, qui n'ont pas elle-même pour destination, mais un autre être. Elle n'est femme que par les organes sexuels et maternels et ces organes ne fonctionnent que pour l'enfant. Donc la femme ne vit que pour l'enfant et par l'enfant; tout en elle crie le mot « mère »; toute son organisation, toute son existence n'a d'autre fin que l'enfant, c'est-à-dire l'espèce.

Ce qui est vrai pour la femme, l'est également pour l'homme; comme la femme, l'homme ne vit que pour l'espèce. L'homme n'est homme que par ses organes sexuels qui sont des organes, non de l'individu, mais de l'espèce. Privé de ces organes l'homme ne se rattacherait plus à rien et n'aurait plus de raison d'être. Les individus sont à l'espèce ce que les cellules sont à l'individu; lorsque les cellules qui composent l'individu sont usées et impropres à leur destination, elles sont éliminées et remplacées par d'autres; lorsque les individus qui forment l'espèce ne peuvent plus lui être utiles, leur rôle est fini et ils doivent faire place à d'autres unités.

Dans la nature, les individus ne comptent guère; l'individu n'est qu'un moyen, la fin c'est l'espèce; l'individu n'est qu'un organe, une fonction de l'espèce; il tombe, comme la fleur tombe de l'arbre lorsqu'il a assuré la conservation de l'espèce. Le chêne vit des siècles parce que, pendant des siècles, il se reproduit et avance en réaction; l'insecte ne vit qu'une ou deux saisons parce qu'au bout de ce temps il arrive au terme de sa reproduction et de sa croissance.

Les êtres ne commencent à vivre pleinement que lorsqu'ils commencent à se reproduire, et ils commencent à mourir lorsqu'ils cessent de pouvoir se reproduire. Le développement des organes sexuels constitue pour l'homme une véritable seconde naissance; les organes respiratoires et vocaux subissent un changement notable; la voix devient plus grave, plus pleine, plus forte; la forme extérieure du corps prend un caractère arrêté, une individualité propre; l'homme devient typique; ses facultés, ses sentiments, ses passions s'étendent, se déploient; il recommence une vie nouvelle parce qu'il ne vit plus uniquement pour lui-même mais pour l'espèce.

Observez le vieillard; des phénomènes inverses se produisent; sa vue se perd, son ouïe s'affaiblit, sa voix se casse, ses fonctions digestives et respiratoires se ralentissent et par suite son appétit et sa température diminuent, ses fibres durcissent et perdent leur élasticité, ses jambes refusent de le porter, toutes ses facultés baissent, toutes ses forces déclinent. En même temps que son activité organique décroît, ses sentiments se rétrécissent; il retourne à l'instinct de sa propre conservation; il retombe en enfance; comme l'enfance, la vieillesse est égoïste.

Si l'enfance du plus réagissant des corps terrestres est la plus pénible, sa vieillesse est aussi la plus misérable; dans ses vieux jours, il retourne à la faiblesse, à l'impuissance des premiers ans. Comme l'enfant, le vieillard se traîne; comme l'enfant, il marche d'un pas chancelant et cherche des appuis; n'étant plus maître de son équilibre et ne maintenant plus qu'à grand'peine son centre de gravité sur la base de sustentation, il donne à son corps un troisième point d'appui; il marche en se soutenant sur un bâton. La plus grande tension se trouvant dans le corps humain, c'est aussi le corps humain qui trahit la plus grande décrépitude dans la vieillesse. Cette tension étant toujours aussi grande dans le vieillard, mais les forces de réaction s'affaiblissant, il ne soutient plus que difficilement le poids de l'attraction; son corps se penche, se courbe vers la terre qui l'attire; sa marche pesante montre combien les forces attractives reprennent d'empire sur lui; il ne sait presque plus se remuer, ni se transporter; il se traîne le corps cassé, comme écrasé par une charge trop lourde; ses jambes fléchissent sous le poids, et l'assemblage de leviers qui constitue sa charpente perd tout ressort et semble vouloir quitter la position verticale conquise pour reprendre la position horizontale que l'homme a abandonnée.

La mort est à l'espèce ce que le sommeil est à l'individu. Dans le sommeil, l'individu revient en arrière, mais pour se retremper, pour puiser de nouvelles forces et revenir à la lutte avec une énergie plus grande; le sommeil est une trêve où il retrouve ses forces perdues. L'espèce se retrempe dans la mort, comme l'individu dans le sommeil. L'être qui meurt après s'être reproduit ne meurt pas tout entier; sa force de résistance lui survit; il renaît dans un autre être et recommence pour ainsi dire toute la réaction, mais avec des forces plus fraîches et plus aguerries; par le phénomène de la génération sa force acquise revient en arrière, retourne aux origines de la réaction mais pour s'y retremper,

Le phénomène de la mort n'est qu'une reproduction agrandie du phénomène du sommeil. Dans le sommeil, cessation partielle de la réaction et reprise avec des forces rafraîchies; dans la mort, cessation totale de la réaction et reprise avec des forces nouvelles. La mort, c'est le sommeil de l'espèce; la naissance, c'est son réveil; elle reçoit à la naissance une impulsion nouvelle; elle revient à l'assaut des positions à conquérir avec des forces supérieures et plus fraîches. Dans ce vieillard caduc, cassé, chancelant, c'est l'espèce déprimée, usée, sans force, sans vigueur, sans ressort; dans cet enfant toujours actif, toujours mobile, toujours agité, c'est l'espèce qui s'est refortifiée, qui s'est renouvelée aux sources de la réaction.

V. — Il y a en nous certains sentiments qui protestent énergiquement contre cette interprétation donnée à notre fin; nous nous révoltons à l'idée que nous ne sommes rien, que l'espèce est tout. Mais ce sont ces sentiments irraisonnés qui faussent toutes les idées que nous avons sur l'Univers et sur la place véritable que nous y occupons; ce sont ces sentiments d'aveugle amour-propre qui faisaient de notre monde le centre de l'Univers, qui faisaient de l'homme, non un animal, mais un être à part, une créature divine, un dieu tombé des cieux. L'homme, seul être raisonnable, doit pouvoir se placer au-dessus de cet instinct de selve-conservation qui, en le douant d'un immense amour pour sa personne, est la source de ses erreurs et de ses folles présomptions.

L'instinct ne raisonne pas et le raisonnement seul peut nous conduire à une saine interprétation de la nature, à une juste notion des choses et à une exacte conception des phénomènes de la réaction. L'instinct de notre propre conservation, ce tout-puissant instinct que nous avons en commun avec tous les animaux en nous donnant l'horreur de la mort, l'effroi du non-être, fausse toutes nos idées sur ce phénomène. C'est par l'effet de ce sentiment irraisonné que l'homme, qui ne s'étonne pas de vivre, s'étonne de devoir mourir; il ne considère pas que c'est la vie qui est l'état phénoménal, extraordinaire, exceptionnel de la matière de l'Univers et que la mort, au contraire, ou l'état inorganique est l'état normal, habituel et général de la matière universelle; il ne considère pas que l'état organique ou vivant est un état violent, forcé, instable de la matière, laquelle ne peut s'y maintenir qu'un temps très court, à force d'efforts et de vigilance, pour revenir bientôt à son état naturel qui est l'état minéral.

C'est cet état inorganique que nous appelons la « mort », mot effrayant qui épouvante la partie purement animale de nous-mêmes, qui révolte la bête qui est au fond de tout homme, qui affole nos sentiments irraisonnés et fait cabrer nos instincts. Mais ce phénomène terrible, réduit à ses vraies proportions par la judicieuse et froide raison, ne représente que l'état normal de la matière, celui qu'elle conserve de toute éternité ; tandis que la vie lui apparaît comme une violation des lois de la matière et, en quelque sorte, comme un miracle. Dans cet état permanent, éternel de la matière de l'Univers, la réaction ou la vie ne forme qu'une apparition fugace comme ces brillants météores atmosphériques aussi vite dissipés qu'apparus.

La mort n'a pas dans la nature la signification que l'homme lui donne; c'est un phénomène tout naturel comme la naissance, qui n'est effrayant, qui n'est un mal qu'au point de vue de l'instinct de la conservation personnelle. Dominé par ce tenace instinct de la conservation l'homme ne peut se résoudre à croire qu'il est après sa mort ce qu'il était avant sa naissance. Aussi se complaît-il dans des croyances chimériques qui apaisent ses craintes et calment son amour-propre. Et, comme il s'inquiète peu de ce qu'il était avant sa naissance, mais témoigne un vif, un extraordinaire intérêt à ce qu'il sera après sa mort, toutes ses religions sont basées sur le mystère de la mort; l'immortalité future est le fond de tous ses dogmes. L'homme est le seul être religieux parce que c'est le seul qui connaisse l'inévitable destruction.

Ce qui reste de l'individu après sa mort, c'est la nouvelle impulsion qu'il a donnée à son espèce par les êtres qu'il a procréés; ce qui persiste après lui, ce sont ces réactions nouvelles destinées à toujours grandir, à toujours s'étendre. Les individus passent, mais l'espèce reste. L'espèce, c'est la somme de tous les individus passés; des milliers de générations se sont employées à la former. Chaque individu, à son passage dans la réaction, a laissé sa force acquise, et l'espèce actuelle est la résultante de toutes ces forces accumulées.

Lorsque l'individu meurt, il ne meurt donc pas tout entier ; il lègue à l'espèce le fruit de ses efforts et de ses aptitudes conquises. L'espèce profite des progrès acquis par l'individu ; elle hérite des efforts individuels de toutes ses unités. L'espèce s'élève comme un monument auquel chaque individu apporte sa pierre. L'instinct borné, plein d'égoïsme et d'étroitesse, ne voit que l'individu, mais la raison large, élevée et voyant de haut, n'aperçoit que l'espèce.

Quand la force de réaction abandonne partiellement l'être réagissant, c'est le sommeil; quand elle l'abandonne totalement, c'est la mort. Dans le sommeil, l'être réagissant retourne à la vie végétative; dans la mort, il retourne à l'état minéral ou inorganique.

Au plus profond de nous-mêmes, au fond de notre être gît le minéral avec ses propriétés physiques d'étendue, de pesanteur, de divisibilité, d'élasticité et d'inertie sur lesquelles sont venues se greffer les propriétés vitales de la plante, irritabilité et croissance, et sur ces dernières, les propriétés vitales de l'animal, sensibilité et mouvement. Par la mort, le corps réagissant est dépouillé de ses propriétés vitales, sensibilité et mouvement, irritabilité et croissance, et il ne reste plus que le minéral avec ses propriétés physiques et ses affinités chimiques.

Les eléments qui constituent l'être réagissant sont identiques à ceux qui constituent le monde minéral ou inorganique. L'être vivant est constitué par une portion de la matière universelle arrivée à une formule chimique très complexe et soumise à une forte tension. Dans l'être mort, cette portion de la matière universelle est privée de cette activité chimique, de cette tension mécanique, de toutes ces autres propriétés qui lui constituaient un régime spécial, un état phénoménal et isolé et une indépendance propre; ses éléments constitutifs retournent sous le régime commun; ils retombent sous la puissance des forces physiques.

La vie est une opposition aux lois qui régissent la généralité de l'Univers; la mort est la fin de cette opposition. La matière de l'Univers qui s'organise pour résister aux lois de l'attraction, s'isole de la masse commune et s'en distingue par des formes, des mouvements et une individualité propres; en se désorganisant, par suite de la cessation de toute résistance, elle rentre dans la masse commune pour y perdre et ses formes et son individualité. Ainsi les molécules liquides, qui s'arrachent aux forces attractives de l'océan pour s'élever dans les hauteurs de l'atmosphère, se constituent en corps distincts, en nuages isolés, jusqu'à ce que les forces attractives reprenant le dessus, les ramènent à l'océan où elles se confondent, en perdant et leurs formes et leur individualité et leurs mouvements propres.

Mourir c'est cesser de réagir, c'est retourner à l'état inorganique où il n'y a plus de réaction; le minéral se dissout, se désagrège mais ne meurt pas puisqu'il persiste toujours dans le même état. Plus un être réagit, c'est-à-dire plus il s'écarte de cet état minéral, plus sa mort est émouvante. Les oscillations de la réaction des êtres supérieurs décrivent des courbes extraordinairement étendues : de la veille au sommeil, de la vie à la mort, le balancement est énorme. Dans le monde végétal, l'écart est peu considérable ; le sommeil et la mort sont peu apparents dans ces corps réagissants qui émergent à peine du monde inorganique. Mais dans ces êtres supérieurs qui semblent séparés par un abîme du monde minéral, la chute est énorme ; dans ces organisations si hautes, le passage de l'état organique à l'état inorganique revêt un caractère frappant ; l'être de la réaction la plus élevée tombe de toute la hauteur de ses forces conscientes et libres sous l'empire des forces inconscientes et fatales de l'univers.

Tous les phénomènes de la réaction s'accompagnent de chaleur : la germination, la fécondation, l'incubation, la croissance, le mouvement ; tous les phénomènes contraires s'accompagnent de contraction, de refroidissement, de rigidité : l'inaction, l'hibernation, le sommeil, la vieillesse et la mort. D'un côté, la lumière, la chaleur, la vie ; de l'autre, les ténèbres, le froid, la mort. Là, production de mouvement ; ici, perte de mouvement. Corps en vie, corps chaud ; corps mort, corps glacé.

Le cadavre est froid ; le refroidissement est une perte de mouvement ; le mouvement moléculaire supprimé, supprime par contrecoup le mouvement de masse. Dans le sommeil, suppression du mouvement de masse ; dans la mort, suppression du mouvement moléculaire et, par suite, du mouvement de masse. La vie ou la réaction c'est la transformation du mouvement atomique en mouvement de masse ; la mort ou la non-réaction c'est la cessation de la respiration, qui engendrait la chaleur du corps ou mouvement moléculaire, lequel engendrait le mouvement de masse.

La température du corps baisse dans le sommeil qui est un recul de la réaction ; elle disparait complètement dans la mort qui est la cessation définitive de la réaction. Le sommeil est un retour à la vie végétative, une chute dans le monde végétal ; la mort est un retour à l'état inorganique, une chute dans le monde minéral.

C'est la force de pesanteur qui fait couler l'eau ; c'est une force antagoniste de la pesanteur qui fait marcher l'homme, et, lorsque cette force l'abandonne, il ne reste plus de lui que le minéral soumis aux lois de l'attraction. Vivre, c'est échapper aux lois qui régissent le monde minéral; mourir, c'est retourner sous ces lois. Le corps en vie est sollicité par deux puissances contraires; le corps mort n'est plus sollicité, comme la pierre, que par une seule force, la force de pesanteur. Comme le fleuve qui coule, comme l'avalanche qui roule, comme les mondes qui tournent, le cadavre n'est plus régi que par les seules lois de l'attraction universelle.

CHAPITRE XV.

La conscience et l'inconscience.

I. — La conscience que nous avons de nous-mêmes, c'est le sentiment de la résistance à la pesanteur. L'homme, qui représente le plus haut degré de la résistance, est le plus individualisé de tous les êtres et le plus profondément pénétré du sentiment distinct de son existence; le végétal, qui représente le plus bas degré de la résistance, n'a pas le sentiment de lui-même, ne sait seulement pas qu'il existe.

C'est en remontant à l'origine des sensations, c'est en rétrogradant par des décompositions successives de notre être à l'être primitif d'où nous sortons que nous pouvons concevoir comment le « moi » s'est dégagé du « non-moi », comment la conscience est sortie de l'inconscience.

Retranchons de notre être la nature humaine, il reste la bête avec son seul instinct; ôtons l'animal de l'être réagissant, il reste la plante dominée par deux tendances contraires, vagues et inconscientes; supprimons le végétal, il ne reste plus que le minéral mû par une seule tendance, soumis à une seule force, la force de pesanteur. L'état primordial de la matière réagissante, le fond et la base de notre être, c'est l'état minéral. Le minéral subsistait avant toute vie. Lorsque la terre n'était encore qu'une masse incandescente, la matière était uniquement pesante; ensuite sur le monde minéral s'éleva la réaction végétale, et sur la réaction végétale vint se greffer la réaction animale. La plante est un minéral organisé pour réagir; l'animal est un végétal articulé pour se soulever et se véhiculer.

Lorsque la force de pesanteur régnait sans partage sur la matière terrestre, cette matière était impersonnelle et inconsciente, car la conscience ne s'éveille que dans la résistance aux lois de l'attraction; elle naît de l'opposition aux forces universelles et grandit avec l'opposition. Plus la matière réagissante s'oppose à la masse commune d'où elle est sortie, plus son individualité grandit; plus l'être réagissant lutte contre la tendance générale qui domine tout ce qui l'entoure, plus il se distingue de ce qui l'environne.

La conscience ne se manifeste pas encore dans la plante qui s'écarte à peine du minéral et continue à faire corps avec la masse terrestre; sa conscience est aussi vague et effacée que sa résistance; elle n'a pas le sentiment d'elle-même parce qu'elle n'a pas le sentiment de son poids. La conscience se forme lorsque l'être réagissant rompt avec la masse terrestre et se sépare nettement du règne minéral en brisant toutes ses attaches avec le monde de la pesanteur; la réaction dynamique donne au corps réagissant un sentiment distinct de ce qu'il est d'avec ce qu'il n'est pas.

Là commence la conscience où commence la contraction musculaire; là commence la personnalité où commence le soulèvement d'un poids. La contraction est un mouvement de réaction opposé au mouvement universel de la gravitation. La conscience, à l'origine, c'est le poids se sentant; le « moi » c'est le poids s'étendant. Au début de sa réaction dynamique, l'être réagissant n'a aucun sentiment de sa forme, ni de sa masse, ni de sa nature, ni de ses mouvements; toute sa conscience, tout son « moi » se résume dans une vague sensation de résistance; le sentiment de son être c'est le sentiment du poids qu'il soulève ou qu'il déplace en tout ou en partie par la contraction musculaire; la conscience expire dès que cesse l'effort.

Dès que le corps réagissant passe de l'état fixe à l'état mobile, de la réaction statique à la réaction dynamique, dès qu'avec effort il s'arrache à la force attractive qui attire tous les corps pesants, dès qu'une force intérieure fait opposition à cette force extérieure, la conscience apparaît. Plus les forces intérieures augmentent pour balancer les forces attractives, plus les contractions se multiplient et plus la conscience se développe; à mesure que s'organisent les résistances, le « moi » grandit. La conscience naît dans ce divorce entre la masse réagissante et la masse terrestre. Par sa tendance personnelle opposée à la tendance générale, la masse réagissante ne s'identifie plus avec ce qui l'entoure, mais, en opposant ses mouvements propres aux mouvements de l'Univers, elle entre en possession d'elle-même et se démêle peu à peu sur la scène variée où elle se trouvait mêlée et confondue.

Les sensations musculaires sont les plus importantes au point de vue de la connaissance. Le premier de tous les sens qui apparaît, le sens primordial par lequel l'être réagissant commence à se distinguer du « non-moi », c'est le sens de la contraction musculaire, c'est le sens de l'effort, de la résistance; l'opposition s'accusant nettement, le « moi » se sépare nettement du « non-moi ». Les plantes, ne possédant pas le sens de la contraction musculaire, n'ont pas conscience d'elles-mêmes, elles s'ignorent. La conscience ou le sentiment de l'individualité propre commence à poindre dans les Zoophytes ou animaux-plantes, le corail, les éponges, qui sont contractiles en partie.

La première, la plus obscure, la plus générale de toutes les sensations est la sensation de la pesanteur, c'est-à-dire, de la résistance. Cette sensation qui est vague parce qu'elle n'est pas localisée, parce qu'elle est étendue au corps tout entier, est commune à tous les êtres sentants; c'est la première que ressent l'être en venant à la vie et c'est la dernière qu'il perçoit.

Les cinq modes de sensibilité par lesquels l'animal supérieur se forme un « moi » très distinct, ne se retrouvent pas dans toute l'échelle de la réaction dynamique; dans les degrés inférieurs, il manque souvent un ou plusieurs sens; c'est ou la vue, ou l'ouïe, ou l'odorat, ou le goût, et parfois même tous ces sens manquent à la fois. Mais le sens de la contraction musculaire ne manque à aucun des êtres, même les plus rudimentaires, appartenant à la réaction animale. C'est le seul sens nécessaire à la motilité, le seul sens qui soit indispensable à la réaction dynamique. Le chien, doué de bulbes olfactifs énormes et qui sent surtout par l'odorat, ne vit pas dans le même monde que l'homme; il est des poissons qui perçoivent des sons et des couleurs dont nous n'avons aucune idée, mais tous les êtres perçoivent de la même manière cette tendance vague, sourde, invariable qui attire tous les corps pesants vers la terre; tous ressentent cette sensation indéfinie de la pesanteur, qui n'est localisée dans aucun organe spécial, mais est répandue dans le corps tout entier.

Cette impression de résistance est le fondement de toutes nos facultés parce qu'elle est primordiale, générale et toujours présente. Cette impression est primordiale, parce qu'elle est la première qui apparaît dans l'être réagissant et la première que nous percevons en naissant ; elle est générale parce qu'elle est ressentie par toute la masse du corps et qu'elle est commune à tous les corps réagissants ; elle est toujours présente parce que c'est la première qui nous possède et la dernière qui nous quitte et que nous ne cessons de la ressentir sans cesser d'être conscients.

La sensation de résistance est donc la partie essentielle de nous-mêmes, le substratum de l'être sentant, car le vif sentiment que nous avons de nous-mêmes, notre « moi » si étendu, n'est qu'un développement de cette impression de la résistance. Dans les réactions inférieures, des contractions simples, isolées, extrêmement limitées sont suivies d'une seule sensation ; dans les réactions supérieures, des contractions étendues, multiples et simultanées font naître un ensemble de sensations associées.

Les muscles se multipliant, c'est la résistance se multipliant ; en multipliant ses moyens de résistance, le corps réagissant multiplie son être sentant ; plus sont grands et nombreux les efforts, plus est grande la conscience. Si un être formé d'un seul muscle arrive à une certaine conscience de lui-même, quelle étendue et quelle profondeur n'aura pas la conscience d'un être formé d'une grande quantité de muscles, susceptibles de mouvements innombrables et variés à l'infini ? Quel vif sentiment de lui-même n'aura pas un être pouvant choisir entre des mouvements si nombreux et les graduer à l'infini, pouvant discerner entre tous ces muscles qui se croisent et s'entre-croisent le muscle voulu, et employer d'autres muscles pour servir de freins ou d'auxiliaires ?

Entre la plante, qui se confond encore avec ce qui l'entoure, et l'homme, le plus individualisé de tous les êtres, s'échelonnent tous les degrés de conscience. Le sentiment de nous-mêmes, c'est le sentiment de nos efforts. La conscience ne se montre que lorsque l'être réagissant, séparé de la masse terrestre, se contracte en totalité ou en partie. Par le simple effort, l'être réagissant se sépare du tout ; il est un ; il est une force distincte luttant contre d'autres forces. Par des efforts répétés, pour remonter le courant général, il augmente la puissance et l'étendue des muscles ; par le développement des muscles, il développe sa conscience. Accroissement des efforts, accroissement des contractions musculaires ; accroissement des contractions musculaires, accroissement de la conscience.

A mesure que la matière réagissante se sépare du monde environnant, à mesure qu'elle s'en dégage et s'en isole, à mesure qu'elle rompt avec le reste de l'Univers et qu'elle remonte le cours naturel des choses, son individualité grandit ; elle se sépare du monde pour former un monde à part ayant ses mouvements propres et ses règles particulières ; elle ne participe plus aux mouvements généraux de la matière universelle, mais acquiert des mouvements distincts et opposés, elle trouve une unité particulière dans l'opposition de ses mouvements aux mouvements de l'Univers. Si l'on coupe un lombric en deux parties, les deux tronçons forment deux unités nouvelles ; de ce ver coupé en deux sortent deux consciences, parce que ce son deux sentiments distincts de résistance.

En s'essayant à opposer sa puissance naissante aux puissances environnantes, l'être réagissant arrive au sentiment que son activité est limitée. Le sentiment de son activité, de ses efforts, fait le « moi » ; le sentiment que cette activité est limitée fait le « non-moi » ; le monde extérieur en limitant ses efforts lui révèle ce qu'il est et ce qu'il n'est pas.

L'effort contractile par lequel l'être réagissant soulève tout ou partie de sa masse, non seulement lui donne le sentiment de son être, mais lui fait aussi connaître l'existence des corps environnants et lui fait apprécier le poids de ces corps étrangers. L'être qui n'a ni vue, ni ouïe, ni odorat, ni goût, ni température propre, ne distingue que des résistances ; la résistance est le point de départ de la conscience individuelle. Cette conscience naît tout d'abord de la tension musculaire et postérieurement de la pression exercée dans la partie du corps qui résiste. C'est par les modifications qui se produisent dans l'action des muscles que l'être réagissant apprécie la dureté, la viscosité, le poli, l'élasticité et la forme des corps. C'est par le sens musculaire qu'il apprend la topographie de son propre corps, c'est-à-dire le lieu qu'occupe dans l'espace chacun des points de son corps ; la connaissance de la situation respective des diverses parties de son être, la révélation de ses formes dérive d'expériences accumulées par l'exercice continuel des contractions musculaires. Cette connaissance topographique de son propre corps, résultat d'efforts réitérés et d'une longue appréciation des sensations musculaires, est la condition de celle du monde extérieur. C'est par le sentiment de ses forces de résistance et de l'état de ses muscles que l'être réagissant s'interroge constamment et interroge tout ce qui l'entoure, qu'il apprend à connaître son corps et à connaître les corps étrangers.

II. — Toutes nos connaissances s'acquièrent en allant du connu à l'inconnu; or rien ne nous est plus connu que notre propre corps. Aussi est ce lui qui sert à connaître tous les autres corps. Ce poids sentant se fait ainsi le centre et la mesure de toutes choses. De même que, connaissant le degré de pesanteur de masses graduées, on se sert de ces masses pour déterminer le poids de toutes les autres, ainsi l'animal étant pesant et ayant conscience de son poids, met toute chose en balance avec lui-même; son corps est un instrument vivant avec lequel il palpe, soupèse et mesure tous les autres corps.

Chaque être ne connaît l'Univers que d'après lui-même et rien des choses qui existent ne lui serait connu, si ces choses n'avaient été auparavant mises en opposition avec son propre corps. Il mesure toute chose sur ses efforts, et conséquemment, ce sont ceux-ci qui lui font connaître et lui-même et le monde extérieur; il cherche ce qu'il est dans ce qu'il n'est pas; le « moi » se révèle par l'opposition du « non-moi »; le monde extérieur est la pierre de touche de son être. Dans tout l'Univers, la première chose qu'il apprend à connaître c'est lui-même; le sentiment des obstacles lui révèle ses forces et l'opposition que ses forces rencontrent dans leur expansion lui révèle le monde extérieur. Tout corps ne s'individualise qu'à la condition de se différencier du milieu, et la distinction du « moi » et du « non-moi » est d'autant plus profonde que l'être est en plus grande contradiction avec ce qui l'entoure.

L'être réagissant, à l'origine, est une chose quelconque; il est étranger à lui-même, inconscient des phénomènes qui se produisent en lui; il ne sait ce qu'il est, ni où il est; il apprend à user de son propre corps comme on apprend à jouer d'un instrument inconnu, avec cette différence que l'instrument animé se perfectionne à mesure qu'on le possède mieux. Le sentiment de l'effort pour écarter un obstacle révèle ses forces au corps réagissant aussi bien que celles de l'obstacle; en même temps que les obstacles se révèlent à lui, ils lui révèlent son être et, dans ces mouvements variés que l'être réagissant doit imprimer à sa masse pour se mouvoir au sein des obstacles et des résistances qui l'environnent, il apprend à connaître où il est, ce qu'il est, sa nature et ses forces. Il sent ces résistances, ces forces qui limitent son activité, et c'est par le sentiment de ces résistances qu'il arrive au sentiment de lui-même, c'est-à-dire de ses propres forces. Il n'a conscience de la force qui l'anime que lorsque cette force se trouve arrêtée, comprimée par une force contraire. Si aucun obstacle ne s'était opposé à sa force expansive, l'être réagissant n'aurait jamais eu le sentiment de lui-même; il n'aurait jamais su qu'il existait. La force sensible qui ne rencontre aucune opposition se répand au dehors; mais si elle est repoussée, elle se replie sur elle-même et semble se considérer. Les résistances que, dans son expansion au dehors la force de réaction rencontre, produisent le phénomène objectif de l'existence d'un « non-moi » et le phénomène subjectif de l'existence d'un « moi ».

Par des déductions successives de nos connaissances en éléments de plus en plus simples, nous sommes arrivés à l'élément fondamental de notre être, au sentiment de la résistance, qui sépare le « moi » du « non-moi » et qui forme ce courant de conscience dans lequel entrent toutes nos autres impressions. La possession d'une chaleur propre, par l'oxydation des éléments anatomiques et le travail des muscles, amène ensuite une nouvelle distinction dans l'être réagissant. Cette température personnelle différente de la température ambiante, établit une nouvelle ligne de démarcation entre l'être réagissant et le monde extérieur ; elle achève la séparation entre le « moi » et le « non-moi ». Entre le froid du dehors et la chaleur corporelle naît donc une nouvelle opposition, un nouvel état de conscience, une source abondante de sensations.

Le sens de la chaleur ou sens thermique uni au sens musculaire forme le toucher. Le toucher est donc un sens composé comprenant la pression (forme, poli, poids, dureté) et la température. Ce sont les deux seuls sens qui ne sont pas localisés, mais qui embrassent le corps tout entier, et ce sont les deux sens essentiels à la réaction consciente. Le sens de la résistance et le sens de la température, le sentiment de la pesanteur et le sentiment de la chaleur, la force attractive et la force répulsive font jaillir la conscience de leur opposition, et plus cette opposition grandit; plus la conscience s'étend. Le sens musculaire uni au sens thermique nous donne sur nous-mêmes et sur le monde extérieur toutes les notions indispensables. Tous les autres modes de sensibilité ne sont que des modifications ou des spécialisations du sens du toucher, jusqu'au plus subtil et au plus sensible de tous, la vue, qui n'est qu'un toucher à distance.

Le sens de la contraction musculaire ou de l'effort est le sens primitif, commun à tous les animaux, même aux animaux dépourvus de nerfs ; c'est le sens fondamental dont tous les autres sont originaires. Le sens thermique ajouté au sens musculaire donne naissance aux sensations tactiles, et tous les autres sens sortent du toucher par spécialisation et division du travail ; généralité décroissante, complexité croissante.

Le sens du toucher n'est qu'un développement du sens musculaire uni au sens thermique, et le goût, l'odorat, l'ouïe, la vue ne sont que des extensions du sens du toucher ; ce sont des sens surajoutés, complémentaires qui viennent parfaire et préciser le « moi ».

Le toucher est le sens qui sépare le plus nettement le « moi » du « non-moi » ; si l'on touche son propre corps, la sensation est double; elle est simple si l'on touche un corps étranger. C'est ce sens de la pression, de la résistance qui fait l'éducation des autres sens : la vue, l'ouïe, l'odorat; c'est lui qui les contrôle, les corrige et leur donne les aptitudes dont ils font preuve. Un aveugle-né opéré de la cataracte, à qui l'on présente une surface ronde et une surface carrée, ne peut distinguer le rond du carré que par le toucher.

A mesure que l'être réagissant rompt avec le monde attractif, il multiplie ses relations avec le monde répulsif. Par la vue, il entre en rapport avec le mouvement vibratoire de l'éther ; par l'ouïe, avec le mouvement vibratoire de l'air ; par l'odorat, avec les mouvements corpusculaires qui ont lieu dans les solides, dans les liquides et dans les gaz.

L'excitation fait la fonction, la fonction crée l'organe, tous les organes des sens fonctionnent sous l'action des divers mouvements répulsifs de la matière universelle. Le sens musculaire est dû à l'élasticité de nos fibres ; le sentiment de la chaleur est dû à une vibration de nos molécules constitutives ; le son est un mouvement vibratoire dû à l'élasticité de l'air; l'odeur est une émanation de particules très ténues due à l'expansion des gaz et, enfin, la lumière est un mouvement vibratoire dû à la prodigieuse subtilité de l'éther.

Plus l'être réagissant sort du monde attractif et s'avance dans le monde répulsif, plus il multiplie ses rapports avec les divers mouvements de la matière atomique universelle, plus son être sentant grandit et plus sa sphère d'action s'étend.

La première de toutes nos connaissances, la connaissance de nous-mêmes, réside dans la contraction musculaire ; la contractilité a pour cause l'élasticité des fibres, c'est-à-dire la grande facilité au déplacement des molécules qui les constituent ; la contraction musculaire est essentiellement un mouvement répulsif de molécules causé par l'électricité. La température du corps est une deuxième source de connaissances. La température ou chaleur est un mouvement perpétuel des molécules de notre corps, une vibration continuelle de nos dernières particules qui annule l'action de l'attraction moléculaire. Enfin les oscillations des divers milieux répulsifs, soit gazeux, soit éthéré, en faisant vibrer certains groupes de molécules du corps réagissant, sont une troisième source de connaissances.

Dans les degrés les plus inférieurs de la réaction animale, l'être réagissant ne sent que le solide, ne reçoit de sensations que du résistant. La nourriture ne se révèle à lui que par le contact immédiat, lorsqu'elle tombe sous le sens musculaire. L'infusoire se heurte à un corps qu'il absorbe ou par lequel il est absorbé. Dans des réactions plus élevées, l'être réagissant touche en quelque sorte sa nourriture à distance par les émanations qui s'en échappent. Les particules odorantes viennent frapper certains groupes de molécules du corps réagissant, les organes olfactifs, et les font vibrer à l'unisson. Les insectes sentent de bien loin leur nourriture par son odeur.

L'atmosphère est un milieu extraordinairement répulsif. L'air atmosphérique est formé de molécules pressées les unes contre les autres, indépendantes entre elles et douées d'une grande mobilité ; la moindre agitation de quelques-unes d'entre elles a son contre-coup dans toutes les molécules environnantes jusqu'à des distances très éloignées du centre d'ébranlement. S'il se trouve, sur le passage de ces mouvements vibratoires, des corps solides dont les molécules ont une grande facilité au déplacement, ils vibreront à l'unisson ; on peut briser à distance un verre en cristal par les seules vibrations de l'air. Les corps solides par leurs vibrations ébranlent également ce milieu extraordinairement élastique ; ces ébranlements de l'air se répercutent à leur tour sur l'être réagissant qui vibre dans ses molécules, spécialement dans certains groupes moléculaires. Par ce milieu élastique interposé, l'être réagissant est en contact, par exemple, avec une chute d'eau éloignée : par les ébranlements de certaines de ses molécules constitutives sous l'action des chocs du milieu, il reconnaît, dans le lointain, les mouvements d'une cascade.

Les êtres supérieurs, réagissant dans un milieu élastique doué de la propriété de propager les mouvements, produisent aussi des vibrations dans certains groupes moléculaires, lesquelles se communiquent au milieu ; les cordes vocales sont ces molécules vibratoires desquelles ces êtres tirent des sons. Les habitants des mers sont aphones ; ils n'ont pas de voix parce que la voix est l'ensemble des sons produits par l'air chassé des poumons.

L'éther qui, par son élasticité infinie, par ses oscillations innombrables, rebondit de monde en monde, nous met en communication avec tout l'Univers ; lorsque l'être réagissant reçoit l'action de ces grands et profonds mouvements de la matière cosmique, tout l'univers agit sur lui jusque dans ses manifestations les plus lointaines. Telle est l'inconcevable élasticité de ce milieu, que des mouvements qui se produisent au plus profond de l'Univers et qui se propagent avec une vitesse de 300,000 kilomètres par seconde, ont encore leur contrecoup sur l'être réagissant, plusieurs milliers d'années après qu'ils se sont produits. Par cette aptitude de l'être réagissant à vibrer à l'unisson des grands mouvements atomiques de l'Univers. son être sentant n'est plus limité à sa masse corporelle, mais s'étend dans le milieu environnant et remplit l'immensité ; sur son organisme d'une si grande irritabilité, sur ses organes d'une si grande acuité se répercutent les mouvements les plus lointains de l'Univers, les chocs les plus rapides et les plus ténus de la matière cosmique.

Lorsque je regarde la lune à travers un télescope, je vois un monde comme la Terre avec ses montagnes et ses vallées, c'est-à-dire que je sens par un toucher à distance, qui est la vue, la solidité et la résistance de ce corps céleste. Par le sens visuel, je transporte en quelque sorte mon sens musculaire dans le plus lointain de l'espace ; la vue n'est qu'une extension du sens du toucher. C'est toujours au toucher que je rapporte toutes mes sensations ; c'est toujours le sens du toucher qui prononce en dernier lieu et dans lequel se trouve la plus grande certitude.

Nous ne connaissons la Lune que par sa lumière ; sans sa lumière la Lune n'aurait jamais existé pour nous. Or, qu'est-ce que la Lumière ? c'est une agitation de l'éther. Le monde lunaire vibre en quelque sorte dans l'éther comme une cloche vibre dans l'air, et ce sont ces vibrations d'intensités différentes de l'éther qui nous donnent le sentiment de vallées, de montagnes, de crevasses, etc. Les vibrations lumineuses sont des signes qui nous représentent les choses dans leurs formes et leurs mouvements, et ces signes nous les avons appris par l'expérience du tact, de la même manière que l'aveugle-né opéré de la cataracte.

Il y a, à certaine distance, un centre de mouvement, un corps en agitation, qui trouble l'équilibre des molécules de l'air et les fait sortir de leurs positions respectives, et je reconnais, par la nature de ces ébranlements du milieu, l'action d'une chute d'eau. Il y a, dans le lointain des espaces, un obstacle qui modifie le cours des ondulations lumineuses et ces déviations des ondes lumineuses me signalent un monde. Les agitations de l'éther, en se répercutant sur mon organe visuel, me révèlent un monde dans l'espace, comme les agitations de l'air, en ébranlant les organes auditifs, me révèlent une chute d'eau. Et de même que, dans le vide d'une machine pneumatique, une cloche en vibration cesse de se faire entendre, de même l'arrêt, l'interception des mouvements vibratoires de l'éther, soit par les nuages, soit par un corps céleste interposé, m'empêche de communiquer avec l'Univers et interrompt mes relations avec lui; c'est la nuit noire, les ténèbres profondes; je suis comme isolé des autres corps, comme retranché du reste du monde; semblable aux êtres inférieurs je n'ai plus conscience des corps qui m'environnent que par le contact immédiat; semblable au sourd-aveugle je ne suis plus en relation avec le milieu que par les tâtonnements. Avec la réapparition de la lumière et du son, tous les corps qui m'environnent se révèlent de nouveau à ma conscience; je les touche à distance et je sens leurs formes avec le sens subtil de la vision; la vue est un tâtonnement instantané de tous les corps environnants; je m'oriente à longue portée au milieu de tous ces corps, qui agissent incessamment sur mon organe visuel en réfléchissant la lumière qui les éclaire; je me reconnais et me démêle au milieu de tous ces corps lors même que j'en suis encore très éloigné. Pour le sourd, le monde est silencieux comme sur les images; quant à l'aveugle, il marche dans de bruyantes ténèbres.

C'est par les mouvements répulsifs de la matière universelle que nous sentons, que nous goûtons, que nous flairons, que nous entendons, que nous voyons. Le toucher, le plus grossier de tous les sens, s'applique aux solides; il perçoit l'action mécanique des chocs, pressions et mouvements de masse ou de molécules. Le goût s'applique aux liquides; une substance ne peut être goûtée si elle n'est dissoute ou liquéfiée. L'odorat s'applique aux huiles volatiles des fleurs ou aux émanations putrides des corps en décomposition. L'ouïe s'applique aux vibrations des corps, particulièrement des corps gazeux. La vue s'applique aux mouvements lumineux; l'œil, la partie la plus délicate, la plus sensible du corps, reçoit les chocs de l'éther. Solide, liquide, gaz, éther, telle est la progression des sens, de plus en plus délicats et sensibles parce qu'ils perçoivent des chocs de plus en plus subtils et nombreux de la matière universelle en mouvement. En même temps qu'il brise ses liens avec le monde de l'attraction, l'être réagissant multiplie ses rapports avec le monde de la répulsion.

Ce que nous appelons « qualités des corps » ne sont autres que des mouvements, des vibrations dans ces corps, lesquelles se répercutent sur nos organes des sens; les sons sont les vibrations d'un gaz; les couleurs sont différentes vibrations de l'éther (1). Il n'y a dans l'Univers que la matière et les mouvements de la matière; nous n'appelons « mouvements » que les mouvements de masse, les ébranlements visibles et nous appelons « qualités » les mouvements

(1) Le mouvement produit dans l'éther par le soleil et que nous appelons « lumière », n'est pas réellement la lumière, mais la cause qui la produit. La lumière apparaît lorsque le nerf optique est ébranlé, et l'éther, par ses chocs répétés, est l'agent qui cause cet ébranlement. Toute autre cause qui actionne le nerf visuel peut également nous faire voir de la lumière; ainsi nous voyons de la lumière, même dans les ténèbres les plus profondes, lorsque nous recevons un coup sur l'œil, parce que, par ce choc, le nerf optique est ébranlé. Le mouvement de l'éther, que nous appelons « lumière », n'a pas été créé pour l'œil, mais c'est l'œil qui s'est formé pour et par ce mouvement atomique qui cause en nous la sensation de lumière.

Toutes ces sensations que nous appelons lumière, son, odeur, goût sont de purs effets de mouvement de la matière universelle, lesquels mettent en vibration nos nerfs épanouis à la périphérie du corps; car si on applique la pile électrique sur l'œil on obtient de la lumière, sur l'oreille, on obtient un son, sur la langue, on obtient un goût. Cette pile électrique n'est ni lumineuse, ni sonore, ni sapide par elle-même, mais, en actionnant les nerfs de nos différents organes, elle produit en nous des effets de lumière, de son, de goût. Il en est de même pour le soleil qui n'est pas la lumière, mais une cause de lumière. La confusion provient de ce que l'homme identifie la cause et l'effet, car la lumière peut être produite par des causes toutes différentes de celle avec laquelle nous l'identifions. En un mot, la lumière c'est l'activité de notre organe visuel et non pas l'irradiation solaire qui produit cette activité.

atomiques, les ébranlements invisibles : électricité, chaleur, saveurs, sons, odeurs, couleurs. Si l'on supprimait ces mouvements invisibles de la matière universelle, les corps n'auraient plus de propriétés et ne seraient plus perçus; nous ne recevrions plus d'autres sensations que les sensations de résistance, de pesanteur, de solidité pour autant qu'elles pussent se produire sans l'aide de la chaleur et de l'électricité. Les impressions ne sont donc, en dernière analyse, que des mouvements moléculaires de notre corps qui vibre à l'unisson des oscillations sonores, calorifiques, lumineuses.

Les corps de l'Univers ne pourraient communiquer, ils ne pourraient jamais se connaître ou agir l'un sur l'autre sans ces milieux interposés, sans ces matières élastiques et prodigieusement subtiles qui répètent leurs moindres mouvements et les transmettent fidèlement à de grandes distances. A la surface terrestre, l'air et l'eau relient les êtres entre eux; dans l'Univers, l'éther rattache les mondes l'un à l'autre.

Le monde répulsif en se révélant à nous, nous révèle à nous-mêmes. Un sourd-aveugle-né qui n'est en rapport qu'avec le monde attractif n'a pas un aussi vif et un aussi profond sentiment de son être que l'homme en possession de tous ses sens; toutes les relations avec l'Univers lui sont interdites; il est prisonnier dans son propre corps; sa personne est comme investie; il n'a qu'un embryon de conscience; il est mutilé dans son être; il n'est qu'un débris de lui-même. La plus haute conscience de nous-mêmes, c'est la plus haute conscience de l'Univers, c'est-à-dire du monde de la répulsion.

Un violon, pour celui qui ne le connaît pas, n'est qu'un morceau de bois quelconque et stupide, mais pour l'artiste c'est un instrument admirable et d'une grande puissance d'expression par les merveilleux accords qu'on en peut tirer. L'être réagissant en possession de tous ses sens est comme le clavier de l'univers qui exécute sur cet instrument délicat des variations infinies.

Le plus élevé d'entre les corps réagissants, l'homme, présente dans sa personne tous les mouvements de l'Univers; il résume en lui toutes les manifestations de la matière; c'est un monde en abrégé, une réduction de l'univers, un microcosme.

III. — Nous ne pouvons nous former une idée d'une chose qu'en la rapportant à une autre que nous connaissons mieux. La première chose que l'être réagissant apprend à connaître dans l'Univers c'est lui-même, et l'idée qu'il se forme de son propre être servira de terme de comparaison à tout ce qui est.

Parce que, dans l'Univers, notre être est la chose que nous pénétrons le mieux dans sa forme, dans ses manifestations, c'est à lui que nous rapportons toutes les autres idées que nous nous formons sur le monde extérieur ; notre être devient la mesure de toutes choses.

Plus les objets que nous percevons diffèrent de notre être en formes, en dimensions, en mouvements, moins il nous sont connaissables. Je saisis très bien la grandeur d'un arbre parce que cette grandeur diffère relativement peu de la mienne, mais, malgré tous mes efforts, je ne me fais plus qu'une très vague idée de la grandeur du globe qui me porte et je n'ai plus aucune idée de la grandeur des distances qui séparent les astres. Inversement, je ne puis concevoir la petitesse de ces êtres microscopiques qui, grossis 600 fois, sont à peine aussi gros qu'un grain de sable ; lorsque je me figure ces infiniment petits je ne les conçois pas tels qu'ils sont en réalité, mais tels que le microscope me les montre ; cet instrument, en amplifiant leurs proportions, diminue la distance qui sépare leurs formes des miennes et les fait entrer dans le rayon de mes perceptions. Je conçois distinctement le mouvement d'un cheval, même dans sa plus grande rapidité, mais je ne me fais plus d'idée du mouvement de la terre qui est de 24,000 mètres par seconde. Inversement, je ne conçois pas le mouvement de croissance d'une plante ou le mouvement de la petite aiguille de ma montre, laquelle ne parcourt que quelques centimètres en 24 heures ; je ne conçois pas ces mouvements parce qu'ils sont hors de toute proportion avec les miens. Le mouvement de la lumière, qui est de 300,000 kilomètres par seconde, nous paraît tout à fait inconcevable parce qu'il est en dehors de tout rapprochement avec les mouvements que nous connaissons.

Plus les corps et leurs manifestations s'éloignent de nous, soit dans l'infiniment grand, soit dans l'infiniment petit, plus ils nous deviennent incompréhensibles. Nous ne connaissons bien que ce que nous pouvons comparer avec nous-mêmes et avec les manifestations de notre être. Nous sommes le centre et la mesure de toutes choses. Tout ce qui se rapproche de nous, c'est le monde connu ; tout ce qui s'éloigne de nous, soit en petit, soit en grand, c'est l'inconnu. Rien ne nous est plus inconnaissable, que ce qui ne nous offre aucun point de comparaison avec nous-mêmes. Chaque être commence par se connaître lui-même, ensuite il explique toute chose par et d'après lui-même.

Connaître, c'est comparer, et tout ce qu'un être connaît c'est tout ce qu'il a pu comparer à lui-même. L'être réagissant établit un système perpétuel de comparaisons et de rapports entre lui et le monde extérieur; toutes les notions de force, de grandeur, de vitesse, d'étendue, sont rapportées à lui.

Pour constituer toute science il faut une mesure. La mesure est la partie du sujet choisie pour comparer les diverses parties entre elles. L'être réagissant est une partie de l'Univers qui en comprend toutes les qualités, toutes les propriétés. L'être est un poids; l'être est un thermomètre; l'être est une force; l'être est une unité; l'être est une grandeur; l'être est un mouvement. Avec ce poids, ce thermomètre, cette force, cette unité, cette grandeur et ce mouvement il soupèse, calcule, compose, mesure et détermine toutes choses, et tout ce qu'il ne peut mettre en balance avec lui-même échappe à sa perception.

L'homme conçoit l'univers d'après lui-même. Il voit le monde à travers ses propres formes. Les divisions de l'espace et les dénominations d'en haut, d'en bas, de droite, de gauche sont empruntées aux divisions naturelles de son propre corps.

Les Anciens repoussaient comme la plus grande des absurdités l'idée, nouvelle alors, que la terre est ronde, car, disaient-ils, ceux qui sont sous nos pieds, c'est-à-dire aux antipodes, auraient la tête en bas et tomberaient dans le ciel. Cette grande vérité astronomique choquait leur sens commun, parce qu'ils ne pouvaient comprendre qu'en dehors de la terre il n'y a ni haut, ni bas; ils se figuraient leurs semblables des antipodes comme des hommes marchant au plafond et ne pouvaient concevoir qu'eux-mêmes se trouvaient dans une situation analogue.

Nous-mêmes, encore actuellement, si la terre était transparente ou percée de part en part par une ouverture, une sorte de puits sans fond, nous nous figurerions difficilement que nos semblables des antipodes monteraient lorsque nous les verrions se détacher de la terre en ballon et s'en éloigner; nous aurions le sentiment qu'ils tombent et non pas qu'ils s'élèvent, et, inversement, les neiges et les pluies, au lieu de tomber, sembleraient s'élever à nous. Si l'homme, au lieu de contourner le globe pour se rendre aux antipodes, traversait ce puits imaginaire, lorsqu'il aurait passé le centre de la Terre il ne descendrait plus, mais il monterait la tête en bas. Toutes nos idées sur le monde seraient bouleversées parce que le bas serait devenu le haut et vice versa.

L'homme ne connaît l'Univers que d'après lui-même et, réciproquement, il ne se connaît lui-même que d'après l'Univers. Si, en une nuit, l'homme grandissait du double et que tout ce qui l'entoure, les êtres, la terre, l'Univers, grandissait dans les mêmes proportions, l'homme ne pourrait s'apercevoir qu'il est grandi, parce que les rapports entre lui et l'univers seraient restés les mêmes.

Nous nous figurons l'Univers d'après nous-mêmes et d'après le milieu que nous nous sommes rendus familiers. Nous façonnons le monde sur nos formes, nos mouvements, nos dimensions. Hauteur, profondeur, largeur, longueur, sont des idées que nous nous formons d'après nous-mêmes ou d'après le milieu. En dehors de la terre, c'est-à-dire en dehors de tout centre d'attraction, il n'y a ni hauteur, ni longueur, ni profondeur, ni largeur; on ne monte plus, car la montée est un sentiment d'effort, de lutte contre l'attraction; on ne tombe plus, car la chute est le sentiment d'une force violente et fatale qui nous entraîne; on n'avance plus, car avancer c'est louvoyer entre deux forces contraires. Un aéronaute dans les nuages ne sait s'il monte ou s'il descend que par les indications de son baromètre. Deux hommes occupant chacun un bateau sur une mer bien calme s'apercevraient bien que la distance qui les sépare augmente, mais ils ne pourraient dire lequel des deux bateaux avance ou s'ils avancent tous les deux. Pendant longtemps l'homme a cru que la terre qui le porte était immobile.

Le monde n'est si grand que parce que je me vois si petit; l'insecte n'est si petit que parce que je me vois si grand. Ces idées sur le monde et l'insecte ne se forment que par la comparaison de leurs dimensions avec les miennes, mais, en dehors de nous, abstraction faite de nos proportions il n'y a ni grandeur, ni petitesse. L'absolu n'existe pas, il n'y a que des rapports. Nous ne saurions ôter la comparaison de nous-mêmes, sans ôter en même temps l'idée de grandeur quand nous pensons au monde, sans ôter l'idée de petitesse quand nous pensons à l'insecte. Grandeur n'existe que par rapport à ce qui est petit; hauteur que par rapport à ce qui est bas;

longueur que par rapport à ce qui est court; largeur que par rapport à ce qui est étroit. Si nous étions moins petits, le monde ne serait pas si grand; si nous étions moins grands, l'insecte ne serait pas si petit; si notre grandeur dépassait celle que le globe terrestre possède maintenant sur nous, et dans la même proportion, le monde ne serait plus grand, il serait petit. Ce qui est petit pour l'homme est grand pour la fourmi.

D'où nous pouvons conclure que dans l'Univers il n'y a pas de dimensions. Tous ces termes n'existent que par rapport à nous. Ils sont relatifs comme la droite et la gauche, l'avant et l'arrière. Toutes nos idées, toutes nos connaissances dérivent de l'expérience et de la comparaison, et là où il n'y a plus d'expérience, ni de comparaison possible, au delà du monde sensible qui nous entoure, nous mettons des mots, des sons vides de sens, comme l'Infini, l'Eternité, l'Absolu.

IV. — On appelle « matière » tout ce qui tombe sous les sens, c'est-à-dire tout ce qui peut être vu, entendu, goûté, senti, touché.

L'idée de matière est le résultat d'une « abstraction ». *Abstraire* c'est réunir en une notion commune un grand nombre d'idées sensibles simples; c'est dégager l'élément commun d'une multitude d'idées particulières. Lorsque dans un nombre considérable d'idées particulières, l'élément commun à toutes se présente à l'esprit, nous faisons une abstraction; lorsque dans l'infinité des objets qui nous frappent nous percevons des propriétés communes, l'intelligence s'élève à l'abstraction, et nous donnons un nom commun à ce qui jouit ainsi de propriétés communes.

C'est donc faire une abstraction que de donner le nom général de *matière* à tout ce qui affecte nos sens; couleur, son, odeur, saveur, solidité ou résistance sont toutes sensations que nous réunissons sous un même nom commun, la matière.

La matière a donc autant de qualités différentes qu'il y a en nous de modes particuliers de sentir. Mais, de toutes ces qualités différentes, une seule présente un caractère réellement commun à tous les corps, c'est celle de solidité ou de résistance; car on peut très bien concevoir les corps sans couleur, son, odeur ou saveur, mais on ne peut les concevoir sans résistance, c'est-à-dire sans pesanteur; un homme, quoique privé de la vue, de l'ouïe, de l'odorat et du goût, pourrait parfaitement s'élever à l'idée de « matière ».

Ce que nous appelons du nom de « matière » est donc, en dernière analyse, tout ce qui résiste. Nous donnons un nom à ce phénomène général par lequel nous sommes affectés, et nous disons que ce qui constitue les corps c'est la matière, c'est-à-dire la résistance. La notion fondamentale de matière nous est donnée par l'impression de la résistance.

Ce qui nous est le plus connaissable, c'est notre propre corps, parce que c'est la chose dont nous apprécions le mieux la résistance : ensuite les corps les plus connaissables sont les autres solides, puis les liquides et enfin les gaz. La connaissance d'un corps diminue à mesure que diminue la résistance qu'il nous oppose.

Les corps appelés « solides » sont ceux dans lesquels l'attraction moléculaire est très grande, d'où résulte une certaine dureté, une forme propre, précise et une grande résistance des molécules à leur séparation.

Les corps appelés « liquides » sont ceux dans lesquels la force d'attraction est équilibrée par une force de répulsion, d'où résulte un grand relâchement des liens moléculaires et une grande mobilité des molécules ; de sorte que ces corps n'ont plus de forme propre mais prennent celles des corps solides qui les contiennent ; leurs molécules offrant peu de consistance se dispersent et fuient avec une grande facilité.

Les corps appelés « gazeux » sont ceux dans lesquels la répulsion est très grande et l'attraction très faible, d'où il résulte que les gaz sont impalpables, semblent immatériels et sont pour la plupart invisibles ; ils échappent à nos sens : un vase plein d'air nous paraît ne rien contenir.

Peut-être existe-t-il une quatrième classe de corps, appelés « impondérables » sur lesquels nos instruments les plus délicats n'ont plus de prise. Ces corps incoercibles qui, sans doute, sont la cause de la pesanteur par la pression qu'ils exercent en tous sens, forment le milieu universel où il n'y a plus d'attraction, où il n'y a plus que répulsion ; ce milieu ne se manifeste à nos sens que par les mouvements vibratoires appelés lumière, chaleur, électricité, magnétisme.

Nous avons vu que les solides furent d'abord l'unique sujet d'étude pour les hommes de science, puis que leurs investigations se portèrent sur les liquides et, longtemps après, sur les fluides mystérieux qu'ils appelèrent « gaz » c'est-à-dire « esprit ou substance incorporelle ».

Nous avons montré que la découverte de la pesanteur de l'air, c'est-à-dire de sa matérialité, est une conquête de la science relativement récente. Et que quant à nos connaissances sur le quatrième état de la matière, elles se réduisent encore à des conjectures, car la science n'a encore fait qu'effleurer ce domaine de la substance universelle.

Le monde connu, le monde naturel, le monde scientifique, c'est le monde de la pesanteur; le monde de l'inconnu, du surnaturel, du mystère, c'est le monde de l'impondérable.

Le progrès des connaissances, l'avancement des sciences n'est que la généralisation de la pesanteur comme mesure et détermination de tous les autres phénomènes.

Dans la mécanique céleste nous ne voyons que des poids. L'astronomie n'est une science que depuis qu'on a appliqué aux astres les lois de la pesanteur découvertes par Galilée. Dans son système de la gravitation universelle, Newton n'a fait que généraliser les lois de la chute des corps.

La chimie n'est une science que depuis qu'on y a introduit la balance. Le chimiste pèse les atomes, comme l'astronome, les mondes; il considère comment un poids donné d'oxygène, par exemple, peut s'unir à un poids donné de soufre pour faire de l'acide sulfureux.

La thermodynamique n'est une science que depuis qu'on y a introduit l'équivalent mécanique de la chaleur, c'est-à-dire la mesure du mouvement calorifique par l'élévation d'un poids.

La vie ne sera elle-même une science que lorsque l'on considérera les êtres uniquement comme de simples poids.

La réalité c'est ce qui est tangible, résistant; c'est la terre et tous les corps pesants. J'ai une pleine connaissance, une vive et nette idée des minéraux, des plantes, des êtres, de tous les corps solides. J'ai une moins grande connaissance, une moins nette idée des liquides; ma conscience ne parvient plus aussi bien à les saisir, la pensee, à les fixer; ces corps fluides n'ont plus de formes, de contours arrêtés. Tous les fluides aériformes, les gaz, échappent presque entièrement à ma conscience; ils ne m'apparaissent que vaguement, confusément; l'air est invisible et impalpable; il ne se révèle à moi que par une vague sensation de résistance, quand il vente, et par ses vibrations sonores. Enfin le monde des impondérables est le plus inaccessible à mes connaissances; ce monde m'est presque complètement fermé, et je suis là en plein mystère.

Le monde connu, c'est le monde attractif; la réalité des choses, c'est leur solidité. Le monde ne consiste, en définitive, que dans sa pesanteur, car toutes les sensations qui nous en donnent conscience se réduisent, en dernière analyse, à une seule : la sensation de la résistance. Il n'y a de réel que le palpable, le tangible, c'est-à-dire le résistant, rien n'a plus de certitude que ce que nous pouvons peser; rien n'est plus sensible que le monde de l'attraction. L'eau solide, qui tombe en grêle par l'effet de l'attraction, est tangible, est sensible au plus haut point et se présente à nos sens dans sa réalité la plus grande. L'eau liquide, qui tombe en pluie par l'effet d'une attraction moindre, est encore sensible jusqu'à un certain point; on la voit, on l'entend encore quoique sa réalité ne soit plus aussi nettement affirmée. Mais l'eau aériforme, qui s'élève en vapeur par l'effet de la répulsion, n'est plus perceptible d'aucune façon; on ne la voit, ne l'entend, ni ne la touche.

La matière en passant par les quatre états — solide, liquide, gazeux et radiant — se perd de plus en plus dans l'immatériel, dans l'insaisissable. Plus la matière sort du monde de l'attraction, plus elle échappe à nos sens, plus elle s'efface et s'évanouit. La matière, dans son sens le plus absolu, c'est la résistance; le solide est plus matière que le liquide ; le liquide, plus que le gaz et le gaz, plus que l'éther. Longtemps on a cru que l'air était impondérable, c'est-à-dire immatériel; l'air n'a été reconnu matière que lorsqu'il a pu être pesé.

Le mouvement d'un corps solide nous laisse une impression vive, claire, distincte, persistante; le mouvement d'un liquide, d'une rivière, par exemple, ne nous laisse qu'une impression vague, fugace, presque insaisissable; le mouvemement d'un gaz n'est généralement pas perceptible.

Nos connaissances vont du connu à l'inconnu. Le connu, le déterminé, c'est le solide, le pondérable, le résistant; l'inconnu, l'indéterminé, c'est l'impondérable, l'intangible. Plus les corps s'avancent dans la sphère des forces attractives, plus ils tombent sous nos sens, plus ils apparaissent en formes, en qualités, en propriétés, en mouvements, en réalité; plus ils sortent du monde de la pesanteur, plus ils échappent à nos sens et deviennent vagues, informes, nébuleux, incorporels.

Notre illusion dans l'Univers est semblable à celle d'une personne en pleine mer qui, n'ayant aucune expérience des illusions d'optique et voyant poindre un navire à l'horizon, s'imaginerait que c'est un objet qui s'est formé là spontanément. Lorsque le navire, en approchant, se fait plus grand et plus visible, elle se figurerait que cet objet grandit sur place, qu'il se développe en parties distinctes pour atteindre peu à peu une masse imposante, une richesse de détails et une variété d'organisations extraordinaires. Lorsque le navire, en s'éloignant, se fait plus petit et plus vague, cette personne serait dupe de la même illusion; elle croirait le voir décroître en réalité; elle le verrait se rapetisser, perdre ses parties distinctes, se fondre dans l'uniformité et enfin s'évanouir sur place.

Corps pesants et solides, nous appartenons au monde de la pesanteur, et tout ce qui entre dans le monde de la pesanteur, c'est-à-dire tout ce qui se rapproche de nos formes, de nos mouvements et de nos propriétés, grandit en réalité, en détails, en certitude; au contraire, tout ce qui sort du domaine où nous vivons semble perdre toute réalité et s'évanouir.

De même que le navire se fait plus apparent et plus distinct à mesure qu'il entre dans le champ de la vision, de même un corps, un élément ne peut s'objectiver et se manifester pleinement à nous qu'en entrant dans la sphère des forces attractives. Toute chose n'entre dans notre rayon de perception que lorsqu'elle entre dans le monde de l'attraction et elle se fait d'autant plus distincte, plus formée, plus détaillée qu'elle entre plus avant dans la pesanteur; inversement, lorsqu'elle s'éloigne du monde attractif, elle échappe à notre perception et semble se fondre dans l'uniformité et disparaître entièrement. Les corps solides qui, par l'effet d'une température élevée, sont liquéfiés, puis vaporisés, aux yeux du vulgaire ne constituent plus des corps; ils ne sont plus rien, ils sont anéantis.

Comme dans un songe, nous voyons les corps apparaître et disparaître, entrer dans la réalité des faits et en sortir, tomber sous nos sens et s'y dérober, par le seul jeu de l'attraction et de la répulsion. Goûtés, sentis, touchés, vus, entendus, parfaitement distincts, particularisés, diversifiés dans le monde du pondérable, ces corps sont invisibles, impalpables, insensibles, indistincts, mystérieux, irréels dans le monde des fluides.

Les poissons ne voient pas l'eau dans laquelle ils vivent, de même que nous ne voyons pas l'air dans lequel nous vivons; si toute la terre, si tout l'univers était fluide et qu'un seul être plongé dans ce fluide universel invisible et impalpable était lui-même transparent, où serait la réalité du monde? Toute sa réalité consisterait dans une vague sensation de résistance.

Là où il n'y a pas de pesanteur, il n'y a pas de matière, et qu'est-ce que la pesanteur? Un sentiment de résistance. Nous ne connaissons dans l'Univers que la résistance; l'être sentant ne saisit que ce qui est résistant, c'est-à-dire le pondérable. L'impondérable lui échappe.

Selon le degré auquel l'eau sera soumise à l'attraction terrestre nous entrerons dans trois mondes bien différents. A l'état solide, elle agit sur tous nos sens : la glace est froide, blanche, dure, pesante, rafraîchissante, sonore, de forme arrêtée. Nous saisissons moins bien ce corps devenu liquide; il n'agit plus aussi énergiquement sur nos sens; il a perdu ses contours précis; il est incolore; il échappe à la main qui veut le saisir; il n'offre plus qu'une vague résistance. Nous ne saisissons plus du tout ce corps passé à l'état aériforme; il est invisible, impalpable et n'offre plus de prise à nos sens. La glace, l'eau, la vapeur, c'est la même matière, mais, selon qu'elle se dilate ou se condense, elle apparaît avec plus ou moins de certitude.

Voici une planète sortie de la matière impalpable et prodigieusement diffuse d'une nébuleuse, et, à mesure qu'elle entre dans la sphère des forces attractives, elle se fait plus apparente et plus réelle, elle se développe davantage et présente une plus grande diversité; de fluide elle se fait liquide, de liquide elle se fait solide et, en même temps qu'elle se refroidit, apparaissent les nuages et les fleuves, les mers et les montagnes, les plantes et les êtres. Mais que ce monde s'arrête soudain; il se volatilisera de nouveau et avec lui sa faune et sa flore, ses solides et ses liquides ; il perdra sa physionomie propre et sa grande variété d'aspects pour rentrer dans l'uniformité première, dans la vague inconsistance d'une nébuleuse.

Voici un être vivant, sentant et par conséquent distinctement perçu dans sa forme, dans ses mouvements, dans toutes ses manifestations : nous le voyons, nous le palpons, nous l'entendons. Soumettez-le à un feu ardent, à une chaleur croissante jusqu'à la calcination complète, jusqu'à ce qu'il n'en reste plus qu'un peu de poudre. Où est cet être qui tout à l'heure était si présent à nous ? Où est ce corps vivant qui agissait si puissamment, il y a un instant, sur tous nos sens ? Il ne reste plus rien de ce que nous en percevions ; il s'est dissipé comme une vapeur ; il s'est dispersé dans la volatilisation de tout son être ; il semble qu'il se soit évanoui comme un fantôme sans laisser de trace. En réalité, tout ce qui constituait cet être existe encore dans la nature; ses éléments constitutifs, sa force d'agir, de sentir, ne sont pas anéantis, mais seulement transformés; il n'y a pas un atome de sa masse, pas une parcelle de sa force qui soit perdue. Tout ce qui constituait cet être existe encore, mais dispersé, mais allié à d'autres corps; d'autres combinaisons l'ont absorbé; il s'est dissous dans le milieu comme le sel dans l'eau.

Il n'y a entre les deux états de cet être qu'une différence d'arrangement, de composition, d'attraction. C'est parce qu'il est sorti du monde de la pesanteur qu'il ne tombe plus sous nos sens; mais si la puissance des chimistes et des physiciens était comme illimitée ils sauraient retrouver intégralement cet être dispersé dans le milieu; ils sauraient le reconstituer dans tous ses éléments, dans toute son énergie, car la force comme la matière est indestructible.

Les êtres vivants n'ont pas toujours existé à la surface terrestre; avant qu'ils n'existassent, leurs forces et leurs éléments existaient. De même qu'en lançant une balle contre un mur, on ne peut anéantir sa force de projection, mais on la transforme en chaleur, de même on ne peut anéantir la force d'un être, mais seulement la transformer.

S'il ne nous est plus permis de suivre les traces d'un être volatilisé, de reconstituer son ensemble, c'est parce qu'en cessant d'être résistant, il est sorti de notre rayon de perception. Tout ce qui sort du monde de la pesanteur, sort de notre présence, cesse d'*être*. L'*être* c'est le tangible, le résistant; le *non être* c'est l'intangible, l'impalpable. Ce qui *est*, c'est ce qui a pesanteur; ce qui *n'est pas*, c'est ce qui n'a plus de pesanteur. Le bloc de glace évaporé sort de notre présence, c'est-à-dire cesse d'*être*. Nous disons d'un corps solide qu'il *est*, parce qu'il tombe sous nos sens; nous disons qu'il *n'est plus* lorsqu'en se volatilisant il sort de notre rayon de perception.

De l'*être* considéré dans les corps, notre entendement s'élève à la conception de l'être indéterminé, c'est-à-dire de l'être abstraction faite des choses qui sont; nous concevons la matière comme embrassant tous les êtres particuliers. La matière c'est l'*être* en général, l'*être* indéterminé, c'est-à-dire la résistance abstraction faite des choses qui résistent.

Nous appelons *matière* tout ce qui affecte nos sens, mais toutes ces qualités par lesquelles l'*être* ou la *substance* se révèle à nous peuvent se réduire à une seule, la sensation de résistance; toutes les autres sont secondaires et surajoutées. On peut très bien concevoir la matière sans les qualités secondes : lumière, chaleur, son, odeur, saveur, mais la matière ne peut se concevoir sans la solidité ou résistance. Le sentiment de l'*être*, de la *substance* c'est le sentiment de la résistance. L'*essence* d'une chose c'est sa pondérabilité.

En résumé, un corps n'est pour nous que la collection des qualités perçues par nos sens, et la plus nécessaire et la plus importante de ces qualités c'est la solidité, c'est-à-dire la résistance; de même le « moi » de chaque être n'est que la collection des sensations qu'il éprouve et de celles que la mémoire lui rappelle, et la plus nécessaire de ces sensations, celle qui constitue le fond du « moi », c'est la sensation de la résistance, le sentiment de la pesanteur.

De toutes ces considérations il résulte que le « moi » et le « non-moi » se réduisent en toute dernière analyse à la *résistance;* que ce quelque chose de un, d'identique, de permanent que l'on trouve sous les qualités multiples, diverses et changeantes des corps, c'est la résistance, et que la résistance est donc ce qui supporte les qualités par lesquelles les êtres nous apparaissent.

V. — Lorsque l'on voit combien notre esprit aime à errer, combien nos sens se plaisent à fausser l'univers, avec quelle obstination ils s'attachent à prendre des apparences pour la réalité, à travers quelles erreurs l'homme envisage les choses, même les plus simples, on doute que la vérité soit faite pour lui et l'on s'étonne qu'il puisse y atteindre. Il donne un corps à ce qui n'en a pas, une réalité à ce qui n'est qu'une illusion de ses sens. Si l'homme pouvait multiplier sa puissance intellectuelle, comme il multiplie au moyen d'instruments télescopiques sa puissance visuelle, il serait écrasé sous l'énormité des erreurs à travers lesquelles il voit le monde.

Nos sens nous disent que la terre est immobile, et que le soleil et tous les astres se meuvent autour de notre globe. Ce n'est qu'après de longues et patientes recherches, après des siècles d'observation que l'homme a dû se convaincre que ses sens l'induisaient en erreur. La science seule a pu le tirer de ses anciens errements et c'est encore par la science que nous arriverons à constater nos erreurs actuelles, car de même que l'homme croyait fermement à l'immobilité de la

Terre, il se complaît encore, sans qu'il s'en doute, dans des conceptions aussi fausses sur l'Univers.

Les sensations sont très propres à fausser notre jugement relativement à la nature des phénomènes. La chaleur et la lumière étant pour nous, non des mouvements de la matière, mais des impressions, des états de conscience, l'absence de ces mouvements, le froid, les ténèbres, sont également des états de conscience, et nous attribuons la même valeur objective à ce qui est et à ce qui n'est pas; nous accordons la même réalité aux vibrations de la matière, chaleur et lumière, et à l'absence de ces vibrations, froid et ténèbres.

Pourquoi envisageons-nous comme un fait positif le son, qui est un mouvement de la matière comme la chaleur et la lumière, et n'attribuons-nous aucune réalité au silence qui est une absence de vibrations comme le froid et les ténèbres? On ne dit pas que le *silence* est un fluide comme le froid ou une sensation comme les ténèbres, car personne n'attribue une valeur objective à l'absence d'ondes sonores; chacun sait que le silence est l'absence d'un bruit; qu'un bruit perçu c'est l'organe de l'ouïe en activité, et que le silence, c'est l'oreille au repos.

Cette vérité, d'une simplicité enfantine, sera rendue aussi évidente en ce qui concerne les ténèbres, le froid et même l'espace, car, de même que le silence est une absence de bruit, les ténèbres sont une absence de lumière, le froid, une absence de chaleur, et l'espace, une absence de résistance, c'est-à-dire de plein. Ce qui est vrai pour le sens de l'ouïe, l'est avec autant d'évidence pour le sens visuel, pour le sens thermique et pour le sens musculaire.

Il en est des ténèbres comme du silence; les ténèbres n'ont absolument aucune réalité. On se figure communément que l'aveugle-né se trouve dans les plus profondes ténèbres, qu'il ne *voit* que du noir. C'est là une profonde erreur. L'aveugle-né ne peut se représenter les ténèbres; le noir lui est aussi inconnaissable que toute autre couleur. Lorsque notre œil est en activité nous percevons la lumière; dès que nous ne percevons plus la lumière nous ne percevons plus rien et nous appelons « ténèbres » cette inactivité de notre œil, comme nous appelons « silence » l'inactivité de notre organe auditif.

Voir les ténèbres c'est ne plus voir, de même que dans cette autre expression : « Je n'entends rien qu'un profond silence » c'est ne rien entendre. Ces expressions naïves ne sont pas exclusivement propres au vulgaire, car même dans les livres scientifiques on lit des phrases comme celle-ci : « En l'absence absolue de toute excitation tant » interne qu'externe, le nerf optique ne sent rien autre chose que » l'obscurité. » L'obscurité étant une absence de sensation, ne se sent pas, non plus que le silence.

Le sourd de naissance qui n'a jamais entendu aucun son, ne peut se faire une idée du silence, par ce fait que le silence est la cessation d'un bruit. De même qu'il faut nécessairement avoir eu conscience du bruit pour avoir conscience du silence, de même on ne peut avoir le sentiment des ténèbres sans avoir eu celui de la lumière, parce que les ténèbres ne sont rien autre que la cessation de la lumière. On ne peut connaître que ce qui peut se sentir, or les ténèbres sont une absence de sensations lumineuses comme le silence est une absence de sensations sonores.

Cette distinction qui est si facile à saisir entre le bruit et le silence, l'est moins entre la lumière et les ténèbres, et encore beaucoup moins entre la chaleur et le froid. En effet, on accorde généralement une réalité au froid; à l'égal de la chaleur, le froid est considéré comme un principe; on croit à des sources de froid comme à des sources de chaleur.

Si ces idées erronées sont plus difficiles à démêler dans le sens thermique que dans le sens visuel et auditif, c'est que les ondes sonores et lumineuses sont localisées dans des organes spéciaux, elles nous arrivent du dehors et peuvent cesser totalement de se faire sentir; tandis que les ondes calorifiques ne sont pas affectées à une seule partie du corps mais s'étendent à toute la masse; elles ne nous viennent pas seulement de l'extérieur mais rayonnent de l'intérieur même du corps; enfin elles ne cessent jamais entièrement de se faire sentir, elles ne disparaissent complètement que dans la mort. Il y a donc impossibilité de séparer nettement les deux états de conscience provoqués par la chaleur et l'absence de chaleur; il est impossible d'établir une démarcation bien tranchée entre la chaleur et le froid, et il faut toute la puissance du jugement pour reconnaître ce qu'il y a de réel et de faux dans ces sensations si bien confondues.

Si notre corps tout entier rayonnait constamment une lumière intérieure sur les objets environnants à la façon des insectes phosphorescents, cette lumière intérieure lutterait sans cesse contre les ténèbres du dehors, tantôt refoulée, tantôt renforcée, et les ténèbres nous apparaîtraient sensibles au même degré que la lumière; les corps noirs, en absorbant nos rayons lumineux, nous sembleraient des sources d'obscurité.

Si, comme la plante, nous n'avions pas de chaleur propre, mais que cette chaleur nous arriverait de l'extérieur, cette non-réalité du froid nous serait aussi facile à saisir que la non réalité du silence et des ténèbres.

Le froid, comme les ténèbres, comme le silence, est une absence de vibrations dans la matière; il n'y a de réel que la matière et les mouvements de la matière; il n'y a de sensible que ce qui nous fait vibrer, c'est-à-dire les ondes sonores, lumineuses, calorifiques.

On pourrait facilement répliquer que le silence et les ténèbres ne sont pas sensibles, en effet, mais qu'il n'en est pas de même du froid. C'est là une idée fausse du phénomène, car ce que nous nommons « froid » est une absence de chaleur et c'est ce manque de chaleur qui produit en nous les sensations. Une température constante de 37° est nécessaire à notre activité organique; lorsque cette température baisse c'est la souffrance, l'arrêt des fonctions et la mort. Si la chaleur extérieure vient à baisser, notre corps tend à se mettre en égalité de température avec le milieu, d'où des sensations pénibles résultant de la diminution de notre chaleur normale, des contractions douloureuses de nos fibres.

Différents corps à la même température nous sembleront chauds ou froids au toucher selon qu'ils sont bons ou mauvais conducteurs de la chaleur. Le métal, bon conducteur, nous donne une sensation de froid parce que notre chaleur y trouve un facile écoulement; le duvet nous paraît chaud parce que, conduisant mal le calorique il s'oppose à la déperdition de notre chaleur.

D'après la loi connue en physique sous le nom d'*équilibre mobile de température*, tous les corps en présence tendent à prendre uniformément la même température; tous les corps, sans exception, émettent de la chaleur, la glace comme le boulet rouge. Dans une pièce où il y a des vases remplis avec de la glace et d'autres avec de l'eau bouillante, il y a un échange continuel de chaleur entre ces corps; mais les vases remplis d'eau bouillante émettent plus de chaleur qu'ils n'en reçoivent et leur température baisse; les vases remplis de glace reçoivent plus de chaleur qu'ils n'en émettent et leur température s'élève. Par suite de ce rayonnement continu, l'équilibre de température tend à s'établir entre tous les corps en présence et lorsqu'ils ont tous pris une température uniforme, la température de chaque corps reste stationnaire parce que chacun envoie à ceux qui l'environnent une quantité de chaleur égale à celle qu'il en reçoit.

De même notre corps en hiver tend à se mettre en équilibre de température avec le milieu ; il éprouve de ce fait une déperdition plus ou moins grande de chaleur; conséquemment ce n'est pas le froid du dehors qui nous gagne, c'est notre chaleur qui passe au dehors. Ce que nous nommons « froid » est une diminution, un ralentissement dans le mouvement vibratoire de nos molécules. Une goutte d'éther placée sur la main donne une vive sensation de froid, non parce que l'éther est froid, mais parce que ce liquide, extrêmement volatilisable, nous enlève une grande quantité de chaleur pour s'évaporer.

On ne donne pas du froid à un corps, on lui ôte de la chaleur. La glace ne rayonne pas du froid, mais enlève la chaleur aux corps environnants. Lorsqu'un corps est d'une température plus élevée que la nôtre nous disons que ce corps est chaud parce que nous sommes froids par rapport à ce corps, comme la glace est froide par rapport au nôtre, cependant nous ne disons pas que nous donnons du froid à ce corps chaud, mais nous disons qu'il nous donne de la chaleur; nous employons deux langages différents selon que nous avons un excès ou un défaut de chaleur par rapport aux autres corps.

La chaleur est un mouvement, c'est-à-dire que les molécules d'un corps chauffé se mettent en mouvement. Les molécules de la glace, soumises à la chaleur, se mettent en mouvement et de ce mouvement résulte l'état liquide; si ce mouvement s'accroît davantage, les molécules sont lancées dans l'espace par la violence de leurs collisions et il en résulte l'état de vapeur. De même toutes les molécules dont notre corps est composé sont animées d'un mouvement perpétuel causé par les substances combustibles brûlées en nous, et ce mouvement de nos molécules produit une sensation continue que nous appelons « chaleur ». Ce mouvement, parce qu'il favorise toutes les fonctions et stimule toute l'économie, produit une sensation agréable aussi longtemps qu'il ne dépasse pas un certain degré, car alors, en dilatant à l'excès les fluides contenus dans le corps, il se change en un sentiment de malaise et d'oppression; l'absence ou le ralentissement de ce mouvement de nos molécules, c'est-à-dire leur contraction, en contrariant et en comprimant toutes les fonctions du corps, nous est pénible, douloureuse, et nous appelons « froid » cette perte de mouvement. Si cette activité des molécules cesse complètement, le sang cesse de circuler, les organes de fonctionner, le corps s'engourdit et tombe dans l'inconscience et la mort.

Nous disons qu'un corps est chaud lorsqu'il accroît le mouvement moléculaire de notre propre corps, et qu'il est froid lorsqu'au contraire il lui enlève de ce mouvement. Quand la température du milieu s'abaisse au-dessous de zéro, notre corps rayonne énormément plus de chaleur qu'il n'en reçoit et nous cause une perte de mouvement interne que nous appelons « froid ».

Notre température est une activité du corps tout entier, comme la lumière est une activité de l'organe visuel, comme le son est une activité de l'organe auditif; le froid est une tendance à l'inactivité, au repos; il est négatif comme les ténèbres et le silence. La chaleur met tout notre corps en vibration, comme l'oreille vibre sous le bruit, l'œil par la lumière; le froid est une absence ou une diminution de cette vibration moléculaire.

Nous ne connaissons que ce qui nous actionne. Ce que nous appelons l' « Univers », c'est l'ensemble des divers modes de mouvement qui agissent sur nos sens et mettent notre corps en activité. Le soleil, les étoiles, les cloches, sont des corps en vibration qui, par des milieux interposés, nous communiquent leurs mouvements vibratoires. Il n'y a de connaissance, de réalité que dans l'activité, le fonctionnement de notre corps; la lumière est la fonction d'un organe de même que le son, l'odeur, la saveur; la chaleur est un mouvement vibratoire du corps tout entier. Mais le silence, le froid, les ténèbres ne sont pas des vibrations du corps, ne constituent pas des faits réels, car il n'y a dans l'Univers que la matière et les mouvements de la matière; ces états de conscience sont des absences de mouvements vibratoires dans la matière ou les négations de ces mouvements.

On dit que le froid *engourdit* quand c'est l'absence de chaleur qui engourdit, comme on dit que les ténèbres *aveuglent* quand c'est l'absence de lumière qui nous prive de la faculté de voir, mais l'on ne dit pas que le silence *assourdit*.

Si la non-réalité du froid ne peut être saisie que par un long raisonnement, un bien plus grand effort intellectuel est nécessaire pour échapper à nos sensations et nous soustraire à nos états de conscience au point de ne plus voir dans l'*espace* qu'une création de nos sens. Seul le raisonnement peut nous conduire à cette haute certitude que l'espace est une entité fausse et que les sens nous trompent en nous le présentant comme une réalité.

Le sentiment de l'espace est au sens musculaire, ce que le sentiment du froid est au sens thermique, ce que les ténèbres sont à la vue et le silence à l'ouïe. Nos sensations sont produites par la chaleur, la lumière et le son, — vibrations de la matière perçues par nos différents organes — mais la matière n'est elle-même au fond qu'une sensation de résistance qui nous est donnée par le sens musculaire, et la négation de cette sensation de résistance c'est ce que nous appelons « l'espace ».

Il n'y a de réalité que dans ce qui agit sur nos sens et sur notre corps tout entier; tout le reste est illusoire et trompeur. Nous accordons une existence à ce qui n'est qu'une apparence; nous appelons « ténèbres » l'inaction de notre œil, « froid » l'inertie de nos molécules constitutives et enfin « espace » l'absence de résistance.

L'espace n'est pas une fonction du corps, une connaissance; l'idée d'espace nous est donnée par cette dualité de conception sans laquelle nous ne pouvons envisager aucun phénomène; l'espace n'a pas plus de valeur objective que le froid ou les ténèbres; ce que nous appelons de ce nom c'est le vide, la non-résistance. Il y a résistance là où il y a matière, où il y a « plein »; l'espace, le vide, c'est l'absence de ce plein, de cette résistance. La matière, le plein est une sensation de résistance; l'espace, le vide est la privation de cette sensation.

Tout ce qui n'est pas senti n'a pas de réalité. Un aveugle-né n'a pas conscience des ténèbres parce qu'il n'a pas connu la lumière; un être vivant ne pourrait se faire une idée du froid avant d'avoir ressenti la chaleur, et un être qui n'aurait jamais perçu de résistance n'aurait aucune idée d'espace. L'idée d'espace est consécutive de l'idée de matière comme l'idée de froid est consécutive de l'idée de chaleur; le sentiment de la résistance nous donne le sentiment de l'espace, comme le sentiment de la lumière nous donne le sentiment des ténèbres.

L'être réagissant n'a commencé à avoir le sentiment de l'espace que lorsqu'il a commencé à avoir le sentiment du plein, du solide, c'est-à-dire de la résistance. La notion d'espace nous vient des mouvements de notre corps, car tout mouvement exige une contraction musculaire et celle-ci implique une sensation de résistance. Là où nos mouvements s'exécutent librement, là où nos membres ne rencontrent aucune opposition, là est l'espace, c'est-à-dire la non-résistance. Un être sentant, mais invariablement fixé à la même place, comme la plante et qui ne pourrait se remuer ni en totalité ni en partie, ne pourrait avoir le sentiment de l'espace; de même l'idée d'espace ne pourrait venir à un être sentant enlisé depuis sa naissance dans la vase ou immobilisé au sein de la matière solide.

C'est le mouvement qui nous a donné le sentiment de la matière, c'est-à-dire de la résistance, car le mouvement est un effort ; remuer un bras, lever une jambe, déplacer son corps, c'est soulever un poids et surmonter une résistance. Le sol nous présente également une résistance, nous donne aussi l'idée du plein, du solide, tandis que tout autour de nous cette sensation est nulle; dans le vide où nous nous agitons ce plein, ce solide n'est plus perçu et nous appelons « espace » cette absence de résistance.

A mesure que les mouvements se font plus libres, c'est-à-dire qu'ils rencontrent moins de résistance, le sentiment de l'espace grandit; inversement, plus la résistance aux mouvements s'accroît, plus l'espace décroît. L'espace nous apparaît plus grand dans l'air que dans l'eau, plus grand dans l'eau que dans la vase. Nous ne disons pas des poissons qu'ils vivent dans l'espace, parce que l'élément dans lequel ils s'agitent est très résistant, mais nous, qui vivons dans un élément beaucoup moins dense, nous nous croyons dans l'espace, parce que nos mouvements sont plus libres; enfin nous disons des êtres ailés qu'ils vivent en plein espace, parce que là où ils volent, leurs mouvements, entièrement dégagés, ne rencontrent plus aucune résistance.

L'idée d'espace diminue d'autant plus que le milieu se fait plus dense et qu'il offre plus de résistance. Je ne sens pas la résistance de l'air quand je m'agite et je crois m'agiter dans l'espace; mais si je me jette à l'eau, mes mouvements rencontrent une résistance sensible, j'appelle « matière » cette résistance et je ne me crois plus dans l'espace; si je m'enfonce dans la vase, l'opposition aux mouvements étant encore accrue, l'idée de matière est encore renforcée et celle de l'espace réduite à rien. Le sol est plus matière que la vase; la vase, plus que l'eau, et l'eau, plus que l'air. Plus la résistance est grande, plus c'est matière, plein, solide; moins il y a de résistance, plus c'est espace et vide. Si tout ce qui nous paraît vide était plein, il n'y aurait plus d'espace. Si la Terre, ce globe immense et plein, redevenait nébuleuse, le plein redeviendrait le vide, la matière terrestre redeviendrait « espace », c'est-à-dire un gaz infiniment plus léger, plus raréfié que celui dans lequel nous vivons. La Terre volatilisée n'offrirait plus de résistance, et l'absence de résistance fait l'espace.

Le solide, le plein, la matière, c'est la perception sensible de la résistance; l'espace, le vide, c'est la négation du plein, du solide, du résistant. L'espace est une absence de sensation musculaire comme les ténèbres, le froid, le silence sont des absences de sensations lumineuses, calorifiques et sonores.

Il n'y a de sensible, de connaissable que la matière et les mouvements de la matière; il n'y a de réalité que dans ce qui nous actionne, dans ce qui agit sur nous : bruit, lumière, chaleur, résistance; or, le silence, les ténèbres, l'espace ne nous actionnent pas, n'agissent sur nous d'aucune façon. Nous voyons en tout des oppositions quand en réalité il n'y en a pas, et nous plaçons sur la même ligne les sensations et les négations de ces sensations. Cette dualité de conception sans laquelle nous ne percevons aucun phénomène, et qui adjoint à tout phénomène perçu la négation de ce phénomène, nous fait considérer comme également vrais, comme également réels le mouvement et l'absence de mouvement, la sensation et l'absence de sensation, l'activité d'un organe et l'inactivité de cet organe; nous donnons une même réalité aux sensations musculaires qui nous donnent l'idée de matière et à l'absence de ces sensations que nous appelons « espace ».

Là où l'on ne sent aucune résistance, là commence l'espace. Le sol est ce qu'il y a de plus éloigné de l'idée d'espace; l'eau où la résistance est moindre n'est pas encore l'espace, et l'air, élément moins dense que l'eau et où la résistance est insensible est ce qui, pour nous, constitue l'espace.

Si l'homme était figé au sein d'un immense bloc de glace, il ne se croirait pas dans l'espace, mais que cette glace se liquéfie et puis se vaporise, l'espace apparaîtra au fur et à mesure que les molécules, en se distendant et en se relâchant, dégageront les membres et leur permettront plus de mouvements. Le sentiment de l'espace croîtra à mesure que la matière, dans laquelle est enclavé cet homme, sortira de la sphère des forces attractives, perdra son caractère de solidité et cessera de résister; lorsque les molécules du bloc de glace seront tout à fait impalpables, il se croira en plein espace.

De même que les ténèbres ne sont que de la lumière non sentie, de la lumière morte; de même l'espace c'est la matière non sentie, la résistance morte. Quand nous disons que nous avons conscience de l'espace, c'est que nous avons conscience d'une absence de sensation de résistance, par ce même sentiment qui nous fait dire que nous n'entendons rien qu'un profond silence.

Dire que l'espace est le *contenant* et la matière, le *contenu*, c'est comme si l'on disait que les ténèbres contiennent la lumière, parce que la lumière est partout bornée par les ténèbres, parce que la lumière luit dans les ténèbres et qu'au delà de la lumière c'est toujours les ténèbres. Les corps célestes roulent dans l'espace, de même qu'ils roulent dans les ténèbres, de même qu'ils roulent dans le silence. Le bruit, la lumière, la matière, c'est ce qui est; le silence, les ténèbres, l'espace, c'est ce qui n'est pas; ce qui est se meut dans ce qui n'est pas. Le bruit se forme au sein du silence; la lumière, au sein des ténèbres; les mondes, au sein de l'espace; la matière cosmique, invisible et impalpable, en se condensant, se fait résistante et sensible, et l'éther semble se remplir de mondes pleins et solides.

Quand nous songeons aux corps célestes, nous voyons des mondes solides et résistants se mouvoir dans le vide, c'est-à-dire dans l'absence de toute résistance; quand nous les regardons au moyen d'un télescope, nous nous imaginons qu'ils sont en plein espace, c'est-à-dire que nous pourrions nous transporter au devant d'eux sans rencontrer de résistance. Mais si l'Univers était rempli d'un fluide aussi épais que l'eau, ces corps ne sembleraient plus se mouvoir dans l'espace, puisque le vide serait devenu matière, c'est-à-dire résistance.

On ne doit pas confondre l'étendue avec l'espace. L'idée d'étendue nous est donnée par la sensation de résistance; l'espace est l'absence de cette sensation. L'étendue d'un corps consiste dans la continuité de la résistance ou dans une multiplicité des sensations de résistance. Le solide, le résistant nous donne les trois dimensions : longueur, largeur, épaisseur; ces trois dimensions font le corps *étendu*, et l'abstraction de l'étendu fait l'*étendue*. L'étendue n'est que l'étendu abstrait. *Un corps étendu dans l'espace*, c'est une certaine continuité de résistance limitée; où la résistance commence, c'est l'étendue; où elle finit, c'est l'espace, autrement dit, c'est l'absence de cette sensation de résistance. Un corps étendu, c'est-à-dire résistant, se détache sur l'espace, c'est-à-dire sur la non-résistance, comme un objet éclairé se détache sur les ténèbres.

Mes cinq doigts posés sur un corps solide me donnent chacun une sensation de résistance et ces cinq sensations simultanées me donnent la notion d'étendue. Cette notion d'étendue sera plus nette si, au lieu des cinq doigts, j'applique sur le corps solide la main toute entière, car alors je reçois une infinité de sensations de résistance; mais la notion d'étendue sera très vague si j'applique ma main sur une surface liquide, car les sensations de résistance n'étant plus aussi distinctes, la notion d'étendue n'est plus aussi nettement déterminée; le sens musculaire, qui nous renseigne sur la forme des corps, ne perçoit plus les trois dimensions : longueur, largeur, épaisseur; ce n'est presque plus l'étendue et ce n'est pas encore l'espace. Là où il n'y a plus de contact, il n'y a plus d'étendue. L'air ne me donne plus l'idée d'étendue, parce qu'il ne m'offre plus de résistance; il ne me donne plus que l'idée d'espace.

L'étendue n'est, en somme, qu'une répétition, une multiplicité, une coexistence de sensations de résistance; c'est pourquoi l'idée d'étendue accompagne invariablement la notion de corps, car nous ne pouvons concevoir un corps sans étendue, et ce qui constitue un corps c'est la résistance qu'il nous offre. Un corps solide en s'évaporant perd ses trois dimensions, longueur, largeur, épaisseur qui constituent son étendue, et, à la place qu'il occupait, il ne reste plus que le vide ou une absence de résistance; l'étendue de ce corps est devenue en quelque sorte de l' « espace ». La terre volatilisée deviendrait « espace » dans toute son étendue. Définir l'étendue, comme les philosophes, *une portion déterminée de l'espace*, est donc une pure absurdité, car l'espace est une absence d'étendue ou de résistance; l'étendue d'un corps c'est sa dimension en longueur, largeur et profondeur, or ces trois dimensions ne nous sont données que par le sens musculaire ou tact comme on a pu en faire l'observation sur un aveugle-né opéré de la cataracte. L'étendue n'est donc au fond que la résistance elle-même, car l'idée d'étendue naît de la multiplicité de perceptions coexistantes lorsque notre corps est en contact avec un corps résistant. Descartes a confondu l'étendue avec la résistance, lorsqu'il a déclaré que l'étendue est l'attribut fondamental ou l'essence de la matière.

La notion de durée comme celle d'étendue nous est donnée par le sens musculaire. *Durer* veut dire *continuer d'être.*

Il y a une gradation dans l'idée d'*être* comme il y a une gradation dans l'idée de matière ; c'est par degré qu'on va de l'être au non-être, comme c'est par degré qu'on va de la matière à la négation de la matière, c'est-à-dire à l'espace.

Être c'est prendre corps, c'est se matérialiser, c'est tomber sous les sens ; cesser d'*être*, c'est cesser d'offrir de la résistance, c'est se décorporaliser. L'eau qui se congèle, prend corps ; l'eau qui s'évapore, perd toute forme corporelle. La glace a plus d'*être* que l'eau ; l'eau, plus que la vapeur. *Être,* pour l'eau, c'est se solidifier ; c'est devenir tangible ; le *non-être* c'est se vaporiser, c'est devenir impalpable. *Être,* pour tout corps, c'est tomber sous le sens musculaire ; c'est recevoir la solidité, la dureté ; cesser d'*être*, c'est perdre toute solidité, toute dureté.

Le mot *durer* vient du mot latin *durare ;* de *durus*, dur. *Durer,* c'est continuer d'être. *Être,* c'est offrir une certaine résistance. Un corps qui *dure*, c'est un corps qui persiste dans son état tangible. La *durée* d'une chose, c'est la persistance de la résistance qu'elle nous offre.

L'idée d'étendue suit celle de matière, de résistance dans l'ordre de nos connaissances ; l'idée de durée suit celle d'étendue. L'idée de durée est intimement associée à celle d'étendue, car par cela même que les corps sont étendus, ils durent ; lorsque les corps perdent leur étendue, leur solidité, ils cessent de durer, ils perdent l'être. Le monde ne dure que depuis qu'il a pris les trois dimensions, et lorsqu'il aura cessé d'être solide, lorsqu'il se sera de nouveau volatilisé, il aura cessé de durer. Et cependant ce monde qui n'aura plus d'étendue, qui n'aura plus de durée, qui n'aura plus d'être parce qu'il n'aura plus de solidité, ce monde incorporel sera encore tout entier dans l'Univers.

La notion de *durée*, comme celle de *matière*, comme celle d'*étendue* nous est donc donnée par les sensations musculaires. L'idée de *durée* nous est donnée par la persistance de l'effort. Tout effort est dû à une résistance. Lorsque l'effort cesse, la *durée* cesse en même temps ; l'absence de l'effort, c'est l'absence de durée.

De même que l'étendue est la multiplicité d'une sensation de résistance, la durée est la persistance de cette sensation. L'étendue, c'est la coexistence des sensations de résistance ; la durée, c'est la succession de ces mêmes sensations.

De la durée considérée dans les choses, notre esprit s'élève à la durée abstraction faite des choses, c'est-à-dire au *temps*. Le temps est une abstraction des choses qui durent, comme la matière est une abstraction des choses qui résistent. Le temps, c'est la durée indéterminée, comme la matière c'est l'être indéterminé.

Toutes nos connaissances nous viennent par les sens ; or, le sens musculaire est l'origine de tous les autres sens ; la notion de résistance est donc la notion la plus profonde que nous puissions atteindre en nous-mêmes et au delà de nous-mêmes ; c'est d'elle que découlent toutes nos grandes connaissances sur nous-mêmes et sur le monde. Cette notion de résistance, qui gît au-dessous de toutes les autres, est l'origine de toutes nos idées. La matière terrestre, inconsciente d'elle-même, n'arrive à la conscience que par son opposition croissante aux forces qui dominent la matière, que par le sentiment de l'effort pour résister aux lois générales de l'Univers. La simple sensation de résistance lui donne le sentiment d'elle-même et de ce qui n'est pas elle-même ; l'association entre les sensations de résistance lui donne le sentiment d'étendue et celui de durée.

L'ordre synchronique ou d'existence simultanée dans l'association entre les sensations donne l'étendue. L'ordre successif ou d'existence postérieure dans l'association entre les sensations donne la durée.

L'idée est la copie affaiblie de la sensation. L'association se produit entre les idées comme entre les sensations. Nos idées s'éveillent dans l'ordre où ont existé les sensations dont elles ne sont que des copies. Si les sensations se sont produites successivement, les idées se reproduisent de même et nous avons le sentiment de *durée ;* si les sensations se sont produites simultanément, les idées naissent simultanément et nous avons le sentiment d'*étendue*.

La durée consiste dans la succession de nos sensations ou de nos idées ; l'étendue consiste dans la simultanéité des sensations ou des idées. L'étendue et la durée ne sont donc pas des propriétés des corps, mais des phénomènes purement psychiques. Sans cette association entre les sensations ou les idées, les notions d'étendue et de durée ne pourraient se former.

VI. — Nous ne connaissons rien que par opposition. Les associations par contraste sont la condition de toute perception, de toute conscience et partant de toute connaissance. Persister dans le même mode ou état de conscience, c'est être inconscient. Si l'activité de notre œil ne cessait jamais et si la lumière était continue, invariable, nous ne saurions pas que la lumière existe et les ténèbres nous seraient inconnues; c'est par les ténèbres ou l'absence de lumière que nous avons conscience de la lumière. Si notre température et celle du milieu restaient constantes et uniformes et si tous les corps étaient en équilibre de température, nous n'aurions pas conscience de la chaleur et le froid serait inconnaissable; le froid ou la perte de notre calorique nous rend conscients de notre chaleur corporelle. Dans une usine nous finissons par ne plus entendre le bruit continu et monotone des machines, mais si les machines s'arrêtent soudain, leur silence subit nous donne une vive conscience du tapage dont elles remplissaient l'atelier. Un bruit ou l'apparition d'une lumière dans la chambre d'un dormeur le réveille, mais le dormeur qui a contracté l'habitude de s'endormir dans la lumière, s'éveille si elle vient à s'éteindre; de même le meunier qui s'endort dans le bruit de son moulin, se réveille si le bruit vient à cesser. Nous ne sentons pas la pression de l'atmosphère sur la surface de notre corps, — pression qui est de 17,000 kilos environ, — parce qu'elle est continue et invariable, mais nous en aurions un vif sentiment si elle cessait subitement de se faire sentir.

Nos idées résultent de la perception des différences produites par la série de nos états de conscience. Les contrastes entre le sentiment de la chaleur et l'absence de chaleur ou froid, entre le sentiment de la lumière et l'absence de lumière ou ténèbres, entre le sentiment de la résistance et l'absence de résistance ou espace, provoquent les états de conscience. Tous ces états conscients se ramènent au jeu de l'attraction et de la répulsion; toutes nos sensations sont dues aux mouvements répulsifs en conflit avec les mouvements attractifs. La plante est toute inconscience, parce qu'elle se confond encore avec la masse terrestre, parce que, n'étant pas en lutte ouverte avec le monde de l'attraction, elle ne se distingue pas de ce qui l'entoure et, enfin, parce que sa température est celle du milieu.

Le divorce de l'animal d'avec la masse terrestre, ses efforts incessants pour s'arracher aux étreintes de l'attraction planétaire, l'écart entre sa température et celle de l'atmosphère ambiante, les alternatives d'activité et d'interruption dans les mouvements atomiques de l'Univers par lesquels il est mis en vibration, tous ces tiraillements en sens contraires, tous ces conflits entre les mouvements attractifs et les mouvements répulsifs qui ont pour siège son organisme extrêmement irritable, le font passer par une succession d'états de conscience qui lui donnent le sentiment de son être et font son individualité.

Plus les mouvements répulsifs dont le corps réagissant est le siège font opposition aux mouvements attractifs de l'Univers, plus la conscience se développe ; plus le monde extérieur est livré aux forces attractives, plus il nous offre de résistance et plus nous en avons conscience ; plus nous nous éloignons du monde attractif, plus il y a opposition et plus le « moi » grandit. Le sentiment du « moi » et du « non-moi » jaillit dans le conflit entre les forces répulsives et les forces attractives.

Notre vie interne, comme la vie végétale, est toute inconscience. A l'intérieur du corps il n'y a que des forces répulsives ; il n'y a point opposition de forces et partant point de conscience. Tous les mouvements intérieurs sont des mouvements répulsifs. La vie intérieure, c'est la vie végétative. Où il n'y a pas conflit, il y a inconscience.

Comme le végétal nous ignorons ce qui se passe en nous. La digestion, la circulation du sang, les sécrétions, le renouvellement de nos éléments anatomiques se font à notre insu ; la respiration ne se fait sentir que dans l'effort de dilatation des parois du thorax. Nous n'avons pas conscience de ces grands mouvements intérieurs, parce qu'il n'y a pas conflit dans ces mouvements.

Les plus nombreuses et les plus importantes opérations vitales étant inconscientes, l'homme, le plus conscient des êtres, est encore inconscient dans la plus grande partie de lui-même. La partie profonde et cachée de son être, où se meuvent les grands rouages de la vie, est la partie inconsciente, insensible ; la partie superficielle et extérieure, qui se trouve au sein des forces contraires, est la partie consciente, sensible.

La vie consciente est sortie de la vie inconsciente, comme la vie animale est sortie de la vie végétative. La conscience plonge dans l'inconscience de même qu'une île plonge dans les profondeurs de l'océan ; nous ne voyons d'une île que la partie qui sort des flots, que la partie superficielle ; nous n'en voyons que le sommet, le couronnement, et nous semblons ignorer la partie principale et fondamentale, la masse immense s'élargissant jusqu'au fond des eaux. De même notre conscience émerge de l'inconscience; notre vie se passe presque toute entière au sein des mouvements réflexes, inconscients; les mouvements volontaires, conscients, sont des mouvements surajoutés ou dérivés des mouvements inconscients. L'homme n'est volontaire qu'en partie; sa volonté n'a aucune prise sur la plupart de ses muscles, sur les fonctions les plus importantes de son organisme.

Les muscles soustraits à l'influence de la volonté sont ceux des mouvements intérieurs qui contractent l'estomac ou qui font battre le cœur; on les appelle « muscles lisses ». La contraction de ces muscles ne se fait qu'un certain temps après avoir été excités et dure pendant un certain temps.

Les muscles placés sous l'influence de la volonté sont ceux des mouvements extérieurs qui font agir les membres et le tronc; on les appelle « muscles striés ». La contraction des muscles striés se fait brusquement et cesse aussi rapidement.

La vie superficielle ou extérieure constitue la vie animale, consciente, parce qu'elle se passe au sein des forces contraires. Les organes extérieurs, et tout particulièrement les organes de la locomotion, étant les seuls qui soient aux prises avec les forces adverses, sont les seuls volontaires.

Dans la plante, toutes les fonctions sont automatiques, parce qu'elles se font sans effort; dans l'animal une partie des fonctions se fait consciemment, volontairement, parce qu'elles ont à vaincre des résistances. Par la même raison que la plante s'ignore entièrement, l'animal s'ignore dans la plus grande partie de son être, parce que ses fonctions les plus importantes et les plus nombreuses se font sans opposition.

Dans la plante, qui plonge par ses racines dans le sol et par ses feuilles dans l'atmosphère, la nutrition se fait aussi automatiquement que la respiration. Dans l'animal, la respiration se fait aussi automatiquement que dans la plante, car, comme celle-ci, il est baigné par l'air atmosphérique qui arrive à ses poumons directement et sans nécessiter aucun effort, mais sa nutrition se fait consciente et volontaire, car, entièrement séparé du sol et n'étant plus baigné, comme la plante, par les substances nutritives, il n'est plus à même de se les assimiler directement; il doit faire effort pour aller à la nourriture et pour l'amener à une cavité intérieure où, par suite de la rupture du corps réagissant d'avec le sol, les racines ou vaisseaux absorbants se sont repliés, et ces efforts nécessités par les obstacles et les oppositions à vaincre, rendent consciente cette opération. Si l'animal se nourrissait aussi facilement qu'il respire, il pourrait dormir comme la plante d'un sommeil éternel. Par le même raisonnement, il est permis de croire que le besoin de boire chez des êtres plongés comme les poissons dans une eau rafraîchissante n'est pas un besoin conscient et volontaire comme la faim.

Tout organisme, soit végétal, soit animal, ne peut s'assimiler les substances nutritives qu'à l'état fluide. La plante, fixée au sol, puise directement, par ses racines et par ses feuilles, les éléments nutritifs qui existent sous forme liquide ou gazeuse dans le sol ou dans l'atmosphère. Les aliments de l'animal n'existent, en grande partie, qu'à l'état solide; pour être assimilés ils doivent donc être préalablement dissous; cette dissolution ne peut s'opérer que par des moyens mécaniques; mais dans cette division et trituration des aliments par l'appareil masticatoire il y a effort, résistance et par cela même conscience. La mère mâche les aliments et les dissout pour son nouveau-né inconscient et dépourvu d'appareil masticatoire, mais ne respire pas pour lui.

La préhension des aliments et leur dissolution nécessitent des efforts et par suite des actes conscients; mais, lorsqu'à la mastication succède la déglutition, c'est-à-dire le passage des aliments de la bouche dans l'estomac, ces aliments passent des mouvements conscients aux mouvements inconscients. La déglutition se compose de trois mouvements : 1° passage des aliments de la bouche dans le pharynx; 2° du pharynx dans l'œsophage; 3° de l'œsophage dans l'estomac; de ces trois mouvements de la déglutition, le premier seul est volontaire et conscient; les deux autres mouvements sont complètement soustraits à l'influence des mouvements conscients et volontaires. Du moment que les organes extérieurs, après s'être emparés des aliments, après les avoir portés à la bouche et les avoir divisés et imprégnés de salive, les livrent au canal intérieur qui s'ouvre pour les recevoir, leur rôle est fini; les mouvements conscients s'arrêtent là; l'action des organes volontaires prend fin; les aliments échappent à la volonté consciente et tombent au pouvoir de la volonté inconsciente; ils s'engagent dans l'engrenage des mouvements inconscients de la digestion, de la dissolution, de l'assimilation et entrent dans le torrent de la circulation.

Tous ces rouages intérieurs marchent à notre insu; les artères battent, les valvules s'ouvrent et se ferment, le sang monte ou descend, les intestins se contractent, tous les tissus se renouvellent molécule par molécule. La partie consciente n'intervient que pour fournir les matériaux à ce grand travail inconscient. Cette intervention de la conscience est toute secondaire; la conscience n'agit que comme simple auxiliaire; elle n'a aucune part dans ce travail important qui modifie les aliments et en fait du chyle ou du sang, des sucs ou des sels, des os ou des muscles, des poils ou des dents. Le sang circule, les globules s'oxydent, les molécules s'éliminent, les glandes sécrètent, l'estomac triture, les reins filtrent, et la conscience n'en sait rien. Aussitôt que les aliments sont passés dans la sphère d'action des mouvements inconscients, l'homme peut s'abandonner au sommeil; leur préparation et leurs transformations s'accomplissent sans aucune intervention de sa part et sans qu'il en ait conscience.

De même que la collaboration des organes conscients dans la reconstitution des éléments anatomiques est insignifiante et se borne à porter les matériaux de ce travail à une cavité par où ils arrivent aux organes inconscients, de même la participation de ces organes conscients dans le renouvellement de l'espèce est tout aussi effacée. Dans ce travail long, difficile, laborieux, qui a pour fin la formation d'un nouvel être réagissant, l'intervention des organes conscients se réduit à mettre en contact le principe mâle avec le principe femelle.

Ces opérations qui sont tout à fait inconscientes dans la plante. sont en partie conscientes dans l'animal, parce qu'étant scindées et réparties sur deux individus distincts, elles nécessitent des efforts des organes de la locomotion pour rapprocher les individus et mettre en contact les produits de leurs organes de la génération.

Les forces qui travaillent les plantes et les font croître sont les mêmes forces qui nous travaillent et nous font croître, mais de même que dans l'oiseau la force de réaction remplace la chaleur physique extérieure dans l'incubation des œufs par sa chaleur à elle, de même cette puissance de réaction remplace par nos propres forces, les forces physiques qui intervenaient dans l'alimentation et la fécondation des plantes; stimulés par cette force de réaction nous intervenons personnellement dans la reproduction de l'espèce, de même que nous intervenons dans notre alimentation.

Le mécanisme de la fécondation dans la réaction la plus inférieure et le mécanisme de la fécondation dans la réaction la plus élevée sont les mêmes au fond et se font par les mêmes lois et sous l'empire des mêmes forces, mais les opérations qui sont entièrement réflexes et inconscientes chez les plantes, sont en partie conscientes et volontaires chez l'homme, parce qu'elles ne se font plus sans effort.

Voici le mécanisme de la fécondation dans les plantes phanérogames, c'est-à-dire pourvues d'étamines et de pistils.

La fleur (1), appareil reproducteur de la plante, s'épanouit sous

(1) La fleur se compose de quatre cercles ou collections d'organes semblables appelés *verticilles*. Les deux premiers sont des enveloppes protectrices circulaires; l'une extérieure, généralement verte, appelée *calice*; l'autre intérieure, presque toujours ornée de brillantes couleurs pour concentrer, réfléchir les rayons solaires et nommée *corolle*. Ces deux parties sont souvent composées de plusieurs pièces distinctes qui, dans le calice, portent le nom de *sépales* et celui de *pétales* dans la corolle. Les deux autres cercles ou verticilles, forment les

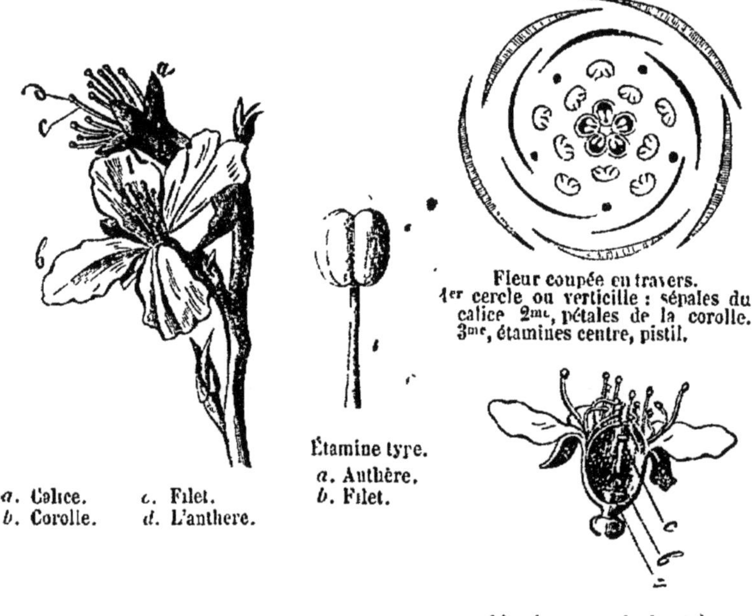

a. Calice. *c*. Filet.
b. Corolle. *d*. L'anthère.

Étamine type.
a. Anthère.
b. Filet.

Fleur coupée en travers.
1er cercle ou verticille : sépales du calice 2me, pétales de la corolle. 3me, étamines centre, pistil.

a. L'ovaire. *b*. Le style.
c. Le stigmate.

organes reproducteur ; ce sont les *étamines* et le *pistil*. Les étamines ou organes mâles sont une espèce de filaments, surmontés chacun d'une capsule appelée *anthère* dans laquelle est contenu la poussière fécondante, le *pollen*. Au centre de la fleur se trouve le pistil ou l'action des rayons solaires. Peu après l'épanouissement, les anthères s'ouvrent et laissent échapper le pollen qui, par l'effet de la pesanteur, tombe sur le stigmate. Dans les plantes où les étamines, plus courtes que le pistil, empêcheraient le pollen de tomber sur le stigmate, la fleur est renversée, de sorte que le pollen domine encore le pistil ; dans les plantes monoïques, les fleurs mâles sont situées au-dessus des fleurs femelles; dans certaines plantes où les anthères sont situées au-dessous des stigmates, les filets font ressort au moment de la fécondation et les anthères se redressent contre le stigmate et laissent échapper leur poussière pollinique, pour revenir ensuite à leur position première ; dans d'autres plantes ce sont les stigmates qui tendent vers les étamines pour recevoir la poussière fécondante; enfin, dans certaines plantes aquatiques, la fleur s'épanouit à l'air au moment de la fécondation et rentre au sein des eaux, l'opération terminée. Tous ces mouvements spéciaux ont pour but de favoriser l'arrivée du pollen sur le stigmate.

Le stigmate, après avoir reçu les grains de pollen, les retient au moyen d'une humeur visqueuse qu'il sécrète; les grains de pollen absorbent par endosmose cette sécrétion du stigmate et se gonflent; leur membrane extérieure, l'exhyménine, se rompt et, par cette ouverture, l'endhyménine ou membrane intérieure s'échappe et s'allonge sous la forme d'un appendice tubuleux et vermiforme appelé *tube pollinique*. Ce tube ou boyau pollinique s'introduit dans le canal du style et descend à l'intérieur de l'ovaire, jusqu'à ce qu'il arrive au *micropyle*, ouverture qui conduit au sac embryonnaire ; il pénètre par le micropyle dans l'ovule pour se mettre en contact avec la cellule qui deviendra le germe. La cellule, après l'arrivée du protoplasme pollinique, s'entoure de cellulose, produit du mélange de deux protoplasmes différents, et forme l'embryon.

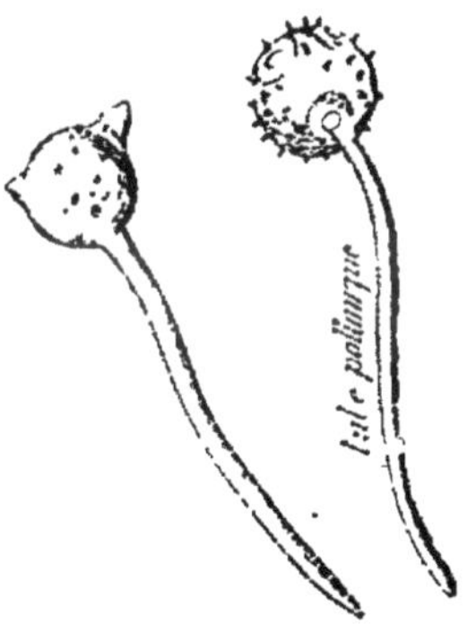

Germination de deux différents grains de pollen très grossis.

organe femelle formé à sa base par un renflement, l'*ovaire*, qui contient les *ovules* ou germes, et au sommet par une petite colonne, le *style*, que surmonte le *stigmate*, partie glanduleuse, visqueuse, hérissée de papilles, destinée à recevoir le principe fécondant de l'organe mâle.

Dès que l'imprégnation a eu lieu, la fleur perd sa fraîcheur, son coloris et se fane; la plupart des organes qui la composent, les éta-

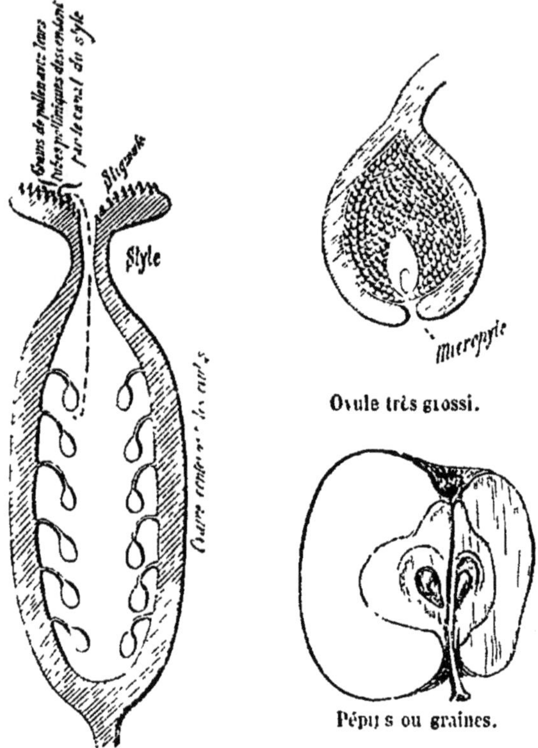

Ovule très grossi.

Pépins ou graines.

Intérieur du pistil grossi.

mines, la corolle, le calice, devenus inutiles, tombent, ainsi que le style et le stigmate. Dans l'ovaire qui contient les ovules fécondés, se concentre toute l'activité vitale de la plante; les ovules deviennent des graines et l'ovaire devient le fruit.

Voici maintenant le mécanisme de la fécondation dans l'homme, le plus conscient des êtres.

La formation des spermatozoaires de l'homme est un épisode de la vie des cellules. Les cellules épithéliales des canaux testiculaires ou spermatoblastes se gonflent au contact des liquides qui les baignent, se subdivisent et donnent naissance aux spermatozoaires.

Pendant que s'élaborent les éléments de la génération dans les organes inconscients de l'homme, un travail correspondant s'accomplit dans les organes inconscients de la femme. Dans l'ovaire de la femme se développent un certain nombre de vésicules appelées *vésicules de Graaf*, formées d'une membrane délicate et remplies d'un fluide transparent; ces vésicules renferment l'œuf ou ovule de 1/10 ou 2/10 de millimètre contenant une substance muciforme, le jaune ou vitellus. L'ovule, arrivé à maturité, quitte l'ovaire où il s'est formé et s'engage dans l'oviducte ou trompe de Fallope. Cette rupture a lieu environ tous les 28 jours.

Ce travail d'élaboration, achevé à l'insu des deux sexes dans leurs organes respectifs, nécessite l'intervention des organes conscients pour mettre en contact les deux produits séparés. Les deux sexes n'ont conscience du travail qui s'est opéré en eux que lorsqu'il est accompli; ils en sont prévenus par une attirance irrésistible qui les pousse l'un vers l'autre et qui n'est, comme la faim, qu'un avertissement, un ordre impérieux des organes inconscients aux organes conscients.

Les deux sexes, entraînés l'un vers l'autre par les forces inconscientes qui les travaillent, unissent leurs principes dans l'acte du coït; les spermatozoaires de l'homme, au nombre de plusieurs millions, sont projetés dans l'organe sexuel de la femme, contre le col de l'utérus qui s'entr'ouve, et ils se meuvent au devant de l'ovule par des mouvements d'ondulation très rapides de la queue et au moyen des cils vibratils de la muqueuse utérine et des contractions péristaltiques de l'utérus. La rencontre des spermatozoaires et de l'ovule, nécessaire à la fécondation, a lieu depuis le pavillon de la trompe jusque dans le col de l'utérus; le spermatozoaire pénètre dans l'ovule et nage dans le liquide périvitellin où il deviendra embryon. L'œuf fécondé se fixe dans une cavité appelée *utérus* ou *matrice*.

De tous ces mouvements qui composent l'acte de la génération, un seul est conscient et volontaire : la jonction des deux organes sexuels; tous les autres sont soustraits à l'influence de la volonté. Le rapprochement et le mélange des deux principes séparés nécessitent des efforts et, par suite, des actes conscients, mais lorsqu'au coït succède la conception, le rôle des organes conscients prend fin et celui des organes inconscients continue seul. Du moment que par les organes conscients mâles, le fluide séminal a été porté à l'orifice des organes conscients femelles et projeté à l'intérieur, du moment que le col de l'utérus, par un mouvement réflexe, s'est entr'ouvert pour le recevoir, les organes inconscients s'emparent des éléments en présence à l'exclusion des organes conscients; ceux-ci n'ont plus à s'immiscer dans tout le cours de ces longues et importantes opérations qui d'un germe vont faire un homme. Pendant de longs mois, l'embryon parcourra les diverses phases de son développement sous l'action des organes inconscients et à l'insu des organes conscients. Aussitôt que la femme a conçu, les opérations échappent à sa volonté; les organes inconscients se mettent à l'œuvre et la poursuivent et l'achèvent sans que la mère en ait conscience, sans qu'elle puisse connaître autrement que par de vagues sensations, les mystérieuses opérations qui s'accomplissent en elle; elle peut vaquer à d'autres occupations ou s'abandonner au sommeil sans que ces travaux intérieurs en souffrent ou cessent un seul instant.

A part cette courte intervention des organes conscients, — le temps nécessaire pour réunir les produits élaborés dans deux organes séparés, — les opérations se passent absolument comme dans la plante; toutes les opérations subséquentes sont des opérations inconscientes, et les forces qui travaillent le germe de l'homme ne sont pas différentes de celles qui travaillent le fruit de la plante.

CHAPITRE XVI

L'instinct et l'intelligence.

I. — L'enfant, dans le sein maternel, ne se distingue pas de ce qui l'entoure ; il n'a pas le sentiment de lui-même, ni de la masse dans laquelle il est absorbé ; baigné par les liquides de l'amnios, il n'a pas le sentiment de la pesanteur ; environné d'une température toujours égale, il n'a pas le sentiment du froid. Mais aussitôt échappé du sein maternel, la pesanteur et le froid se saisissent de lui : en passant du sein des forces répulsives au sein des forces attractives, l'enfant, rendu soudainement conscient par ce contraste violent, se met à crier de souffrance.

A l'inverse des aliments qui vont des organes conscients aux organes inconscients, l'enfant va des organes inconscients de la mère aux organes conscients. Les aliments, en tombant dans l'estomac, échappent à la conscience ; l'enfant, en passant au monde extérieur, tombe sous la conscience de la mère.

C'est à l'insu de la mère que son germe s'organise dans son sein ; le fruit de sa gestation ne tombe sous sa conscience que lorsqu'il passe dans le monde de la pesanteur. L'oiseau, qui ne met pas ses petits au monde tout vivants, mais seulement à l'état de germes enfermés dans des coquilles calcaires, se passionne pour ces corps bruts, froids, inertes, qui ne se distinguent pas d'un caillou ou d'une motte d'argile ; il souffre la faim, la soif, pour ces corps bruts, inanimés ; il s'absorbe dans la sollicitude qu'il porte à ses œufs. Cette sollicitude maternelle, c'est la force formatrice intérieure qui s'est extériorisée. Cette force, inconsciente à l'intérieur, se fait consciente en se répandant au dehors et se nomme « instinct ».

La même force qui travaillait le germe intérieurement et lui fournissait tous les matériaux nécessaires à son développement, est la même force qui, extérieurement, poursuit son œuvre inachevée et lui fournit la chaleur et les aliments jusqu'à son complet développement.

Les forces inconscientes qui agissent dans l'oiseau et les forces inconscientes qui agissent dans la plante sont les mêmes, mais ces forces inconscientes ne se font conscientes, c'est-à-dire « instinct » que lorsqu'elles ont à surmonter des résistances, que lorsqu'elles s'extériorisent pour lutter contre l'influence du milieu. La plante n'a pas d'instinct, parce que les forces inconscientes qui agissent dans la plante subissent passivement l'action du milieu sans réagir contre cette action. Les forces inconscientes de l'oiseau se font conscientes, c'est-à-dire instinct, lorsqu'elles s'emploient à protéger leur œuvre inachevée et livrée aux forces attractives, contre l'influence de ces forces hostiles.

La mère n'a pleine conscience de son fruit que lorsqu'il passe de l'intérieur à l'extérieur, c'est-à dire du milieu répulsif dans le milieu attractif. Aux forces destructives qui menacent son œuvre, la mère oppose sa chaleur et sa puissance de réaction ; elle couve ses œufs, c'est-à-dire les protège contre le froid et l'humidité; lorsqu'ils sont éclos, elle réchauffe ses petits, leur porte la becquée ou les conduit à la nourriture.

A l'intérieur, c'est la force inconsciente qui travaille au développement du germe ; à l'extérieur, c'est la force consciente qui veille à ce développement. A l'intérieur, la mère était inconsciente de son fruit, parce qu'il se trouvait au sein des forces répulsives et dans les conditions les plus favorables; à l'extérieur, la mère en est consciente, parce qu'il se trouve aux prises avec les forces contraires.

La conscience et l'inconscience, c'est la même force de réaction, mais dans deux situations différentes ; la force formatrice intérieure et l'instinct maternel extérieur, ce sont deux aspects différents d'une même puissance.

Qui ne voit que la conscience, c'est l'inconscience arrêtée par un obstacle, en lutte avec les difficultés extérieures? Qui ne voit que cette force, qui est inconsciente intérieurement, se fait consciente extérieurement? Qui ne voit que la sollicitude maternelle apportée au développement du petit n'est que la continuation du développement qui s'était opéré intérieurement presque à l'insu de la conscience? Qui ne voit que cette force inconsciente qui a formé la matrice où se développe le germe et qui nourrit celui-ci par le cordon ombilical est la même force qui, extérieurement, lui donne le sein et pourvoit à tous ses besoins?

Les lois qui ont présidé à la formation des êtres réagissants sont aussi les lois qui président à tous leurs actes. De ces principes qui les forment, qui les animent et leur impriment une tendance contraire à celle de tous les autres corps, découlent toutes leurs manifestations. Le coq qui couvre la poule pour féconder les œufs et la poule couchée sur les œufs pour les faire éclore, c'est la continuation d'un même phénomène, c'est une suite de manifestations dépendantes; c'est la même logique immanente, impérieuse qui, dans ces diverses opérations, tantôt conscientes, tantôt inconscientes, forme d'abord les œufs intérieurement, les soumet ensuite à la fécondation extérieurement, puis de nouveau poursuit son travail interne et finalement l'achève à l'extérieur par l'incubation; c'est la même série d'actes tantôt extérieurs et alors conscients, tantôt intérieurs et alors inconscients. Ces différents phénomènes, en apparence séparés et isolés, s'enchaînent en réalité, se suivent sans interruption et sortent les uns des autres comme les effets découlent des causes; ces opérations si dissemblables rentrent dans un plan uniforme et se rattachent l'une à l'autre par un lien invisible.

L'être conscient, en poursuivant ses propres fins, réalise sans le savoir les fins de l'inconscience elle-même, c'est-à-dire de la réaction; il obéit à des impulsions dont il ne connaît pas le but; il subit dans tous ses mouvements les lois de la réaction, à l'exemple de l'eau du fleuve qui, en descendant les monts et en parcourant les vallées, obéit à des lois tout opposées. L'insecte frugivore dépose près de ses œufs des aliments destinés à des larves carnivores. Guidé par son instinct, le chien, atteint de coliques, mâche certaines herbes; cet instinct qui choisit des herbes et cette force inconsciente intérieure qui les manipule et les porte sur la partie malade, c'est la même force.

Cette force qui travaille silencieusement à l'intérieur du corps de la femme pour préparer les réactions à venir est la même force qui se traduit extérieurement en sentiments, en actes, en paroles; cette force qui façonne la femme en vue de l'enfant, qui lui donne des glandes mammaires, un vagin, un ovaire, une matrice, c'est la même force qui veille extérieurement sur lui, qui s'émeut à ses cris et pleure sur la destruction de son œuvre.

Voyez la petite fille et sa poupée. La future mère se révèle déjà dans les gestes et les actes de l'enfant; elle se prépare à l'être avant même de connaître sa destination procréatrice et les secrets de la maternité; inconsciemment, elle tend vers un but qu'elle ignore encore; avec quelques chiffons, elle se fait un simulacre d'enfant qu'elle soigne, qu'elle berce, qu'elle dorlote; rien que par ses actes extérieurs on devinerait que son organisation intérieure la prédispose à l'enfantement; on apprendrait qu'une force cachée est là en elle qui la travaille secrètement pour une fin qu'elle ne voit pas. Elle s'ignore encore, mais lorsque cette force formatrice intérieure aura achevé son œuvre, lorsque les organes de la fécondation et de l'allaitement seront complètement formés et prêts à fonctionner, lorsque la jeune femme sera apte à enfanter, alors cette force intérieure se manifestera au dehors par le regard, les paroles et les actes; l'instinct de la conservation de l'espèce est cette force rendue consciente d'elle-même par l'extériorisation. La jeune femme subira les impulsions de cette force intérieure, l'instinct de la conservation de l'espèce parlera en elle et elle s'ingéniera à appeler sur elle l'attention de l'autre sexe par ses artifices de toilette. Il lui semble que l'homme est sa seule fin; elle ne voit rien au delà et paraît ignorer sa véritable destination; ses déshabillés savants, ses coquetteries, ses attraits qu'elle sait si habilement faire ressortir, semblent n'avoir que l'homme en vue, mais ici encore elle est poussée à son insu, par une force cachée, vers une fin qui n'est pas la sienne, car sa fin véritable ce n'est pas l'homme, mais l'enfant; l'homme n'est pas une fin, mais un moyen. Généreusement dotée, par les forces inconscientes, de séductions variées, d'attraits nombreux, lorsque le temps des amours approche, elle en est complètement dépouillée lorsque cette époque est passée, de même que beaucoup d'insectes, de poissons et d'oiseaux ne se parent des plus vives couleurs qu'au temps dès amours.

La femmè apparaît également à l'homme comme sa seule fin et non comme un moyen. Il est imbu de cette idée que la femme est créée pour l'homme et que si elle est faite comme elle est c'est uniquement pour lui (1); les organes d'allaitement et de fécondation de la femme ne sont pour lui que des appas. Il ne voit pas l'enfant pour lequel la femme est femme, pour lequel elle a un vagin, un utérus et des

(1) « Nous donner un quart d'heure d'oubli et mourir, a dit un poète, voilà toute sa mission ici-bas. »

glandes mammaires ; il ne considère pas que la formation de l'enfant et son allaitement est la seule, l'unique destination de ce corps de femme; que sans l'enfant, elle n'aurait pas d'organes sexuels et maternels et que sans ces organes, elle ne serait plus femme; il ne considère que la femme, c'est-à-dire le plaisir qu'elle procure.

L'enfant qui est porté vers les jeux, l'homme qui est porté vers l'amour, n'ont pour but que le plaisir, mais le plaisir qui est leur fin, n'est qu'un moyen pour les forces inconscientes qui les mènent. La fin cachée de l'enfant, c'est de s'émanciper du joug des forces attractives et d'arriver à toute sa réaction ; la véritable fin de l'homme, c'est de perpétuer cette force de réaction arrivée à tout son développement. Dès qu'ils atteignent le but marqué, le plaisir en résulte. Le plaisir est un moyen et non une fin, un effet et non une cause.

Si l'amour n'a égard ni à la fortune, ni au rang, ni même à la beauté et à l'honneur, s'il est, comme on dit, *aveugle*, c'est parce qu'il consiste dans les impulsions de l'inconscience qui, seule, nous guide dans le choix d'une compagne. Sans connaître les mobiles secrets de ses penchants, sans se rendre compte de ses préférences, l'homme prend pour compagne celle qui est en tout l'opposé de lui-même, celle dont les défauts annulent les siens. A son insu il n'a en vue, dans le choix d'une compagne que l'amélioration de l'espèce, — lorsque l'égoïsme, c'est-à-dire l'instinct de la conservation personnelle ne l'emporte pas sur l'amour, c'est-à-dire l'instinct de la conservation de l'espèce ; — il cherche inconsciemment la femme qui pourra le mieux faire valoir ses qualités, qui pourra donner les meilleurs produits à l'espèce; il trouve son idéal dans la femme qui peut le mieux neutraliser ses tares et améliorer ses avantages.

La femme, encore plus que l'homme, a le sentiment de l'idéal en amour, c'est-à-dire le sentiment instinctif des qualités que doit réunir l'homme désiré pour procréer dans de bonnes conditions, car lorsqu'elle se trompe ou lorsqu'elle ne peut avoir l'homme attendu, les conséquences sont beaucoup plus désastreuses pour l'espèce que les erreurs de l'individu du sexe opposé, dont le rôle est beaucoup moins important et plus court; c'est une perte énorme de temps, de travail organique et de matière réagissante pour les forces inconscientes. Ce n'est donc pas le cerveau féminin qui fait choix d'un amant, c'est le cœur; ce n'est pas l'intelligence qui forme l'idéal, c'est l'instinct sexuel; ce n'est pas la conscience, mais les forces inconscientes directement intéressées qui procèdent avec une sûreté infaillible à l'élection du collaborateur en quelque sorte *adéquat*.

La conscience n'est qu'un cas particulier, une ramification de l'inconscience. L'inconscience est l'état normal de la matière de l'Univers; le conscient est l'état anormal, forcé, phénoménal de la matière universelle. La vie inconsciente, c'est la règle; la vie consciente, c'est l'exception. Si la matière terrestre, dans sa réaction, ne devait faire violence aux forces universelles qui s'opposent à son expansion, elle s'ignorerait éternellement.

Le fond de l'être réagissant, ce sont les mouvements réflexes; la vie animale est venue se greffer sur la vie végétative. La vie végétative ou inconsciente est permanente, non interrompue et ne cesse qu'avec la mort; la vie animale ou consciente est superficielle, intermittente et cesse chaque jour par le sommeil; la vie consciente et volontaire, comme le flux et le reflux, se retire et reparaît. La volonté ne joue point un rôle absolument nécessaire, ni permanent; elle est nulle dans les plantes, et limitée, intermittente dans les animaux. Les animaux dorment la moitié de leur existence et, pendant cette longue interruption des communications avec le monde répulsif, les mouvements inconscients seuls subsistent; le « moi » ne se distingue plus du « non-moi »; comme la plante, l'animal ignore ce qu'il est et où il est.

Le cerveau est le siège de la conscience, parce qu'il commande aux mouvements volontaires, parce qu'il est l'organe récepteur des sensations, parce qu'il établit la communication avec le monde répulsif. Le cerveau enlevé, le « moi » n'existe plus. Un pigeon, qui a subi l'ablation du cerveau, semble plongé dans un profond sommeil; les mouvements volontaires sont supprimés et ses instincts abolis. Il est entièrement indifférent à ce qui se passe autour de lui. Il mourra de faim devant sa nourriture préférée, parce qu'il n'est plus poussé à la chercher et à la saisir spontanément; mais si l'on porte le grain dans le fond du bec, il l'avale, le digère, s'en nourrit et continue à vivre comme s'il était encore en possession de ses mouvements conscients et volontaires. Il ne vit plus que de la vie végétative. L'organisme marche normalement par les seuls mouvements inconscients. La respiration, la circulation, la digestion, l'assimilation, les sécrétions, les éliminations s'exécutent comme auparavant. Le pigeon sans cerveau n'est plus qu'un automate; tous ses mouvements s'exécutent machinalement. Il restera indéfiniment immobile sur son perchoir, mais si on le jette en l'air, il ouvre les ailes et vole droit devant lui, sans aucun souci des obstacles, jusqu'à ce qu'il se heurte ou tombe épuisé. En lui enlevant son cerveau, on lui a enlevé son instinct et sa volonté.

Ce que la vivisection produit chez les oiseaux, les reptiles et les poissons, le sommeil le produit en nous. Dans le sommeil les fonctions du cerveau sont en quelque sorte abolies ; toute trace d'intelligence et de volonté disparaît ; il ne reste plus de nous que la partie inconsciente.

Les organes conscients sont donc les organes les moins nécessaires et les moins importants de nous-mêmes. Ils sont chargés des fonctions d'ordre purement accessoire. Ils ne sont que les aides, les auxiliaires, les instruments des organes inconscients aux ordres desquels ils sont soumis. La faim, la soif, la fatigue, le sommeil, le besoin vénérien sont des ordres de l'inconscient au conscient.

A la rigueur, comme nous le montre le pigeon privé de son cerveau, les organes inconscients peuvent se passer du concours des organes conscients ; mais le plus petit dérangement dans les organes inconscients, le moindre trouble dans la circulation intérieure, un simple arrêt dans la respiration ou dans les battements du cœur, abolit la conscience et la volonté.

Les organes conscients sont aux organes inconscients ce que le manœuvre est à l'architecte. L'architecte conçoit, combine, ordonne ; le manœuvre exécute. L'architecte dessine les plans, dresse les devis, et dirige l'exécution des travaux ; le manœuvre se borne à rassembler les matériaux. L'architecte est le créateur ; le manœuvre n'est que l'instrument. Que serait le travail d'un manœuvre qui voudrait élever un édifice sans l'architecte ? Que serait un monument construit dans l'ignorance de toutes les règles de l'art, des lois de l'équilibre, de la résistance des divers matériaux et de la limite des pressions qu'ils peuvent subir ? A quelles erreurs colossales, à quelles catastrophes mêmes le manœuvre ignorant n'aboutirait-il pas ?

Si les organes conscients s'immisçaient dans ces opérations délicates et compliquées qui transforment les aliments dans l'estomac et les assimilent à notre sang, à nos tissus, à nos organes ; s'ils se substituaient aux organes inconscients dans ces minutieux travaux intérieurs qui ne souffrent pas la moindre négligence, qui ne supportent pas la plus petite erreur, à quel épouvantable désordre l'organisme tout entier ne serait-il pas exposé? Ouvrir des soupapes, en fermer d'autres; filtrer des liquides ou les rectifier; doser les mélanges dans des proportions exactes et à la température convenable; dissoudre les produits ou les cristalliser; séparer les substances impropres et les évacuer. Que de complications et de manipulations; quelle science achevée pour mener à bonne fin ces difficiles, multiples et délicates opérations; quelle expérience consommée pour manœuvrer avec la plus grande précision ces nombreux appareils du laboratoire vivant!

Les organes inconscients agissent tout à fait à la façon des lois mêmes de la nature. De même qu'un atome d'oxygène se combine à deux atomes d'hydrogène pour former l'eau ou qu'un atome d'azote se combine à trois atomes d'hydrogène pour former l'ammoniaque, ainsi les organes inconscients transforment les aliments dans les mêmes proportions exactes. Ils convertissent la fécule en dextrine, puis en glucose ou sucre à la température de 40° environ, au moyen de la salive qu'ils ont formée de 99 % d'eau, de 98 % de matières salines et d'une matière organique azotée. Ils forment dans les mêmes proportions exactement calculées, les chlorures alcalins, l'acide lactique et la pepsine pour obtenir le suc gastrique. Par des préparations différentes ils obtiennent les autres dissolvants, suc pancréatique, bile, suc intestinal. Voilà pour la seule digestion! considérez maintenant toutes les opérations qui ont pour objet la formation du sang, des tissus, des os, des poils.

Les organes inconscients ne demandent qu'une participation des plus minimes aux organes conscients dans ces longues, difficiles et nombreuses opérations, et cette seule et courte intervention des organes conscients suffit souvent pour compromettre ces opérations, pour jeter le trouble dans toute l'économie; cette simple intervention du conscient est souvent des plus funestes aux travaux intérieurs de l'inconscient. Les organes conscients en apportant trop d'aliments aux organes inconscients ou des aliments impropres et nuisibles, en surchargeant à l'excès les fonctions de l'inconscient, compromettent la digestion et obligent parfois les organes inconscients à rejeter le tout.

Si l'intervention du conscient dans les opérations de notre propre conservation est souvent des plus funestes, cette intervention est parfois réellement désastreuse dans les opérations qui ont pour objet la conservation de l'espèce. Que d'infirmités, de difformités, de maladies héréditaires sont le résultat des excès et des désordres qu'apporte le conscient dans les hautes et importantes opérations de la génération. C'est parce que l'homme est le plus conscient des êtres que son espèce présente le plus de ratés; tous les bossus, les scrofuleux, les aveugles, les sourds-muets, les fous que renferme l'espèce humaine sont généralement les tristes produits de la participation du conscient dans les opérations de l'inconscient.

Plus la matière réagissante s'écarte du monde physique où tout est géométrie, mathématiques et lois, plus elle tombe dans l'indécision, les inconséquences, les erreurs, les aberrations. L'inconscience de la plante est plus près des lois naturelles que l'instinct animal, et l'instinct animal en est moins éloigné que l'intelligence humaine. L'intelligence n'agit que par tâtonnement; l'instinct agit avec plus de sûreté et d'infaillibilité; enfin l'inconscient est logique, invariable, sûr de lui-même comme les lois mêmes de l'Univers.

Les mouvements de la matière inorganique sont soumis à des règles fixes, invariables parce que cette matière n'est sollicitée que par une seule force ou par des forces parallèles. Les mouvements de la plante sont moins invariables, parce que la plante est partagée entre deux forces contraires. Chez l'animal, les actes sont encore circonscrits dans des limites assez étroites; ils se répètent et la liberté du choix y est presque nulle. Mais chez l'homme, où l'antagonisme des forces est si prononcé, les actes du conscient sont bien moins restreints par les forces inconscientes; il agit plus par réflexion que par instinct et la liberté du choix est tellement étendue qu'il n'y a presque plus rien d'invariable, de fixe dans ses actions. Or, plus est grande la liberté du choix, plus est grande l'hésitation, plus est fréquente l'erreur, moins sûrs, moins infaillibles sont les actes.

L'inconscient n'est point sujet à l'erreur et ne produit point de bizarrerie comme on le croit vulgairement, car les monstres mêmes qu'il produit se font encore sous l'empire de lois naturelles, les lois de l'embryogénie. Les monstruosités ne sont point un désordre aveugle, mais un ordre particulier soumis à des règles constantes et précises. La formation des monstres est due à des arrêts ou à des inégalités dans le développement fœtal des êtres. Tous les êtres, dans leur développement embryonnaire, passent par ces états que nous appelons *monstrueux*, mais lorsque ces états au lieu d'être transitoires se font permanents, il naît ce que nous appelons des « monstres ».

Les mouvements qui sont inconscients, parce qu'ils ne rencontrent pas d'opposition, se font d'une manière sûre, invariable, par des lois déterminées; les mouvements qui sont conscients parce qu'ils sont aux prises avec mille difficultés se font dans l'incertitude, l'hésitation, les tâtonnements. Si tous les astres dans le ciel se dirigeaient avec effort, c'est-à-dire avec le sentiment d'eux-mêmes, que deviendraient leur rapidité, leur régularité, leur sûreté? Dans leurs tâtonnements au milieu des obstacles, dans leurs efforts pour les surmonter, où seraient l'ordre, l'harmonie, la stabilité de l'Univers? A quelle confusion, à quelles catastrophes, à quelles irrémédiables erreurs ces astres n'aboutiraient-ils pas s'ils étaient libres de se diriger au gré de leurs caprices, s'ils n'étaient plus soumis dans leurs moindres mouvements à des lois fixes et invariables?

La partie consciente de nous-mêmes, c'est la partie fantasque, inconséquente, capricieuse, désordonnée, extravagante, agissant sans but, sans règle, sans mesure, entravant les opérations de la digestion par l'excès du boire et du manger, causant l'avortement des opérations de la conception par ses désordres et ses aberrations. On serait tenté de croire que toute l'importance des fonctions se trouve du côté du conscient lorsqu'on voit combien bruyamment et ostensiblement il accomplit sa petite tâche; avec quel luxe de décors et de mise en scène il remplit son petit bout de rôle; avec quel développement de détails et de superfluités il procède à l'accouplement; par quelles manifestations bruyantes il exalte son intervention dérisoire dans l'acte de la fécondation par les cérémonies du mariage. C'est cette partie consciente qui est sujette aux hallucinations et se complait dans les puérilités du rêve et dans les pratiques absurdes de la sorcellerie, de la cabale, de l'astrologie et du mysticisme. Que deviendrait l'Univers s'il n'était plus régi par des lois fixes, immanentes, invariables, mais livré aux caprices d'une pareille volonté consciente et arbitraire? Que serait le monde soumis à ces êtres supérieurs et divins que l'homme a créés à son image?

La partie inconsciente c'est la partie laborieuse dans ses travaux, logique dans ses actes, qui accomplit avec simplicité et en silence ses nombreuses et importantes fonctions. C'est la partie la plus étendue, la plus riche, la plus surprenante de nous-mêmes et celle qui nous est commune avec les plantes, avec les insectes et tous les êtres. C'est elle qui munit les semences des plantes de parachutes pour voyager sur l'aile des vents ou pour se soutenir à la surface des eaux. C'est elle qui entoure leurs germes d'une ou plusieurs enveloppes protectrices avec une provision d'albumen destinée à les nourrir. C'est par elle que les crustacés donnent à leurs coquilles des formes parfaitement régulières. C'est par elle que les abeilles, dans la construction de leurs alvéoles, observent les règles de la géométrie mieux que les plus habiles géomètres et accomplissent des travaux qui confondent notre intelligence. C'est elle qui colore et nuance si richement les fleurs, qui couvre de si beaux dessins et de figures si brillantes le plumage des oiseaux. C'est par ces mêmes opérations de l'inconscient que de pauvres enfants ignorants, n'ayant aucune notion des premiers éléments du calcul, confondent les plus savants mathématiciens ; ceux-ci sont obligés d'aligner de longues colonnes de chiffres et d'avoir recours à de longues opérations mentales conscientes pour obtenir des solutions que ces enfants prodiges trouvent inconsciemment toutes faites et sans poser un seul chiffre. Quand ils se font inconsciemment comme chez les calculateurs prodiges, ces calculs s'effectuent avec une sûreté et une rapidité foudroyante, mais quand ils se font avec conscience, par les longs procédés du raisonnement, ils ne s'effectuent plus qu'avec lenteur, de nombreux tâtonnements et d'inévitables erreurs. De même les œuvres les plus belles, celles qui font l'orgueil et l'admiration des hommes, sont dues à l'inconscience, c'est-à-dire à l'inspiration qui est une opération de l'inconscient. Le raisonnement, ni la réflexion n'ont aucune part dans les œuvres du génie qui sont toutes des œuvres de l'intuition pure. Les grands artistes et les grands musiciens avouaient qu'ils n'étaient pour rien dans les chefs-d'œuvre qu'ils concevaient; qu'ils n'étaient en quelque sorte que les instruments d'une volonté supérieure; ils produisaient presque involontairement et en quelque sorte malgré eux. On ne commande pas à l'inspiration, on la subit. Les grandes pensées viennent du cœur, a dit un grand génie, c'est-à-dire de l'inconscient. Le génie est un instinct, une opération de l'inconscient; le talent est un exercice, une opération du conscient. Le génie trouve les règles; le talent les suit et les applique. Lorsque les lois de l'inconscient se révèlent à la conscience, c'est du génie ; lorsque par une longue pratique et de fréquents exercices on arrive à s'initier à ces

lois et à se les assimiler, c'est du talent. Le génie découvre les lois de l'inconscient ; le talent les copie. Le génie voit la vérité avant de savoir la démontrer ; le talent montre la vérité en la démontrant. Le peintre de génie, en composant ses couleurs pour leur donner tous les aspects qu'elles présentent dans la nature, applique d'instinct les lois de réfraction, de réflexion spéculaire et de réflexion diffuse des rayons lumineux ; il pressent aussi inconsciemment les lois de la perspective. Le musicien de génie qui, en combinant des sons, nous entraîne dans le domaine du rêve et de l'idéal, applique d'instinct les lois des vibrations sonores comme le peintre, celles des vibrations lumineuses. Il ignore sans doute que dans un accord parfait, quel qu'il soit, les rapports du nombre des vibrations des quatre notes donnent la série exacte : 1, 5/4, 3/2, 2. Cependant il établit sans
ut, mi, sol, octave.
le savoir, ces rapports numériques des notes. Il ignore peut-être que dans l'octave, le nombre des vibrations de la note aiguë est le double de celui de la note grave et que sur le piano le *do* le plus grave étant de 128 vibrations, celui immédiatement au-dessus est de 256 vibrations ; cependant il reconstitue sans s'en douter ces lois de l'harmonie des sons. On peut être un grand musicien et ne pas savoir résoudre ce simple petit problème : Un tuyau ouvert donnant pour troisième harmonique $\textit{ré}_3$, quelle est la longueur de ce tuyau en mètres, la température de l'air étant de 10 degrés ?

Le cerveau qui est l'organe de la conscience et de l'intelligence, est lui-même l'œuvre des forces inconscientes de la réaction, de ces mêmes forces qui ont formé la plante. Ce n'est pas une intelligence qui combine, qui prévoit dans la plante, mais c'est cette force inconsciente de la plante qui se fait consciente en nous et que nous appelons « intelligence ». L'intelligence n'est qu'un produit des états antérieurs et non les états antérieurs des produits d'une intelligence. L'intelligence n'est que la résultante des forces inconscientes qui ont travaillé la matière pendant des milliers d'années.

L'homme prend l'effet pour la cause lorsqu'il voit dans les manifestations de la plante le résultat d'un plan mûrement combiné, lorsqu'il croit y découvrir l'action d'une intelligence personnifiée sous le nom de Providence.

Ce n'est pas une intelligence qui cause les phénomènes dont le végétal est le siège, mais ce sont les lois en action dans le végétal qui causent notre intelligence. Le cerveau, organe de l'intelligence, est créé par la même force qui a créé la boîte épineuse qui protège le fruit du marronnier. L'intelligence n'est pas la cause du monde inconscient, ce n'en est que l'effet. Ce ne sont pas nos idées, nos plans, nos desseins qui travaillent le monde minéral, végétal et animal, mais ce sont les lois en action dans ces corps terrestres qui se manifestent à notre conscience sous forme d'idées, de plans, de desseins. Lorsque cette force qui agit dans la plante ne subit plus passivement l'action du milieu, mais se répand au dehors, en passant à des réactions plus hautes, et agit à son tour sur le milieu, alors elle devient consciente de ses actes et des opérations qui s'accomplissent en elle et nous appelons « volonté », « intelligence » ces expansions de la force inconsciente. C'est du monde inconscient que sort la conscience, l'intelligence et non le monde inconscient qui est sorti du conscient, de l'intelligence. C'est par des lois qu'on explique la cristallisation et la formation des admirables cristaux de neige et c'est par des lois qu'on doit expliquer la formation de notre cerveau et de ses merveilleuses circonvolutions d'où émane l'intelligence.

Cette force qui agit dans la plante est la même que celle qui agit en nous, mais cette force élaboratrice qui nous semble incompréhensible dans la plante parce qu'elle est inconsciente, nous croyons très bien la comprendre en nous parce qu'elle se fait en partie consciente. Habitués à mettre notre intelligence dans toutes nos créations, nous ne pouvons comprendre qu'il y ait création sans intelligence ; nous nous imaginons que toute chose créée l'est par un principe intelligent et, par une conséquence absurde, nous faisons sortir du dernier phénomène apparu dans la matière de l'univers tous les phénomènes qui lui sont antérieurs.

Semblables à un liseur qui commencerait la lecture d'un ouvrage par la dernière page, ainsi, dans l'étude de l'Univers, nous commençons par la fin, c'est-à-dire par nous-mêmes. L'homme, témoin journalier des phénomènes qui se produisent en lui, a fini par croire qu'il les comprenait très bien ; c'est ainsi que l'homme est la chose qu'il croit le mieux connaître et son propre être lui sert de terme de comparaison pour apprendre à connaître tout ce qui est. Il explique tous les mouvements dont il est le siège par une « âme » et il explique de même par l'intervention directe ou indirecte d'une âme tous les phénomènes où il y a du mouvement. Thalès, ce philosophe grec qui a découvert les propriétés électriques de l'ambre, expliquait ces phénomènes par une âme; les anciens physiciens prêtaient leurs sentiments aux forces physiques et voyaient dans la propriété que possède l'eau de monter dans le vide « l'horreur que la nature éprouve pour le vide ». Dans l'antiquité on ne connaissait pas de lois dans la nature; tous les phénomènes étaient personnifiés; chaque manifestation naturelle était l'acte d'une divinité particulière. « Tout est plein de dieux », disait un ancien. C'était un dieu qui menait le char du soleil pour éclairer le monde; c'était un dieu qui tonnait et lançait la foudre; c'était un dieu qui déchaînait les tempêtes; c'était un dieu qui faisait trembler la terre. Dans les feux-follets des cimetières, flammes légères et fugitives, produites par des dégagements de gaz hydrogène phosphoré des matières animales en décomposition, nos paysans voient les âmes des trépassés. Beaucoup de savants eux-mêmes donnent le caractère de l'intelligence à ce qui existait avant toute intelligence; ils voient des attractions et des répulsions, des sympathies et des antipathies dans la matière de l'Univers. Là où sa science finit et où son ignorance commence, le savant redevient crédule et superstitieux comme le paysan (1). Dans l'ignorance des véritables causes qui produisent certains phénomènes, principalement le phénomène vital, il attribue à une puissance surnaturelle ces phénomènes incompréhensibles, ces effets qu'il ne peut expliquer par des lois naturelles. Ne pouvant se résoudre à voir les manifestations d'une intelligence dans les actes de prévoyance de l'arbre, il y voit les effets d'une providence, d'une prévoyance divine. C'est toujours l'homme qui explique par l'homme ce qu'il ne comprend pas et qui prête aux phénomènes de la nature ses sentiments et ses procédés. Le progrès de la science n'est rien autre que l'introduction croissante des causes naturelles et des lois universelles dans l'explication des phénomènes. Plus la science intervient dans l'explication des phénomènes, plus l'intervention des puissances surnaturelles diminue dans l'explication de ces phénomènes. Plus la science grandit, plus la divinité s'amoindrit.

Dans le développement incessant de l'esprit humain, les âmes et les esprits seront de plus en plus éliminés des phénomènes de la nature, et les rapports, les conditions, les lois de ces phénomènes de mieux

(1) Que l'on songe que même les esprits les plus éminents du temps passé, les Tacite, les Galien, les Kepler, etc., ont eu foi dans l'astrologie !

en mieux établis. Ce ne sont pas les mouvements et les phénomènes dont l'homme est le siège qui doivent expliquer les mouvements et les phénomènes de la matière, ce sont les lois de la matière qui doivent expliquer l'homme. Ce n'est pas par l'homme qu'on doit expliquer l'Univers, c'est par l'Univers qu'on doit expliquer l'homme.

L'homme, qui ne se comprenait pas lui-même, voulait tout expliquer par l'homme; l'homme qui s'ignorait lui-même expliquait toute la nature par les idées erronées qu'il portait sur lui-même; au lieu de chercher ce qu'il est dans les phénomènes qui l'entourent, il se voyait dans tous ces phénomènes. Il allait du résultat dernier aux prémices; il faisait découler les causes des effets; il partait du phénomène le plus complexe pour aller aux plus simples. Les fonctions de la plante sont très simples en comparaison de nos propres fonctions. La machine la plus composée, la plus perfectionnée ne doit pas expliquer la simple, primitive et élémentaire machine d'où elle est sortie. Ce n'est pas l'homme qui doit expliquer la plante, c'est la plante qui doit expliquer l'homme; ce sont les phénomènes les plus simples qui doivent expliquer les phénomènes les plus complexes; ce sont les actes réflexes qui doivent faire comprendre les actes volontaires; ce sont les mouvements inconscients qui doivent nous éclairer sur les mouvements conscients; ce sont les phénomènes physiques qui doivent nous donner la clef des phénomènes psychiques.

La plante réagit par les seuls mouvements réflexes. L'instinct sort du simple mouvement réflexe; c'est pour tout dire un ensemble de mouvements réflexes associés. L'action réflexe simple se transforme en actions réflexes composées, c'est-à-dire en instinct, et l'instinct à son tour se transforme en intelligence. Dans la moelle épinière sont les mouvements réflexes, et le cerveau n'est qu'un renflement de la moelle épinière.

L'animal réagit contre les excitations du milieu et cette réaction contre le stimulus extérieur se nomme *impression*. Ces impressions constituent des *sensations* lorsque l'être réagissant en a conscience et des *perceptions* lorsqu'il établit le rapport de la cause à l'effet. La comparaison de plusieurs perceptions constitue *l'idée*. Imaginer, déduire, induire, penser, raisonner, c'est combiner des idées d'une manière déterminée; les différences de facultés ne sont que des différences d'association. Les idées sont les répétitions affaiblies de nos états de conscience produits par les impressions et les mouvements.

Les facultés intellectuelles résultent de l'activité cérébrale; l'activité cérébrale dépend de la circulation du sang; la circulation du sang a sa source dans la nutrition; la nutrition s'alimente d'une matière organique que, seules, les plantes ont le pouvoir d'élaborer, et ce pouvoir d'élaboration les plantes le doivent au soleil. La pensée est un mouvement qui soit de tous les autres mouvements de la matière; c'est le mouvement dans sa dernière transformation.

Dans toute science on doit aller du simple au composé et non du composé au simple. L'être pensant est de tous les phénomènes de l'Univers, le plus mystérieux, le plus incompréhensible, et l'homme, la dernière force apparue dans l'Univers, doit s'expliquer par les forces primordiales physiques, mécaniques et chimiques. Nous ne sommes ni en dehors, ni au-dessus de la matière de l'Univers, nous sommes encore et toujours cette matière de l'Univers. A mesure que la matière universelle entre dans des structures de plus en plus complexes, dans des formes de plus en plus compliquées, elle acquiert des qualités de plus en plus grandes, des propriétés de plus en plus hautes. La matière qui éclaire, la matière qui échauffe, la matière qui électrise, la matière qui végète, la matière qui sent et se meut, c'est aussi la matière qui pense. Nous sommes la matière qui pense; nous sommes la matière universelle dans sa condition la plus élevée.

Par des degrés imperceptibles, la matière s'est élevée à la condition pensante. Des derniers phénomènes de la réaction on remonte par une pente insensible à leur source qui est le soleil. Toute notre énergie nous vient des plantes; toute la force des plantes leur vient du soleil. Le soleil est la cause lointaine de tous nos mouvements, et il n'y a pas un geste, pas un sourire, pas un clin d'œil qui ne soit dû au soleil; il n'y a pas un cri, pas une larme, pas une pensée qui ne coûte de la chaleur.

La pensée est la plus haute expression de la transformation du mouvement et de la conservation de l'énergie. Jetée dans le foyer de la cheminée, la paille produit chaleur et lumière; jetée dans le foyer animal elle produit instinct, passions, intelligence.

II. — Ce que l'Univers possède au plus haut point, c'est l'unité. Toutes ses parties sont si intimement liées, si étroitement subordonnées les unes aux autres que l'une étant connue on doit pouvoir déterminer les inconnues. Tous les phénomènes de l'Univers rentrent les uns dans les autres et il n'y a de catégories et de divisions bien tranchées que dans l'esprit de l'homme.

Ce qui nous rend si difficile l'accession aux plus hautes vérités c'est que, dans cet Univers qui ne forme qu'un tout dont tous les phénomènes sont étroitement enchaînés, nous ne voyons que des parties séparées, que des corps isolés, que des faits ne se rattachant à rien. Nous voyons un abîme entre l'homme et les animaux, nous voyons un abîme entre les animaux et les végétaux, nous voyons un abîme entre les végétaux et les minéraux, nous voyons des séparations absolues entre les principaux corps de la nature.

Notre esprit si prompt à saisir les contrastes qui distinguent les corps, les différences qui séparent les individus, les espèces, les règnes, ne reconnaît que difficilement ce qui leur est commun ; nous apercevons sans effort les moindres particularités des corps et nous n'apercevons que difficilement les liens qui les rattachent l'un à l'autre. Notre intelligence sent son impuissance à s'élever aux grandes généralisations, expression la plus haute de l'esprit humain. Négliger les différences individuelles pour ne retenir que l'élément commun à tous les corps exige un grand effort intellectuel ; c'est la plus difficile de toutes les opérations mentales et il faut souvent un grand nombre de siècles et les méditations approfondies de nombreuses intelligences d'élite avant de découvrir dans les observations accumulées le lien commun qui les relie les unes aux autres, avant de pouvoir rattacher les faits à leurs causes par des lois exprimant leurs rapports constants.

On n'arrive à la découverte des lois qui régissent l'Univers qu'en s'élevant aux plus grandes généralisations, et l'on n'arrive aux grandes généralisations que par la faculté d'abstraction. Or, cette haute faculté n'apparaît que lorsque le cerveau est arrivé à un très grand développement. Le cerveau concret et imaginatif d'un homme primitif est impuissant à généraliser, c'est-à-dire à saisir les rapports que les phénomènes ont entre eux ; par suite, ces hommes n'ont sur l'Univers que des notions vagues, confuses, incomplètes et fausses ; les fables et les rêves forment la plus grande partie de leurs conceptions sur l'Univers.

L'idée de causation est une des plus lentes à se former parce qu'elle implique le développement d'un très grand nombre d'autres idées et parce qu'elle repose sur leur association. Observer les faits, constater leurs analogies, remonter à leurs causes, retrouver l'unité dans leur variété, est une des opérations les plus hautes de l'intelligence. Que d'observations accumulées et d'études comparatives il a fallu pour retrouver l'unité de composition organique dans les différentes espèces d'animaux, et arriver à cette constatation que tous les animaux vertébrés sont bâtis sur un même plan, et reconnaître dans des animaux si différents entre eux un même type dont les caractères secondaires ont seuls été modifiés. Que de recherches habilement et persévéramment menées pour arriver à découvrir dans le calice, les corolles, les étamines, les pistils, les vrilles de la plante de simples modifications de la feuille, pour arriver à reconnaître dans des parties si différentes un seul et même organe à différents états de modification et de combinaison, enfin pour arriver à démontrer que la feuille est le type commun d'organes si dissemblables et qu'elle s'est transformée suivant certaines lois invariables pour former successivement les pétales colorés, les pièces du calice et les ovaires.

L'homme n'est frappé que par la superficie des choses ; il ne saisit que difficilement et à force d'efforts et d'études la trame profonde de celles-ci ; il ne peut distinguer à première vue dans les phénomènes, des traits les plus larges, les plus généraux, les traits accidentels et secondaires.

Nous ne saisissons que difficilement ce qui est commun à l'homme et aux autres animaux ; encore plus difficilement ce qui est commun à l'homme, aux animaux et aux végétaux ; et bien plus difficilement encore ce qui est commun à l'homme, aux animaux, aux végétaux et aux minéraux. Et cependant, c'est dans ce quelque chose de commun à tous les corps de l'Univers que gît toute grande révélation sur nos origines et que se trouvent cachées les grandes causes de la vie.

Ne prendre que les faits les plus généraux et rejeter tout ce qui n'est qu'un effet de ces faits généraux ; éliminer de la matière vivante tous les attributs de la vie et ne plus voir que ce qu'elle a d'identique avec la matière universelle d'où elle est originaire ; faire table rase de toutes les propriétés particulières qui distinguent les corps pour ne plus considérer que ce qui leur est commun ; ramener tous les corps à leurs éléments de façon qu'il n'y ait plus entre eux de distinctions ; rechercher dans la multitude des phénomènes qui s'offrent à nous ce qui est constant, fixe, uniforme, universel et écarter tout ce qui apparaît avec un caractère accidentel ou variable ; ensuite, lorsqu'on est arrivé à ce point culminant d'où l'on ne voit plus que la matière nue et dépouillée de ses attributs particuliers, où l'on plane dans les faits généraux, descendre des généralités les plus élevées aux généralités moins hautes et de celles-ci à des généralités de plus en plus restreintes jusqu'à ce qu'on arrive aux dernières propriétés de la matière. Par cette méthode nous arriverons à connaître pourquoi les corps réagissants, qui, à l'origine, étaient en tout semblables aux autres corps de l'Univers, s'en sont différenciés peu à peu.

Pour trouver la clef de tous les phénomènes, il faut nécessairement remonter à la source d'où ils découlent ; il faut s'élever aux lois générales, universelles, car tous les faits particuliers sont compris dans ces lois et doivent y trouver leur explication ; il ne faut voir que les principes généraux applicables à toutes les manifestations de la vie végétale et animale.

Lorsqu'on a atteint à l'une de ces idées générales et qu'elle se montre à nous dans sa simplicité, son élévation et son ampleur philosophique, elle devient un véritable fil d'Ariane à l'aide duquel il n'est plus possible de s'égarer dans l'immense labyrinthe que nous présentent les innombrables phénomènes de la vie végétale et animale.

Lorsqu'on a saisi une vérité générale, tous les faits particuliers viennent se ranger sous le principe général qui les explique tous. Lorsque la pensée s'élève de plus en plus haut, les détails se fondent dans l'éloignement, la variété s'efface devant la simplicité, les particularités disparaissent devant les généralités, l'unité du plan surgit et se dégage avec vigueur, il ne reste plus que les grandes lignes. Ainsi lorsque je me trouve sur une éminence dominant toute une vallée, je saisis nettement tout l'ensemble du paysage et le vois dans ses grandes parties, avec ses routes principales, ses cours d'eau et ses caractères les plus saillants ; mais si je descends dans la vallée, cette simplicité, cette netteté de vue est bientôt obscurcie par la multitude des détails ; à chaque pas de nouvelles particularités surgissent dont je ne sais déterminer la place par rapport à l'ensemble ; de nouveaux sentiers apparaissent dont j'ignore les aboutissants, dans lesquels je suis sujet à m'égarer et qui nécessitent beaucoup de recherches avant que je sois parfaitement à même de reconnaître et de déterminer exactement leurs positions respectives dans le plan général. Newton mit peu de temps pour établir les lois générales de la Gravitation, mais, lorsqu'il voulut aborder les mouvements particuliers des planètes, il se trouva impuissant à expliquer leurs perturbations. Il dut faire intervenir le doigt de Dieu pour rétablir dans l'Univers l'équilibre que ces causes de trouble semblaient compromettre. Ce n'est qu'après sa mort, lorsque l'analyse mathématique eut démontré leur parfaite périodicité, que ces mouvements irréguliers rentrèrent sous la loi générale. C'est faute d'entendre le tout que nous trouvons de l'irrégularité ou du hasard ou du surnaturel dans les rencontres particulières.

L'homme ne parvient si lentement et si difficilement aux plus grandes vérités que parce qu'il ne voit dans l'Univers que des particularités, parce qu'il se perd dans les détails et qu'il est impuissant à s'élever aux grandes vues d'ensemble par lesquelles on arrive à l'idée générale qui contient toutes les idées particulières.

La découverte des lois de la Gravitation universelle est due à la reconnaissance de l'élément commun qui existait entre les observations accumulées par les astronomes de tous les temps et de tous les pays, mais que des généralisations partielles avaient déjà préparée. La Terre, que l'homme croyait séparée par un abîme de tous les autres mondes, rentra sous la loi commune; grâce aux travaux de Kopernic, Képler, Galilée, Newton, le monde terrestre, que l'homme croyait centre de l'Univers, fut remis à sa véritable place dans le système solaire. L'astronomie vint unifier toutes les manifestations de la matière et renfermer dans une même formule tous les mouvements du monde physique. Mais il restait encore à combler l'abîme qui sépare le monde de la matière du monde de la pensée; il restait encore à rattacher le monde psychique au monde physique et à montrer leur dépendance réciproque. La science opère actuellement cette unification; elle travaille à rassembler sous une même loi tous les phénomènes de l'Univers, à rapporter toute manifestation au principe général dont il dépend.

Le monde psychique n'est, en réalité, que le développement du monde physique car il existe entre ces deux mondes un ordre et une gradation qui sont causes que leurs phénomènes sont dépendants les uns des autres et que tous sont subordonnés à un même principe. Il a été suffisamment démontré qu'il y a une relation constante entre l'organisation d'un être, sa conformation et la pesanteur à vaincre, de même il existe un rapport aussi certain entre l'intelligence des êtres et la densité du globe qui les porte, et, en vertu des lois de continuité de la masse et de la corrélation de toutes ses parties, toute variation dans l'une quelconque de ces dernières correspond à une variation dans l'ensemble.

L'idée générale, dont tous les corps animés et inanimés sont les signes variés, se modifie dans chacun d'eux par une idée accessoire qui lui constitue un caractère singulier et propre. De l'idée générale qui réunit tous les corps de l'Univers se dévident par ordre et gradation les idées particulières qui les séparent.

L'homme est pesant au même titre que la Terre ou la Lune, voilà l'idée générale, l'idée fondamentale qui, en dépouillant l'homme de tous ses caractères distinctifs, de tous ses attributs particuliers, ne lui laisse que sa propriété la plus générale par laquelle il se rattache à tous les corps de l'Univers. Mais, entre la pesanteur de ces astres et l'intelligence du plus élevé d'entre les êtres s'échelonne une effrayante progression de caractères distinctifs et d'attributs particuliers. L'homme est le dernier terme d'une immense série dont la Lune est le premier. La Lune se résume tout entière dans la pesanteur; la Lune est un poids et rien qu'un poids. Mais l'homme n'est pas *rien qu'un poids*, c'est encore un poids sentant et pensant. La pesanteur qui est tout dans la Lune, n'est dans l'homme que le caractère fondamental, que le premier terme d'une longue série de propriétés dont l'intelligence est la dernière. Le développement de la Lune finit par la pesanteur; le développement de l'homme commence par la pesanteur; l'homme débute par où la Lune termine. L'homme renferme toutes les propriétés de la Lune, mais la Lune ne possède qu'une seule des propriétés de l'homme, la pesanteur. La pesanteur est le fondement de la réaction; l'intelligence en est le couronnement. La pesanteur est le point initial; l'intelligence est le terme final. La pesanteur est la première propriété de la matière; l'intelligence en est la dernière.

Ce qui distingue l'être réagissant de tous les autres corps pesants c'est qu'il se soustrait aux lois de la pesanteur par une organisation progressive, c'est-à-dire par des moyens de résistance de plus en plus appropriés, et c'est du fonctionnement des organes que résultent l'irritabilité, la sensibilité, l'imagination et enfin l'entendement. Chaque organe a sa vie propre, ses besoins particuliers, et la résultante de

Matière cosmique ou éther.

Nébuleuses — Soleils — Planètes.

Gaz — Liquides — Solides.

Corps inorganiques — Corps organiques.

Végétaux — Animaux.

Invertébrés — Vertébrés.

Poissons — Amphibies — Reptiles — Oiseaux — Mammifères.

Didelphes Monodelphes.

Pisciformes — Ongulés — Onguiculés.

Edentés — Rongeurs — Carnassiers — Insectivores — Chéiroptères — Primates.

Quadrumanes — Bimanes.

Attraction universelle.

Gravitation — Pesanteur — Cohésion.

Force d'inertie — Force de réaction.

Irritabilité — Mouvements réflexes.

Mouvements volontaires — Sensibilité — Instinct.

Imagination — Entendement.

tous ces besoins fait l'instinct, et la somme de toutes ces fonctions fait le naturel. Chaque nouveau progrès dans la réaction produit de nouveaux organes pour enrayer l'action des forces contraires, et chaque nouvel organe apporte une vie nouvelle et des besoins nouveaux; l'instinct s'en agrandit et l'instinct agrandi fait l'intelligence. Le développement de l'intelligence supposé le développement d'un grand nombre d'autres fonctions.

A l'époque de la formation des mondes, l'action de la pesanteur était universelle; tous les corps de l'Univers sans exception obéissaient aux lois de l'attraction. Mais, lorsqu'une réaction commença à se manifester dans la matière pesante, une scission s'opéra dans cette matière et l'Univers se partagea en deux parties: l'Univers animé et l'Univers inanimé. Au caractère général de pesanteur s'ajouta un caractère particulier et distinctif: l'organisation.

Lorsque le corps organisé passe de la réaction statique à la réaction dynamique, le monde animé se partage à son tour en deux parties qui forment le monde végétal et le monde animal. Au caractère de pesanteur et d'organisation s'en ajoute un troisième, la sensibilité ou le mouvement. L'animal est une plante qui sent et marche.

Lorsque l'animal parvient à la verticale, en libérant de la pesanteur les deux membres antérieurs, apparaît une quatrième distinction, l'intelligence ou la faculté de raisonner et de remonter des effets aux causes. L'homme est un animal pensant.

A mesure que les généralités décroissent, les distinctions s'accroissent. La plante possède la pesanteur du minéral plus l'organisation; l'animal possède la pesanteur plus l'organisation, la sensibilité et le mouvement; l'homme possède la pesanteur plus l'organisation, la sensibilité, le mouvement et la réflexion. Si vous dépouillez l'homme de sa raison, il reste l'animal; si vous ôtez de l'animal la sensibilité et le mouvement, il reste le végétal; si vous retranchez toute organisation du végétal, il ne reste plus que le minéral. Au plus profond de nous-mêmes se trouve le minéral avec ses propriétés d'étendue, d'impénétrabilité, de divisibilité, de porosité, de compressibilité, d'élasticité, d'inertie et de pesanteur.

Dans tous les corps animés et inanimés le fond est identique, mais des qualités nouvelles venant s'ajouter aux qualités premières, les corps offrent une progression ascendante de caractères distinctifs; plus un corps s'écarte du monde de la pesanteur, plus il s'élève dans la réaction; plus il offre de complexité et plus il s'enrichit de facultés nouvelles. L'homme est au sommet de cette progression ascendante de qualités; de tous les êtres le plus élevé dans la réaction, il est le corps le plus composé, le phénomène le plus complexe du monde terrestre. Généralité décroissante, complexité croissante. L'organisation végétale est moins générale que la pesanteur minérale; la sensibilité animale est moins générale que l'organisation végétale et l'entendement humain est la moins générale des facultés car elle n'appartient qu'à l'homme.

La faculté de penser est donc supérieure à toutes les autres, non parce qu'elle est l'attribut particulier d'un seul être, mais parce qu'elle implique tous les autres attributs; l'être qui en est doué est nécessairement supérieur à tous les autres êtres, puisque, outre des attributs communs, il possède un attribut supplémentaire et que la possession de cet attribut propre suppose la possession des premiers.

Les fonctions les plus spéciales supposent donc les fonctions les plus générales dont elles découlent, mais parce que la dernière faculté apparue est la seule qui ne nous est pas commune avec tous les autres êtres, celle-là seule nous frappe et nous subjugue; parce que cette dernière faculté est la seule qui nous distingue de tous les autres corps de l'Univers, nous la plaçons au-dessus de toutes les autres; nous lui accordons une importance outrée; nous faisons sortir d'elle toutes les qualités qui l'ont précédée et nous allons même jusqu'à voir dans l'Univers une œuvre pensée. L'intelligence n'est pas tout l'homme, ce n'est que le dernier terme d'une longue série de qualités dont l'ensemble constitue l'être humain; c'est elle qui sort de toutes les autres qualités et non pas toutes les autres qualités qui sortent d'elle; la pensée est la dernière propriété de l'Univers et non la première, elle en est l'effet et non la cause.

Ce qui est le plus important à considérer dans l'Univers ce n'est pas ce qui est particulier à chaque être, comme la faculté de filer dans l'araignée, comme la faculté de construire dans l'abeille, comme la faculté de s'orienter dans l'hirondelle, comme la faculté de penser dans l'homme, ce qu'il importe le plus de considérer c'est ce qui est commun à tous les êtres et non ce qui leur est caractéristique.

On doit donc s'attacher à constater dans chaque être non ce qu'il a de particulier, mais ce qu'il a de commun avec tous les autres corps;

tout le reste est d'ordre secondaire et ne vient qu'après dans l'importance des considérations.

Ces facultés distinctives doivent leur prééminence, non pas à leur importance, puisque la réaction peut s'en priver et se maintenir sans elles, mais à leur signification, car ce sont elles qui constituent véritablement la nature de l'être qui en est doué, ce sont elles qui le font ce qu'il est et non autre; ce sont les facultés accessoires qui lui constituent un caractère singulier et propre et non les facultés générales.

Fier de sa glorieuse intelligence à laquelle il doit d'être le premier des êtres, l'homme met cet attribut particulier au-dessus de tous les autres attributs de la matière, et, par une illusion d'amour-propre, il voit dans cette intelligence la source de tous les phénomènes, il fait de l'Univers une création de cette fonction spéciale. Or, le monde ne peut être une œuvre pensée, l'Univers avec tous ses phénomènes ne peut être l'effet d'une intelligence, puisque l'intelligence est postérieure et non antérieure à tous les phénomènes.

Pour arriver à une vraie interprétation de l'Univers, il faut considérer tous les phénomènes comme si l'homme n'existait pas, comme s'il n'y avait ni intelligence, ni volonté dans le monde, il faut faire abstraction de nos sentiments, de nous-mêmes et écarter rigoureusement cet éternel « moi » qui s'interpose entre chaque phénomène et nous. Nous nous mirons naïvement dans toutes les manifestations de la Matière; toujours et partout nous voyons cette image de nous-mêmes qui fausse toutes nos conceptions de l'Univers. L'explication des phénomènes ne peut s'obtenir que par le sacrifice de notre amour-propre et un renoncement absolu à ce sot orgueil qui nous fait expliquer l'Univers par nous-mêmes, qui nous fait voir une cause intelligente dans les manifestations naturelles (1). L'intelligence est une manifestation supérieure des forces physiques, mécaniques et chimiques de l'Univers, lesquelles, par conséquent, ne peuvent être les manifestations d'une intelligence.

La grande erreur de l'homme, la source principale de ses nombreuses méprises, c'est de placer les faits particuliers avant les faits généraux, c'est de faire découler les principes des conséquences,

(1) Dans ces paroles du déiste Voltaire à un athée : « Jamais on ne me persuadera qu'une montre s'est faite elle-même, » c'est toujours l'homme qui se substitue aux lois de l'Univers et qui ne peut s'expliquer le monde que par lui-même.

c'est de prendre l'effet pour la cause et la cause pour l'effet. Il n'y a pas de faculté plus dépendante, plus subordonnée que celle de penser et, de cette faculté dernière, l'homme fait la faculté génératrice dont tous les phénomènes sont sortis; il assigne comme cause première de l'Univers ce qui n'en est que l'effet le plus éloigné; il voit dans toutes les manifestations de l'Univers des effets d'une volonté intelligente, de même que les hommes primitifs voyaient une cause intelligente dans l'arc-en-ciel, le tonnerre, les éclipses.

Le développement de l'intelligence suppose le développement d'un si grand nombre d'autres facultés qu'elle est le signe le plus évident des progrès de la matière dans la réaction; mais l'intelligence qui est le dernier phénomène apparu dans la matière ne peut être la cause primordiale de tous les autres phénomènes de la matière; l'intelligence n'est pas antérieure à toutes les manifestations de l'Univers, elle n'en est au contraire que la dernière.

L'intelligence est une manifestation causée par les mouvements de la matière et non la cause de ces mouvements. Une plante, un animal, un homme ne sont pas plus la réalisation d'un dessein, d'une idée que le tracé d'un fleuve ou que la configuration d'un nuage. Le fleuve, obéissant aux lois de la pesanteur, s'est frayé lui-même un passage à travers tous les obstacles, soit en les contournant, soit en les franchissant. Les êtres, obéissant aux lois de la réaction, se sont organisés et articulés pour se mouvoir et fonctionner sous l'empire de ces lois.

La dernière fonction apparue est toujours la moins nécessaire parce qu'elle est la plus subordonnée, parce qu'elle peut être retranchée sans que sa disparition entraîne celle des autres. Les fonctions intellectuelles sont les plus hautes fonctions, non parce qu'elles sont les plus importantes, au contraire, mais parce qu'elles sont placées au-dessus de toutes les autres et que les dernières supposent les premières. L'intelligence est le terme d'une longue série de fonctions qui commence au minéral pour aboutir à l'homme. Toutes ces fonctions végétales et animales qui précèdent l'intelligence semblent se fondre et disparaître en elle, car lorsqu'on dit l'intelligence on dit l'homme tout entier; et cependant cette haute faculté qui absorbe toutes les autres est en quelque sorte superflue, car les plantes et la plupart des animaux se développent, se nourrissent et se reproduisent sans son concours. Ce que nous appelons les « hautes facultés » sont en réalité des facultés purement accessoires qui ne jouent dans l'économie vivante qu'un rôle secondaire. Les fonctions physiologiques passent avant les fonctions psychiques dans l'ordre de leur importance; ces dernières sont suspendues dans le sommeil sans que les autres en soient ralenties, mais les fonctions physiologiques ne peuvent subir la moindre interruption sans entraîner la suppression des fonctions psychiques. Lorsque le cœur cesse de battre, lorsque les poumons cessent de respirer, le cerveau cesse de fonctionner. Le pigeon, lorsqu'il est nourri, continue à vivre sans cerveau. L'homme peut perdre sa plus haute faculté, la raison, sans que ses fonctions physiologiques en soient diminuées; sa propre conservation et celle de l'espèce est assurée comme à l'état normal.

La reproduction ou fructification est la plus haute fonction de la plante; dans l'homme, au contraire, cette fonction semble des plus inférieure parce qu'elle lui est commune avec tous les animaux. L'homme n'exalte que les fonctions qui le distinguent des êtres inférieurs et il ravale celles qui le confondent dans la masse des autres êtres. Poussé par le désir de se distinguer des autres êtres, il s'ingénie à trouver des noms différents pour les fonctions et les organes qui lui sont communs avec eux; la bouche, le nez, le ventre, les jambes, l'enfantement, l'amour, etc., portent d'autres noms s'il s'agit d'animaux.

L'homme appelle « fonctions supérieures » non celles qui sont les plus importantes, c'est-à-dire celles qu'il a en commun avec tous les autres êtres, mais les fonctions surajoutées qui lui appartiennent en propre et par lesquelles il se distingue de tous les autres êtres. D'autres fonctions se sont élevées sur celles de la reproduction et les ont reléguées au dernier plan, cependant, dans l'ordre de leur importance, la faculté génératrice passe avant les facultés intellectuelles, car celles-ci peuvent être supprimées sans grand danger pour l'ensemble, tandis que celle-là ne peut l'être sans entraîner la suppression de l'espèce.

L'animal n'a ni raison, ni jugement; il est réduit à son humble instinct; et cependant quelle vie bien menée, quelles opérations bien réglées, quelle destinée méthodiquement accomplie. Les corbeaux dans les bois n'ont ni état-civil, ni lois, et cependant dans leurs rapports avec les individus de leur espèce, dans leurs relations avec leurs femelles, dans la famille à fonder et à former, dans leurs devoirs envers leurs petits ils ne se montrent guère plus embarrassés que l'homme aux puissantes facultés d'organisation, de réglementation et de classification.

Dans l'ordre des phénomènes, le végétal a plus d'importance que l'homme, car si vous supprimez le végétal vous supprimez du même coup le règne animal qui repose tout entier sur lui et l'homme lui-même. Mais si vous supprimez la race humaine, qu'y aura-t-il de changé dans l'Univers? Il n'y aura qu'une race d'êtres en moins; le jour et la nuit se succéderont comme auparavant, le soleil continuera à briller le jour et les étoiles à scintiller la nuit; la nature continuera à fleurir chaque printemps, les oiseaux à chanter et à bâtir leurs nids et les animaux à se combattre et à se multiplier; la disparition de l'être humain passera presque inaperçue de l'Univers.

L'intelligence étant la dernière fonction apparue, dérive nécessairement de toutes les autres fonctions, comme dans une mécanique, le dernier rouage ajouté est subordonné à tous les autres. L'intelligence nous semble résumer tout l'homme, car sans elle il n'y aurait plus d'homme, il ne resterait plus que l'animal, mais en réalité c'est la fonction la plus accessoire car sans les fonctions animales sur lesquelles elle repose, elle ne pourrait subsister. Supprimer les fonctions végétatives et animales dans l'homme pour ne laisser que les fonctions intellectuelles, c'est comme si l'on supprimait dans une montre le ressort et les rouages pour ne laisser subsister que le cadran et les aiguilles. Ce qui fait la puissance de l'intelligence et assure son fonctionnement, c'est la série de fonctions au terme desquelles elle est placée et dont elle reçoit le mouvement; isolée et réduite à ses propres forces, l'intelligence n'est plus rien qu'un nom. Une intelligence pure est une absurdité. Concevoir l'intelligence séparée du corps et subsistant par elle-même, c'est comme si l'on concevait la pesanteur séparée d'une pierre, le mouvement séparé d'un mobile. Nous faisons de l'intelligence une pure abstraction de même que lorsque nous dissocions par la pensée la couleur rouge de tout corps particulier.

Lorsque après s'être élevé aux grandes généralisations, on regarde ainsi de haut toutes les manifestations de l'Univers, l'intelligence se confond dans la masse des faits particuliers; elle nous apparaît non pas comme un phénomène général de l'Univers, mais comme une des dernières particularités de la matière universelle. Par des transformations successives, la nébuleuse est sortie de la matière cosmique, les mondes sont sortis de la nébuleuse, les êtres sont sortis des mondes et l'intelligence est bien la conséquence la plus éloignée, la plus dépendante de cette évolution de la matière.

Il n'y a dans l'Univers que deux ou trois faits généraux dont tous les autres dépendent et ce sont précisément ceux-là que l'esprit humain n'aperçoit pas ou qu'il ne voit qu'avec indifférence. Nous ne nous attachons qu'à ce qui est rare, extraordinaire, imprévu et nous nous détournons des faits journaliers avec lesquels nous sommes familiarisés ; or, précisément parce qu'ils sont répétés et invariables, ces faits vulgaires sont les faits fondamentaux dont tous les autres ne sont que des dérivés ou des détails. Les mouvements de la lune ou du soleil qui rentrent dans les faits de tous les jours n'attirent pas notre attention, mais l'apparition d'une comète ou le passage d'un météore nous frappe au plus haut point. La vue d'une éclipse nous émeut, mais nous n'accordons pas une seule pensée à l'éclipse journalière du soleil par l'effet du mouvement de rotation de la Terre.

L'anormal, le nouveau, l'exceptionnel seuls nous tirent de notre indifférence à l'égard de ce qui se passe autour de nous et rien ne distingue plus l'homme de génie de l'homme vulgaire que la manière d'envisager les phénomènes. Le peuple entend par phénomène tout ce qui sort des règles communes, tout ce qui s'écarte des faits connus et il attribue une importance extrême à des particularités du ciel comme l'apparition d'une comète ou d'une éclipse, il donne de grandes conséquences à un détail de la gravitation comme le passage de la lune entre la terre et le soleil. Pour l'homme de génie, au contraire, tout est phénoménal parce que tout est extraordinaire et les choses les plus banales ont souvent pour lui une importance capitale et une portée insoupçonnée. Pendant des centaines de siècles de nombreuses générations virent les pierres tomber sans que ce phénomène si commun attirât leur attention ; un grand génie vint, en fut frappé et en rechercha la cause. Newton, assis sous un pommier et voyant tomber un des fruits de l'arbre, se demanda si le fruit élevé à la hauteur de la lune tomberait encore ? Mais si la pesanteur exerce son action jusqu'à la hauteur de la Lune, pourquoi cet astre ne tombe-t-il pas ? Il soupçonna bientôt que la force attractive de la Terre sur les corps devait diminuer exactement en raison du carré de la distance et il trouva, en effet, par le calcul, que le sinus verse de l'arc décrit par la Lune, dans une minute, égale 4 mètres 90, c'est-à-dire que

4 m. 90 est la longueur dont la Lune tombe ou est attirée par la Terre dans l'espace d'une *minute*; or il y a 60 fois la longueur du rayon terrestre dans la distance de la Terre à la Lune; donc à la surface de la Terre, les corps graves doivent tomber d'une même longueur dans un espace de temps 60 fois moindre; or 4 m. 90 est précisément la hauteur dont les graves tombent à la surface de la terre dans l'espace d'une *seconde* qui est la 60e partie d'une minute. Voilà comment Newton découvrit que la force attractive de la Terre à la distance où se trouve la Lune, comparée à celle qui s'exerce à la surface terrestre, exprime le même rapport que celui qui existe entre le carré du rayon de la Terre et le carré de la distance de la Lune à la Terre. Le grand penseur généralisa cette loi et l'étendit à tous les astres; il montra que la Terre à son tour tombe sur le soleil et que tous les astres tombent les uns sur les autres et, de chute en chute, accomplissent des révolutions entières; il montra que la force qui fait tomber une pierre à la surface de la Terre est aussi la force qui lance les mondes dans l'espace; du fait le plus vulgaire il remonta aux grandes lois qui régissent l'Univers.

Un autre grand génie, Galilée, voyant se balancer une lampe suspendue à la voûte d'une cathédrale fut frappé de ce fait si ordinaire; il le médita profondément et la découverte des lois de l'isochronisme en fut le résultat.

Combien d'hommes avant Archimède, avaient pu constater, en se baignant, que leurs membres étaient rendus plus légers dans l'eau? Mais Archimède, seul, s'étonna de ce phénomène et son esprit investigateur et méditatif eut bientôt découvert et formulé le principe si fécond en résultats qui porte son nom et, que par la suite, on étendit à tous les fluides, car c'est le même principe qui explique l'ascension des aérostats dans l'air.

Ce sont les faits fondamentaux que l'homme vulgaire observe le plus superficiellement, car plus un fait est général plus il est fréquent, plus il est fréquent plus il est commun, plus il est commun plus il passe inaperçu. Ce sont les faits les plus rares, les facultés les plus exceptionnelles qui excitent au plus haut point son étonnement ou son admiration et que, par conséquent, il place au premier rang. Cette faculté rare, cet attribut unique, l'intelligence, que l'homme exalte comme le principe de tout ce qui existe n'est en réalité que l'attribut le plus accessoire de la matière de l'Univers, par cela même qu'il est nouveau, qu'il est rare, qu'il est le dernier apparu dans l'ordre des faits.

L'idée générale qui contient toutes les idées partielles, le fait primordial qui renferme tous les attributs particuliers des êtres sont seuls dignes de considération, car l'intelligence n'en est qu'une conséquence éloignée; elle n'est que l'attribut d'un seul être; elle n'est qu'un simple détail dans l'Univers.

L'importance des phénomènes décroît à mesure que leur généralité se restreint. Les faits particuliers sont aux faits généraux ce que les vagues sont à l'océan. Rechercher dans les corps les propriétés les plus générales, c'est le point capital, car tout le reste n'est que détails et les détails sont négligeables; descendre ensuite des propriétés les plus étendues à des propriétés de plus en plus circonscrites. Par cette méthode on élimine tout ce qui est secondaire, on replace les faits dans leur ordre véritable et l'on ne s'expose plus à verser dans des erreurs si énormes que les faits particuliers sont pris pour des faits généraux, les conséquences pour des principes, les effets pour des causes. Par cette méthode, les idées qui font de l'intelligence le principe de l'Univers suivront le même chemin que celles qui faisaient de la terre le centre de l'Univers et l'on ne verra plus dans les lois qui régissent le monde, le hasard, le surnaturel, l'arbitraire le plus absolu.

Lorsque l'on ouvre un de ces livres de métaphysique où sont traitées ce que leurs auteurs appellent *les plus hautes questions que l'esprit humain puisse atteindre*, on constate bientôt que ces questions si hautes se bornent en réalité à des questions de détails et par conséquent d'ordre secondaire, et qu'elles se renferment dans un cercle étroit de sentiments particuliers à l'homme. Dans cette science, dite *des premiers principes*, l'intelligence humaine ne s'étend pas au delà d'elle-même; elle ne discourt que sur le sentiment du juste et de l'injuste, sur le sentiment moral, sur le sentiment du devoir et de l'honneur, sur le sentiment des convenances, sur le sentiment du beau et du sublime, sur le sentiment du vrai, sur le sentiment de l'infini, sur le sentiment religieux, etc., etc. Le juste, le vrai, le beau, le bien, toutes idées individuelles, toutes idées qui n'ont aucun caractère de généralité et qui ne méritent pas qu'on s'y arrête, absorbent entièrement l'esprit de ces penseurs à l'exclusion des idées générales, c'est-à-dire d'ordre physique, qui seules sont dignes de considération. Qu'importe au penseur ces questions métaphysiques si elles n'ont rien que de personnel? Qu'a-t-il besoin de connaître la nature du sentiment religieux si ce sentiment est propre à un seul être? Que lui importe la religiosité si tous les autres êtres ne sont pas religieux?

Ces notions de beau, de juste, de bien, si éloignées des notions mesurables du monde physique, échappent à toute détermination; elles n'offrent plus rien de précis, d'arrêté, de saisissable; nous ne pouvons les fixer, ni les soumettre à des règles certaines, ni les renfermer en des formules. Ephémères, fugitives, variables, elles s'évanouissent dès qu'on veut les saisir. Sur quels nombres, sur quels rapports est établie la science de l'esthétique? Lorsqu'on définit le beau, « la splendeur du vrai », l'esprit est-il plus éclairé? Ces sciences ne sont faites que de sentiments et de vagues inductions; ce ne sont que des aperçus de l'intelligence humaine qui elle-même n'est qu'un détail dans l'Univers. Ces sciences chimériques, ces questions indéfinissables rentrent dans le domaine de la contemplation et de l'idéal, dans la sphère vaporeuse et flottante des rêves.

Les anciens philosophes ne connaissaient dans l'Univers qu'un monde, le monde terrestre; ils ne voyaient dans ce monde qu'un être, l'être humain et cet être humain, l'unique sujet de leurs discours et de leurs méditations, était fouillé, creusé, analysé dans ses moindres replis. Ces discours se sont faits dogmes et, depuis Platon, l'esprit humain est habitué à marcher dans les lisières d'un enseignement tout dogmatique; l'autorité des traditions pèse de tout son poids sur l'intelligence humaine et la comprime et l'empêche de prendre tout son développement. Mais la science vient réagir contre cette métaphysique qui ne traite que de l'homme, elle vient briser le cercle étroit des idées qui enserre l'esprit humain depuis tant de siècles pour lui ouvrir des horizons nouveaux.

« The science of human nature is, like all other sciences, reduced
» to a few clear points : there are not many certain truths in this
» world. It is therefore in the anatomy of the mind as in that of the
» body, more good will accrue to mankind by attending to the large,
» open, and perceptible parts, than by studying too much such finer
» nerves and vessels, the conformations and uses of which will for
» ever escape our observation. » (Pope. *An essay on man*) (1).

(1) « La science de la nature humaine, ainsi que toutes les autres sciences, est réduite à un

Ce que le poète anglais a dit de la nature humaine en particulier est surtout vrai pour la nature en général. *Tous les êtres vivants sont des poids et rien que des poids*, voilà ce qu'il y a de plus visible et de moins contestable dans la nature; c'est là le lien commun à tous les êtres, l'idée féconde génératrice de toutes les autres. Voir sur les mondes, non des êtres sensibles, intelligents ou religieux, mais des poids et des forces. Tout le reste vient par surcroît; tout le reste en procède. Le poids à soulever, voilà le fait primordial dont tous les autres découlent, voilà l'idée principale dépouillée des ramifications touffues qui nous la cachaient, voilà la vérité première dans sa grandeur simple et nue. Dans tous les êtres, c'est toujours le même poids qui ne doit la variété de ses formes et de ses manifestations qu'aux différences de milieu et de réaction. Selon que vous mettrez ce poids en équilibre de réaction dans l'eau, dans l'air ou sur terre, vous aurez un poisson ou un oiseau ou un homme. Les formes, les organes, les sens, les mœurs, les instincts, les sentiments, l'intelligence ne sont que les variations et les détails de ce poids à soulever.

petit nombre de points clairement etablis : il est peu de vérités certaines en ce monde. C'est pourquoi, dans l'anatomie de l'esprit comme dans celle du corps, le genre humain retirera plus d'avantages de l'observation des parties étendues et visibles que de l'étude trop minutieuse des nerfs et des vaisseaux fins et déliés, dont la conformation et l'usage échapperont toujours à nos recherches. » (POPE. *Essai sur l'homme.*)

CHAPITRE XVII

La réaction sur les autres planètes

I. — Lorsqu'un rapport général et constant a été observé entre plusieurs faits de même ordre, ce rapport devient ce qu'on nomme un *principe*, une *loi*. Une loi est donc le rapport constant et nécessaire qui existe entre un phénomène et les conditions où celui-ci se produit; il en résulte que dans des conditions identiques, le phénomène se reproduit identiquement. Or, les autres planètes sont des mondes comme le nôtre, entourés d'atmosphères analogues à celle qui nous entoure, où flottent des vapeurs et des nuages semblables aux vapeurs et aux nuages terrestres. Il est donc logique d'étendre aux planètes qui peuplent l'Univers le principe de la vie ou de la réaction contre l'attraction planétaire de la matière de ces planètes; il est permis de rechercher en quoi ces phénomènes de la réaction sur ces planètes peuvent différer des mêmes phénomènes observés à la surface terrestre; il est rationnel de se demander par quels moyens mécaniques la matière des autres planètes s'est libérée des servitudes qui pèsent sur elle, par quels efforts elle est arrivée à se soustraire à cette fatale et impérieuse nécessité qui étreint tous les corps à la surface de ces planètes et les plie à ses lois.

Nous avons démontré que l'être réagissant est façonné sur la planète qui le porte, que son organisme tout entier est travaillé par la force attractive planétaire et, qu'en outre, sa forme dérive des milieux où il réagit, c'est-à-dire des différentes intensités dans l'attraction planétaire. Nous avons vu que les végétaux sont les plus grands des corps réagissants parce qu'ils sont puissamment soutenus par la couche solide dans laquelle ils sont ancrés ; que les poissons sont les plus volumineux parce qu'ils sont grandement allégés de leur poids par la couche liquide dans laquelle ils sont plongés; que les oiseaux sont les plus exigus de taille parce qu'ils sont rendus pesants par la raréfaction de la couche gazeuse dans laquelle ils s'élèvent, et qu'ils sont de forme déployée par la même raison de densité qui donne aux poissons une forme ramassée. Nous avons vu que le poids, la taille, la forme, la densité des tissus, l'organisation, les sentiments, l'intelligence ont, avec les attractions à vaincre, une étroite connexion et que même la durée de la vie est en raison des forces à surmonter, car cette durée est basée sur le temps nécessaire à la reproduction; la fonction reproductrice est le couronnement de toute organisation et l'organisation met d'autant plus de temps à se développer que les attractions à vaincre sont plus grandes.

L'être réagissant est donc un produit de la planète qui le porte et les variations dans celle-ci apportent nécessairement des variations correspondantes dans celui-là. L'organisation des êtres doit se modifier sur chaque monde dans les mêmes rapports que la densité de ces mondes et leur force d'attraction. Or tous les corps planétaires du système solaire présentent des différences de masse et de volume; par suite, la force attractive n'est pas la même sur tous ces mondes.

Le tableau suivant nous montre les différences de masse et de densité des planètes ainsi que la force de pesanteur à leur surface.

	MASSE celle de la Terre prise pour unité.	DENSITÉ celle de la terre prise pour unite.	INTENSITÉ de la pesanteur comparee à celle de la pesanteur terrestre.	Espace parcouru pendant la 1re seconde de chute.
Mercure	0.07	1.376	0.521	2m.55
Vénus	0.79	0.905	0.864	4m.21
Terre.	1.	1.	1.	4m.90
Mars	0.11	0.714	0.382	1m.86
Jupiter	309.	0.243	2.581	12m.49
Saturne	92.	0.121	1.104	5m.34
Uranus	16..	0.208	0.883	4m.30
Neptune	18.	0.216	0.953	4m.80
Soleil.	324479.	0.253	27.474	134m.62
Lune	0.01	0.602	0.164	0m.80

Nous voyons par ce tableau comparatif que la planète Mercure, dont la densité est plus grande que celle de la Terre mais dont la masse est moins considérable, possède une force d'attraction moitié moindre, d'où il résulte que les êtres y sont plus denses et cependant moins pesants que sur la terre ; que la planète Neptune qui a 18 fois plus de masse que la nôtre mais dont la densité n'est que le 1/5e environ de celle de la Terre, possède une force d'attraction à peu près semblable : un corps qui tombe à la surface de Neptune parcourt 4 mètres 80 pendant la 1re seconde de chute; un corps qui tombe à la surface terrestre parcourt 4 mètres 90 pendant le même laps de temps.

Par ce fait que la vie est due à la réaction de la matière planétaire contre l'attraction des planètes, elle doit par conséquent varier dans ses manifestations chaque fois que l'intensité de la pesanteur se trouve modifiée. Il s'ensuit que la pesanteur sur toutes les planètes n'étant pas la même que sur la Terre, les phénomènes d'équilibre et de mouvement y seront différents.

Il est facile de comprendre que si la force d'attraction terrestre était immensément plus grande, il faudrait lui opposer une organisation immensément plus puissante, et une organisation puissante suppose des facultés puissantes; il faudrait disposer de moyens d'action plus grands pour soulever un poids plus grand ou pour surmonter une attraction plus grande. Or nous savons que l'organisation des corps réagissants est en raison de l'intensité des forces attractives qu'ils doivent surmonter; l'organisation est plus simple dans l'élément liquide que dans l'élément atmosphérique, car la densité de l'eau étant plus grande, la force d'attraction y est moins grande et le soulèvement du poids plus aisé. Dans l'élément atmosphérique où les résistances à vaincre sont plus grandes, la consommation d'oxygène est aussi plus grande, la combustion plus active; par suite la production d'énergie et de travail y est aussi plus élevée. La production de chaleur et de travail est beaucoup plus grande dans les oiseaux que dans les poissons.

Si les attractions à vaincre sont énormes, nous pouvons en inférer que la quantité d'énergie et de travail nécessaire pour les surmonter sera aussi énorme.

La force d'attraction de l'astre solaire étant 27.474 fois plus grande que celle de la terre, il en résulte qu'un poids de 1 kilogramme transporté à la surface solaire y exercerait la même pression qu'exerce à la surface terrestre un poids de 27 kilos 474. Un homme du poids moyen de 70 kilos pèserait donc sur le soleil 70×27.474 ou 1923 kilos 18. Est-il nécessaire d'ajouter qu'il ne pourrait soutenir une seconde ce poids colossal? Qu'il serait broyé instantanément sous la pression formidable de cette attraction puissante? Et que, pour équilibrer cette force attractive gigantesque, il faudrait une puissance de résistance extraordinaire et une ossature de fer; il faudrait des moyens chimiques et mécaniques extrêmement énergiques?

Notre satellite, la Lune, se présente à nous dans des conditions tout opposées. La pesanteur y est six fois moindre que sur la terre, de sorte qu'un homme du poids de 60 kilos transporté sur la lune n'en peserait plus que 10; il pourrait se jouer de son corps et le manier avec une extrême facilité et le faire bondir à de grandes hauteurs. L'être réagissant devrait y déployer un travail moindre pour y surmonter une attraction moindre.

Plaçons la planète Terre dans les conditions où se trouvent les autres planètes. Supposons, par exemple, que la force de pesanteur y soit aussi puissante qu'à la surface de Jupiter, c'est-à-dire 2 1/2 fois plus grande; s'imagine-t-on que les êtres y seraient encore les mêmes et que la vie y aurait le même niveau? Supposons maintenant que la Terre soit placée dans les conditions où se trouve la planète Neptune qui reçoit 1300 fois moins de lumière et de chaleur solaires, croit-on que la flore et la faune y seraient encore aussi puissantes et aussi variées?

Dans nos probabilités sur l'existence d'êtres réagissants à la surface des autres planètes, nous devons partir de cette considération que la grandeur du travail produit et les moyens de résistance mis en œuvre sont en rapport avec la chaleur reçue, car il a été démontré que les mouvements de tous les êtres leur sont communiqués par l'astre solaire et que la vie étant un mouvement de masse produit par des mouvements atomiques, les lois de communication de la vie sont les mêmes que celles qui régissent la communication du mouvement en général.

Mars est la planète la plus voisine de la Terre et offre avec elle les plus grandes analogies. Ses journées sont de 24 heures 39 minutes, et son année de 668 jours. La densité de cette planète est un peu inférieure à celle de la Terre, ce qui donne à supposer qu'elle est formée à peu près des mêmes éléments. Elle est entourée d'une atmosphère formée de gaz et de vapeurs comme celle où nous vivons ; la quantité de lumière et de chaleur qu'elle reçoit n'est que les 43/100es de celle reçue par la Terre et l'intensité de la pesanteur à sa surface est le tiers environ de celle qui se manifeste sur la Terre, de sorte qu'un poids de un kilo transporté de la Terre sur Mars ne pèserait plus que 382 grammes.

Si ces données sur la planète Mars sont exactes, si l'atmosphère y est très dense et la pesanteur très faible, on est en droit d'en conclure que le vol doit y être le mode ordinaire de locomotion. Ce genre de locomotion qui est l'exception sur la Terre, du moins dans les réactions supérieures, devrait être général sur la planète Mars ; plus exactement, le mode de progression sur Mars devrait tenir le milieu entre le vol et la natation; dans ce cas les êtres doivent se jouer de leur masse avec une rapidité et une aisance dont nous n'avons pas idée.

Vénus, planète également voisine de la terre, reçoit deux fois plus de lumière et de chaleur. L'intensité de la pesanteur à sa surface est plus de 1/10e inférieure à celle qui existe sur la Terre. Sa masse et sa densité diffèrent peu de celles de notre globe. L'atmosphère y est très dense, nuageuse et constamment chargée de vapeurs. L'inclinaison de son axe sur l'orbite étant de 55°, cette planète n'a pas de zone tempérée ; par suite les variations des climats et des saisons y sont beaucoup plus tranchées qu'à la surface terrestre. La matière de cette planète doit être puissamment organisée dans sa réaction contre la pesanteur ; cependant dans l'état actuel de la science, il serait prématuré de chercher à en donner une idée même approximative ; il serait difficile de dire si le niveau de réaction atteint est supérieur ou inférieur au niveau de la réaction terrestre.

II. — Les planètes sont un développement de la nébuleuse; les êtres réagissants sont un développement des planètes. Les planètes sont des fonctions de l'Univers ; les êtres sont des fonctions de la planète. La matière réagissante poursuit son évolution parallèlement à l'évolution de la planète. La nébuleuse a subi une série de transformations au terme desquelles se trouvent les phénomènes de la vie, et il y a une liaison nécessaire entre le développement d'une planète et le développement de la vie à sa surface. Les êtres vivants, qui présentent les trois états : solide, liquide et gazeux, ne pouvaient apparaître avant que la planète eût présenté ces trois états.

Lorsque la Terre était encore informe et chaotique; lorsque les élements n'étaient pas encore bien séparés, que les eaux et les terres étaient encore confondues; lorsque toute la surface terrestre était encore marécageuse, boueuse et fangeuse sous une atmosphère brûlante et surchargée de vapeurs, la Terre n'était peuplée que de reptiles volants ou rampants.

De même les atmosphères de Jupiter, Saturne, Uranus et Neptune paraissent être d'une température supérieure à la nôtre; elles contiennent à l'état de vapeurs plusieurs corps qui sont solides ou liquides sur notre globe.

Si l'on considère que la quantité de mouvement ou chaleur communiquée à la Terre par le soleil n'est que la $\frac{1}{2300,000,000^{e}}$ partie du rayonnement total; si l'on considère que c'est cette minime fraction de la chaleur et de la lumière solaires qui a déterminé l'apparition de tous les végétaux et de tous les animaux à la surface terrestre, on est en droit d'en inférer que le restant de chaleur et de lumière émises a produit un travail égal sinon supérieur sur les autres planètes, qu'il a imprimé une impulsion aussi grande si pas plus grandiose à la flore et à la faune de ces mondes.

L'homme ne se sent plus aussi isolé dans cette vaste solitude des cieux, où la Terre chemine en silence, depuis qu'il entrevoit que d'autres êtres luttent comme lui sur ces Terres lointaines qui, la nuit, s'illuminent dans le ciel; sa pensée monte avec son regard vers ces lumières qui éclairent les paysages et les habitants des mondes voisins; il s'émeut à l'idée de pouvoir contempler un jour les spectacles troublants qui se déroulent là-bas et dans lesquels, peut-être, s'agitent des êtres supérieurs à lui. Si l'on considère que la grandeur intellectuelle est intimement associée à la grandeur de la lutte et que si les forces à surmonter sur ces mondes sont plus puissantes et plus tyranniques que sur la Terre, les moyens de résistance y sont aussi plus grands et plus abondants, il ne paraît pas improbable qu'il y ait des êtres mieux organisés que l'être humain.

Non, on n'ose plus croire que de tous les habitants qui peuplent le ciel, l'homme en est le plus étonnant; on n'ose plus prétendre que de tous les prodiges de l'Univers, l'homme en est le plus prodigieux.

Transporté sur d'autres mondes, l'homme, pour se mouvoir, serait réduit à ramper; il n'y pourrait conserver un seul instant cette fière et orgueilleuse attitude verticale par laquelle il se distingue de tous les autres êtres terrestres; le plus élevé d'entre les êtres sur la planète Terre, l'homme ne serait plus qu'un reptile sur d'autres planètes.

A l'insu les uns des autres, les habitants de tous ces mondes dirigent leurs regards vers le même point de l'espace. Ce point de ralliement c'est l'astre solaire. De tous les points du ciel, les yeux se tournent vers l'astre radieux comme ces prisonniers à la chapelle qui, des loges respectives où ils sont confinés, voient tous le même autel, mais ne se voient pas entre eux. Le soleil est notre point de mire à tous, et c'est la seule chose que nous ayons en commun; tous membres de la grande famille solaire, nous partageons chaque jour la distribution de chaleur et de lumière qui nous donne la vie, le mouvement et l'intelligence.

FIN.

TABLE DES MATIÈRES

		Pages
Chapitre I.	L'attraction universelle et la vie terrestre . . .	1
— II.	La chaleur solaire et la vie terrestre.	6
— III.	Antagonisme de la chaleur et de l'attraction ou les forces répulsives et les forces attractives .	9
— IV.	Qu'est-ce que la chaleur ou force répulsive? .	16
— V.	Qu'est ce que la pesanteur ou force attractive? .	32
— VI.	Le mouvement invisible et le mouvement visible ou transformation du mouvement atomique en mouvement de masses	53
— VII.	La matière inorganique et la matière organique ou la force d'attraction et la force de réaction.	72
— VIII.	La réaction statique ou la vie végétale	82
— IX.	La réaction dynamique ou la vie animale . . .	93
— X.	Organisation de la matière réagissante	105
— XI.	Formes de la matière réagissante	168
— XII.	Génération et gestation.	191
— XIII.	L'amour sexuel et l'amour maternel	207
— XIV.	Le sommeil et la mort	225
— XV.	La conscience et l'inconscience	241
— XVI.	L'instinct et l'intelligence.	287
— XVII.	La réaction sur les autres planètes	320

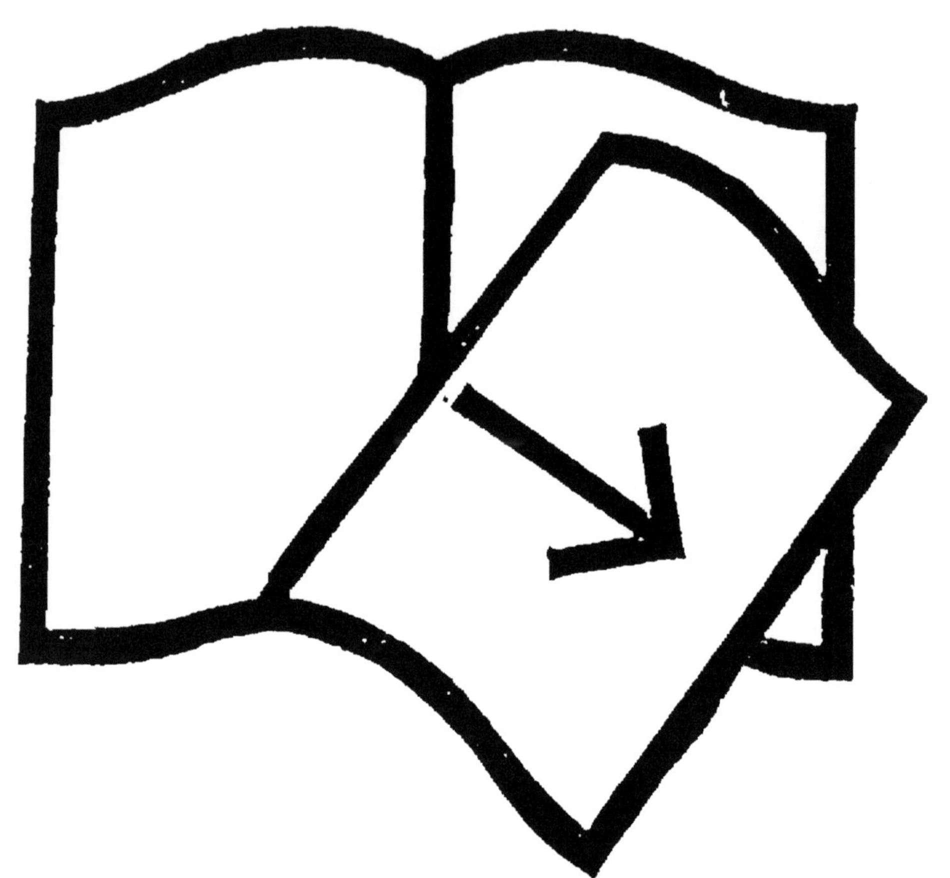

Documents manquants (pages, cahiers...)

NF Z 43-120-13

www.ingramcontent.com/pod-product-compliance
Ingram Content Group UK Ltd.
Pitfield, Milton Keynes, MK11 3LW, UK
UKHW020129220726
13923UKWH00001B/66

9 782016 186381